煤炭技工学校通用规划教材

采区电气设备

（第 二 版）

中国煤炭教育协会职业教育教材编审委员会　编

煤炭工业出版社

·北　京·

内 容 提 要

本书是在煤炭工业出版社2004年出版的《采区电气设备》的基础上修订而成，由7章构成，主要介绍了矿井供电系统、矿用电缆、常用控制电器、矿井安全供电、矿井变配电设备、电力拖动基本知识、采区电气控制设备等。本书内容丰富，文字精练，深入浅出，理论知识与实际操作紧密结合，好学好用。

本书是全国煤炭中职和技工学校煤炭相关专业的核心教材，亦可作为煤矿职工的自学和培训用书。

中国煤炭教育协会职业教育教材编审委员会

前　言

“十二五”期间，煤炭职业教育必须坚持认真贯彻党的教育方针，全面实施素质教育；坚持以服务为宗旨、以就业为导向、以提高质量为重点，立足煤炭、面向社会办学，增强职业教育服务煤炭工业发展和社会主义现代化建设的能力；深化人才培养模式改革，完善教学内容，创新教学方法，突出职业技能培养，全面提升学生的综合素质和职业能力。为此，中国煤炭教育协会组织煤炭行业职业教育专家编制了《煤炭技工学校专业目录》，并在人力资源和社会保障部备案，同时完成了《煤炭职业教育“十二五”教材建设规划》编制工作，提出了教材建设工作继续坚持“改革创新、突出特色、提高质量、适应发展”的指导思想，新的教学方法研究和教材开发工作进展顺利。为适应煤炭技工学校教学需要，创新教材模式，突出煤炭专业特色，一套“结构科学、特色突出、专业配套、质量优良”的煤炭技工学校通用规划教材正在陆续出版发行，将为煤炭职业教育的创新发展提供有力的技术支撑。

这套教材主要适用于煤炭技工学校教学、工人在职培训和就业前培训，也适合具有初中文化程度的工人自学和工程技术人员参考。

《采区电气设备（第二版）》是这套教材中的一种，是根据中国煤炭教育协会发布并经人力资源和社会保障部认可的全国煤炭技工学校统一教学计划、教学大纲的规定编写的，经中国煤炭教育协会职业教育教材编审委员会审定，并认定为合格教材，是全国煤炭技工学校教学、工人在职培训和就业前培训的必备的统一教材。

本书由阳泉煤矿高级技工学校宋密科、贾保林任主编。在教材的编写过程中，得到了煤炭院校相关专家、学者和大屯煤电公司的大力支持与帮助，在此一并致谢！

中国煤炭教育协会职业教育

教材编审委员会

2015 年 11 月

目　次

第一章　矿井供电系统

矿井供电系统是煤矿生产的主要环节，由各种电气设备及配电线路按一定接线方式组成，其主要作用是从电力系统获取高压电能，通过变换、分配、输送等环节，将电能安全、可靠地送到各种不同的动力设备上，以满足煤矿生产的需求。

第一节　概　　述

煤矿生产的动力主要是电力。随着采煤机械化程度的不断提高，矿用设备的功率越来越大，供电电压越来越高，所以供电系统必须具备安全、可靠的特点，才能适应煤矿现代化生产的需要。

一、供电要求

电力是现代工矿企业生产的主要能源。为确保安全和正常生产的需要，煤炭企业对供电有如下基本要求。

1. 可靠性

供电的可靠性是指供电系统不间断供电的可靠程度。对于煤矿，供电突然中断，不仅影响生产，而且可能损坏设备，甚至发生人员伤亡事故，严重时会造成整个矿井的毁坏。

为了保证煤矿供电的安全可靠，每一矿井应采用两回路电源线路，当任一回路发生故障而停止供电时，另一回路应能担负矿井全部负荷。正常情况下，采用一回路运行，另一回路带电备用，以保证井下生产过程中供电的连续性。两回路电源线路最好引自不同的发电站或变电所，至少应引自同一变电所的不同母线段。

2. 安全性

安全性是指在生产过程中不发生人身触电事故和因电气故障而引起的爆炸、火灾等重大事故。尤其在高粉尘、高湿度及有爆炸危险的特殊环境中，为了确保供电安全，必须采取防爆、防潮、防触电等一系列技术措施。

由于煤矿井下生产环境复杂，自然条件恶劣，供电线路和电气设备易受损坏，如果用电不合理，会造成漏电及人身触电事故，甚至会导致瓦斯、煤尘爆炸等严重后果，因此必须严格遵守《煤矿安全规程》中的有关规定，以确保煤矿供电安全。

3. 技术合理性

供电的技术合理性是指电能的电压、频率、波形等质量指标要达到一定的技术要求。如频率、波形的偏差较大会影响某些电气设备的正常工作。故良好的电能质量要求电压偏移不超过额定电压的±5%；3000 kW及以上系统频率偏移不超过±0.2 Hz，3000 kW以下系统不超过±0.5 Hz。

4. 经济性

经济性是指在保证安全可靠供电的前提下，应力求使供电网络接线简单，操作方便，建设投资和维护费用较低。

二、电力负荷分级

电力负荷按用户的重要性和中断供电后对人身安全或在经济等方面所造成的损失和影响程度分为三级（三类）。

1. 一级负荷

凡中断供电会造成人员伤亡或在经济等方面造成重大损失者，均为一级负荷。这类负荷主要有矿井通风设备、井下主排水设备、经常升降人员的立井提升设备、瓦斯抽采设备等。一级负荷至少应由两个电源供电，并对供电电源有以下要求：

（1）在发生任何一种故障时，两个电源的任何部分应不致同时受到损坏。

（2）在发生任何一种故障且保护装置动作正常时，应有一个电源不中断供电。

（3）在发生任何一种故障且主保护装置失灵，以致所有电源均中断供电后，应能在有人值班的处所经过必要的操作，迅速恢复一个电源的供电。

2. 二级负荷

凡中断供电将在经济等方面造成较大损失或影响重要用户正常工作者，均为二级负荷。这类负荷主要有经常升降人员的斜井提升机、地面空气压缩机、井筒保温设备、矿灯充电设备、井底水窝和采区下山排水设备等。

二级负荷一般由两回路电源线路供电。

3. 三级负荷

凡中断供电不会在经济上或其他方面造成较大影响者为三级负荷，即除一、二级负荷之外的其他负荷。如机械修理厂、坑木加工厂等。

三级负荷只需要一回路电源线路。

三、电力系统的基本概念

由各种不同电压等级的电力线路将发电厂、变电所和电力用户联系起来的一个发电、输电、变电、配电和用电的整体叫作电力系统，如图 1 - 1 所示。

发电厂通常建立在动力资源较丰富之处，以合理利用国家资源。为了节省有色金属材料，降低线路电能消耗，并保证受电端（用户端）的电压水平，发电厂需将低压电能（3.15 ~ 18 kV）升压后，经高压输电线路送至距离发电厂较远的用电中心。

由于用户的用电设备电压较低，远程送来的高电压还需降压至用户需要的低电压，因此在受电端需装设降压变电所。对煤炭企业来说，在受电端可装设一个供数个煤矿用电的区域变电所，或仅供一个煤矿用电的煤矿变电所。区域变电所原则上应建在煤炭企业的负荷中心。图 1 - 1 中虚线包围部分是向煤矿供电的一个区域电力系统。

在电力系统中，变电所与各种不同电压的电力线路组成的网叫作电力网。为了更有效地利用动力资源，充分发挥各类发电厂的作用，以提高供电系统的可靠性和经济性，将各种类型的发电厂（如火力、水力、风力等发电厂）用电力网联系起来并列运行，以构成联合电力系统。

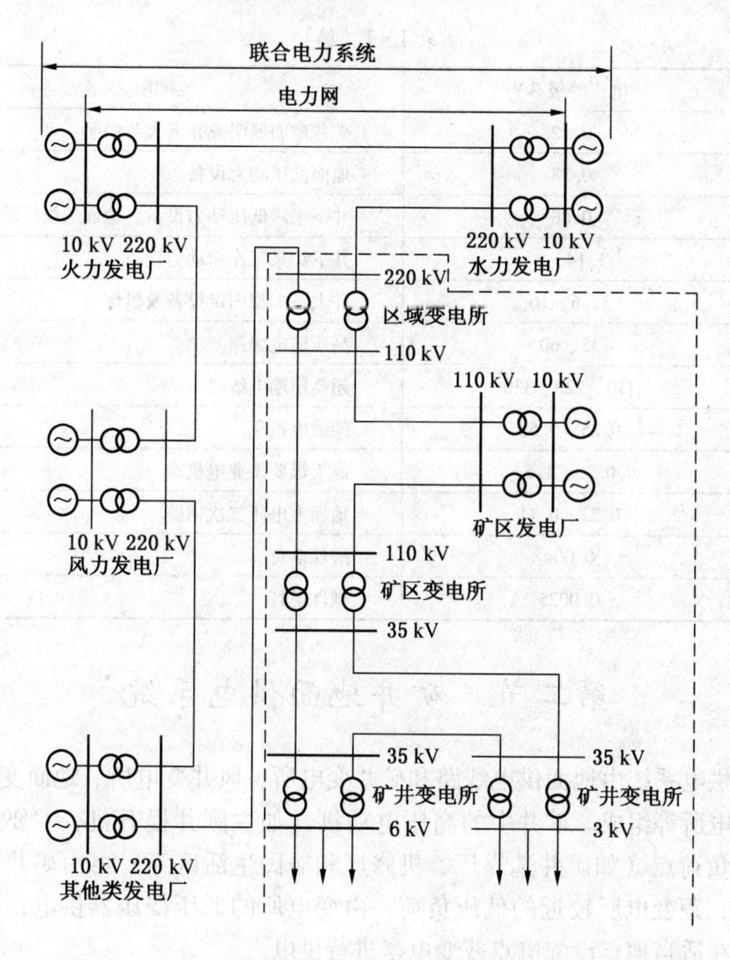

图 1-1 电力系统示意图

四、供电电压等级

为实现电气设备生产的标准化，方便其批量化生产，同时在使用中易于互换，对发电、输电及用电等所有设备的额定电压进行统一规定，以便使电力网的额定电压与电气设备的额定电压相对应。因此，可根据电力网和电气设备的不同使用场合，将电压分为若干标准等级。

标准电压等级是根据国民经济发展的需要，考虑技术、经济上的合理性及所有电气设备的制造水平和发展趋势等一系列因素，经全面分析、研究制定的。

由于煤矿生产条件的特殊性，所以采用了一些特定的电压等级。表 1-1 列出了煤矿常用电压等级及其应用范围。

表 1-1 煤矿常用电压等级及其应用范围

种 类	电压等级/kV	用 途
交流电	0.036 及以下	井下电气设备的控制及局部照明
	0.127	井下照明及手持式电气设备、矿井提升信号

表1-1（续）

种　类	电压等级/kV	用　途
交流电	0.22	矿井地面照明或井下大巷照明
	0.38	地面低压动力设备
	0.66	井下采区低压动力设备、地面选煤厂动力设备
	1.14、3	井下综采工作面动力设备
	3、6、10	井上下大型固定设备及供配电
	35、60	高压输电线路
	110、220、330	超高压输电线路
直流电	0.25、0.55	架线电机车
	0.75、1.5	露天煤矿工业电机车
	0.22、0.11	地面变电所二次回路
	0.004	酸性矿灯
	0.0025	碱性矿灯

第二节　矿井地面供电系统

矿井地面供电系统由地面供电线路和矿井变电所、风井变电所、地面变电所、地面变电亭、车间变电所等组成。矿井中的高压电动机（如主副井提升机、主要通风机、空气压缩机等）或负荷点（如矿井选煤厂、机修厂和居民生活区等）可由矿井地面变电所用6(10)kV馈电；距变电所较近的低压负荷，由变电所的低压变压器供电；对于较分散的用电设备，可在适当地点设配电点或变电亭进行供电。

一、变电所的接线方式

根据负荷等级不同，变电所可采用相应的接线方式来保证用户对不同可靠性的要求；各种接线方式应具有线路简单、运行灵活、倒闸（操作）方便的特点，并能充分保证工作人员在进行各种操作和切换时的人身安全和设备安全；接线方式在满足供电可靠、操作方便的情况下，要力求结构简单，以减少设备投资和运行费用。另外，在符合相关安全规程的前提下尽量采用高压深入负荷中心的接线方式。

变电所的接线是将变电所内的各种开关设备、电力变压器、母线及各类互感器等主要电气设备按一定顺序用导线连接而成，用于接收和分配电能。主接线的形式与电源的回路数、电压的高低、负荷的大小和负荷的级别等因素有关，主要有线路-变压器组接线、单母线分段式接线和双母线接线等。

1. 线路-变压器组接线

当变电所只有一路电源进线且只装一台变压器时，采用线路-变压器组接线方式，其电路如图1-2所示。由于这种变电所没有高压负荷，也不进行高压转送，故变电所一次侧不需要设置高压母线，可直接通过开关设备接电源进线。

当供电线路较短（2~3 km），变压器容量较小，若上级变电所的断路器QF能对变压

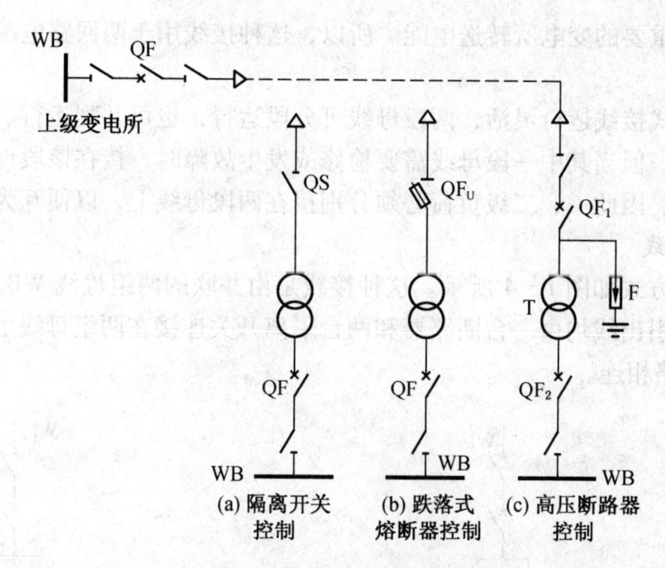

图1-2 线路-变压器组接线方式

器T内部及低压侧进行短路保护时，可仅设置隔离开关QS，如图1-2a所示。这种接线方式在切除变压器时首先要断开变压器低压侧的断路器QF，再断开隔离开关QS；当投入变压器时，应先闭合隔离开关QS，再闭合断路器QF。

当系统短路容量较小，上级变电所的断路器QF难以保护变压器的短路故障时，若熔断器能满足要求，可在变压器一次侧装设跌落式熔断器QF_U，如图1-2b所示。

当供电线路较长，变压器容量较大，以上两种接线不能满足要求时，可采用高压断路器进行控制，如图1-2c所示。图中的避雷器F用于对架空线的防雷保护。

线路-变压器组接线方式具有线路简单、所用设备少等优点，但供电可靠性低，当主接线上任一设备（包括供电线路）发生故障或需要检修时，全部负荷都将停电，故这种接线方式只能用于二、三级负荷的变电所。

2. 单母线分段式接线

单母线分段式接线是将两路电源进线分别接在两段母线上，并用断路器或隔离开关将两段母线连接在一起，如图1-3所示。

图1-3中，两段高压母线WB_{g1}、WB_{g2}和低压母线WB_{d1}、WB_{d2}分别由断路器QF_g和QF_d开关支路联系起来，构成高压部分的单母线分段和低压部分的单母线分段接线。

在这种接线方式中，当某段上的电源线路和变压器因故障或需要检修停止运行时，通过操作QF_g或QF_d即可保证对两段母线上重要负荷的供电。

高压部分采用单母线分段接线方式不仅可保证两台主变压器可靠供电，还可以在两段母线上接一

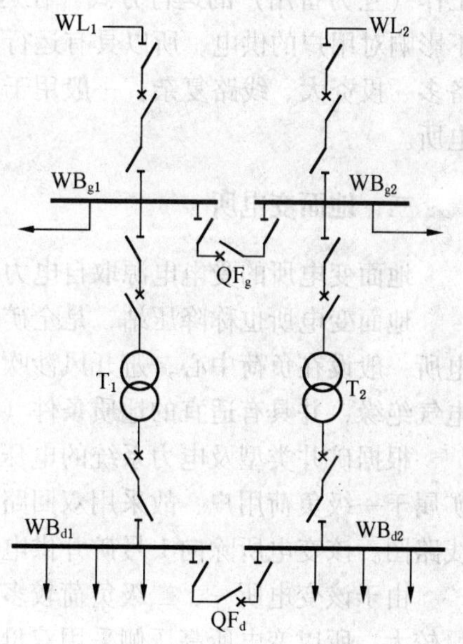

图1-3 单母线分段式接线方式

级负荷，以及向重要的变电所转送电能。所以，这种接线用于两回路电源进线并有穿越负荷的中间变电所。

单母线分段式接线运行灵活，两段母线可分段运行，也可并列运行。分段运行时，各段母线互不干扰，但当其中一段母线需要检修或发生故障时，接在该段母线上的全部进出线都将停止运行。因此一、二级负荷必须分别接在两段母线上，以便互为备用。

3. 双母线接线

双母线接线方式如图 1－4 所示。这种接线是由并联的两组母线 WB_1、WB_2 供电，任一段电源进线或引出线均由一台断路器和两台隔离开关连接在两组母线上，两组母线由断路器 QF 开关支路相连。

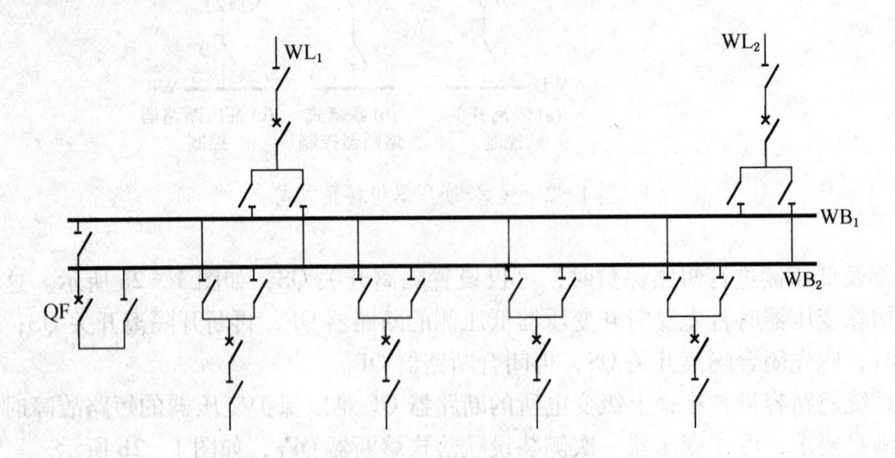

图 1－4　双母线接线方式

这种接线可采用一组母线工作、另一组母线备用的运行方式，也可采用两组母线同时工作（互为备用）的运行方式。在运行过程中，不论哪段电源和母线同时发生故障，都不影响对用户的供电，所以具有运行灵活、供电可靠性高的特点。但这种接线方式所用设备多、投资大、线路复杂，一般用于负荷容量大、可靠性要求高、进出线回路多的重要变电所。

二、地面变电所

地面变电所的受电电源取自电力系统的区域变电站。

地面变电所也称降压站，是全矿供电的总枢纽，担负受电、变电及配电任务。地面变电所一般设在负荷中心，避开风沙吹袭、空气污染和化学腐蚀区，以防止损坏金属结构和电气绝缘，并具有适宜的地质条件（如避开滑坡、塌陷区等）。

根据矿井类型及电力系统的电压，地面变电所受电电压一般为 35 ~ 110 kV，由于煤矿属于一级负荷用户，故采用双回路独立电源受电。图 1－5 为一典型的煤矿地面变电所线路图。该变电所除向 1 号矿井供电外，还向 2 号矿井、3 号矿井的地面变电所供电。

由于该变电所一、二级负荷较多，并且还向 2、3 号矿井地面变电所转送电能，总容量较大，所以变电所高压侧采用双母线供电的接线方式。

变电所的电源来自 110/35 kV 区域降压站，两回路 35 kV 电源进线分别经断路器 QF_1、

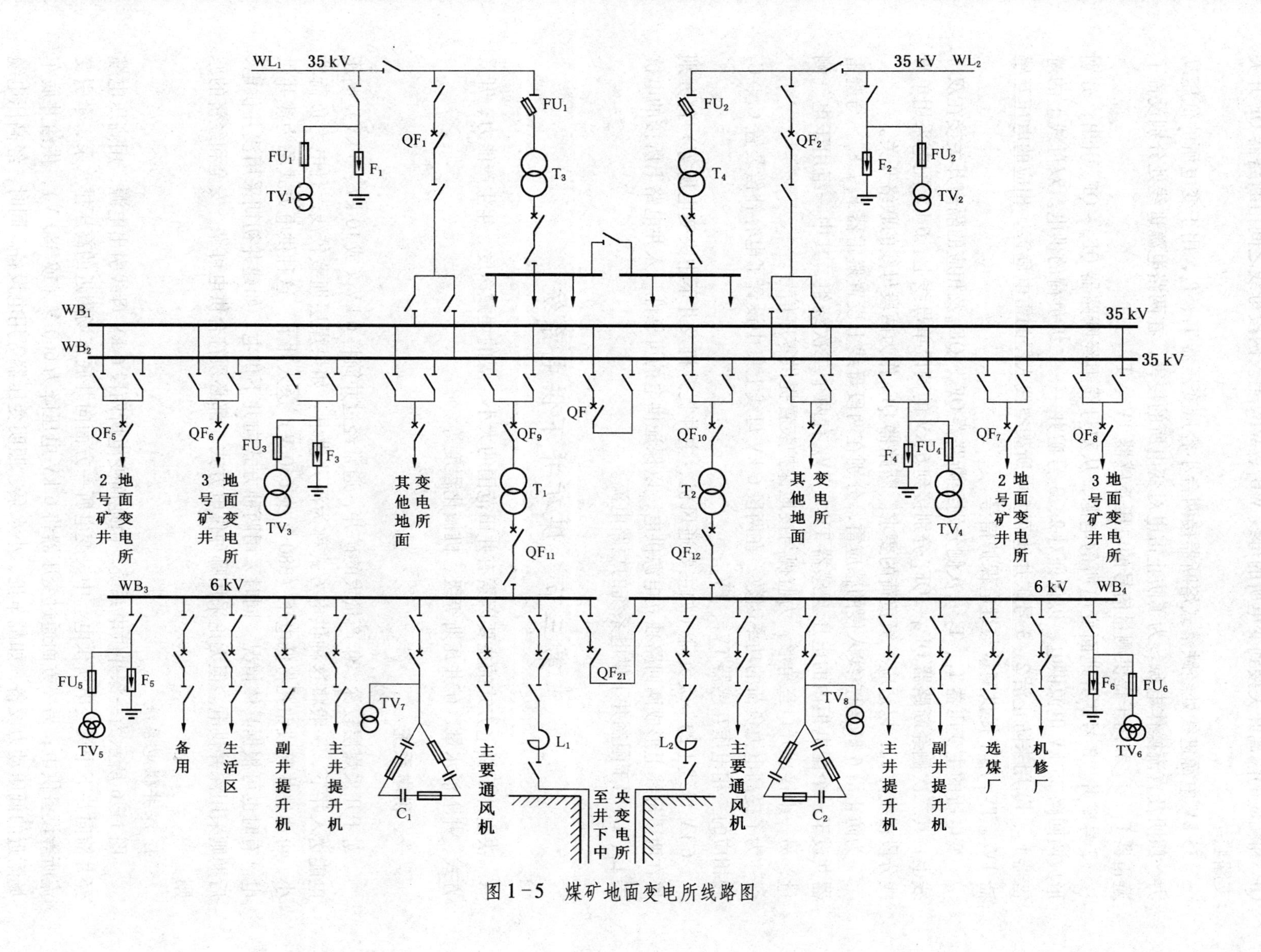

图1-5 煤矿地面变电所线路图

QF_2 和相应的隔离开关接到变电所的母线 WB_1、WB_2 上。两段母线之间由断路器 QF 开关支路联络。

35 kV 电源进线处经跌落式熔断器接两台小容量变压器 T_3、T_4，用于变电所的低压动力、照明及直流操作电源。为了防止雷电对变电所的侵害，在两路电源进线处分别设置了避雷器 F_1、F_2 和用于提供测量信号的电压互感器 TV_1、TV_2。

2 号矿井、3 号矿井地面变电所的电源，从双母线上经断路器 QF_5 ~ QF_8 引出，分别形成两回路35 kV 电源供电，以保证对2、3 号矿井一、二级负荷的供电。双母线上的避雷器 F_3、F_4 用来防止沿2、3 号矿井地面变电所架空线入侵的雷电危害。相应的电压互感器 TV_3、TV_4 用于提供测量与继电保护信号。

变电所的主变压器 T_1、T_2 一次侧分别经断路器 QF_9、QF_{10}及相应的隔离开关接在双母线上，其二次侧经断路器 QF_{11}、QF_{12}分别接到6 kV 的两段单母线上。6 kV 配电采用单母线分段接线方式，以适应一级负荷的要求。断路器 QF_{21}作为两段母线的联络开关。

为防止沿6 kV 架空线入侵的感应雷，分别在两段母线上设置避雷器 F_5、F_6。与避雷器共设于一个配电柜内的电压互感器 TV_5、TV_6 有两个二次绕组，其中一组用于电气测量，另一组接成开口三角形，为监视与接地保护装置提供零序信号。

为了提高电力负荷的功率因数，在两段6 kV 母线上集中设置了电容补偿装置 C_1、C_2 和相应的三相电压互感器 TV_7、TV_8。

6 kV 母线上的一级负荷（如主要通风机、主井提升机及井下中央变电所等）都分别接在两段母线上形成两回路独立电源供电，以保证供电的可靠性。入井电路上所接的电抗器 L_1、L_2 用于限制井下供电系统的短路电流。

第三节 煤矿井下供电系统

决定井下供电方式的主要因素有井田范围的大小、煤的埋藏深度、年生产能力、开采方式、井下涌水量、矿井瓦斯等级、机械化程度等。

一、供电系统

对于开采煤层较深、年产量大的矿井，通常经过井筒将6 kV（或10 kV、3 kV）高压电能送入井下，一般将这种供电方式称为深井供电。如果煤层埋藏较浅，且电力负荷较小，可通过井筒或钻孔将低电压（380 V 或660 V）送入井下，这种供电方式称为浅井供电。有时也可根据具体情况，同时采用两种方式向井下供电，如建井初期采用浅井供电，后期则采用深井供电。但无论采用哪种供电方式，都必须符合供电可靠、安全和经济的原则。

1. 深井供电系统

图1－6 所示为一深井供电系统。由地面变电所两段6 kV 母线引出电源，用高压电缆经井筒向井下中央变电所供电。中央变电所一方面向井底车场附近的高压排水泵、牵引变流所等设备供电；另一方面通过变压器将6 kV 电压降为660 V（或380 V），供给井底车场附近的低压动力设备，如翻车机、小水泵、照明变压器等用电设备。同时，经高压电缆将6 kV 电能送到各采区变电所，采区变电所再将6 kV 电压降至660 V 或1140 V 后向采掘

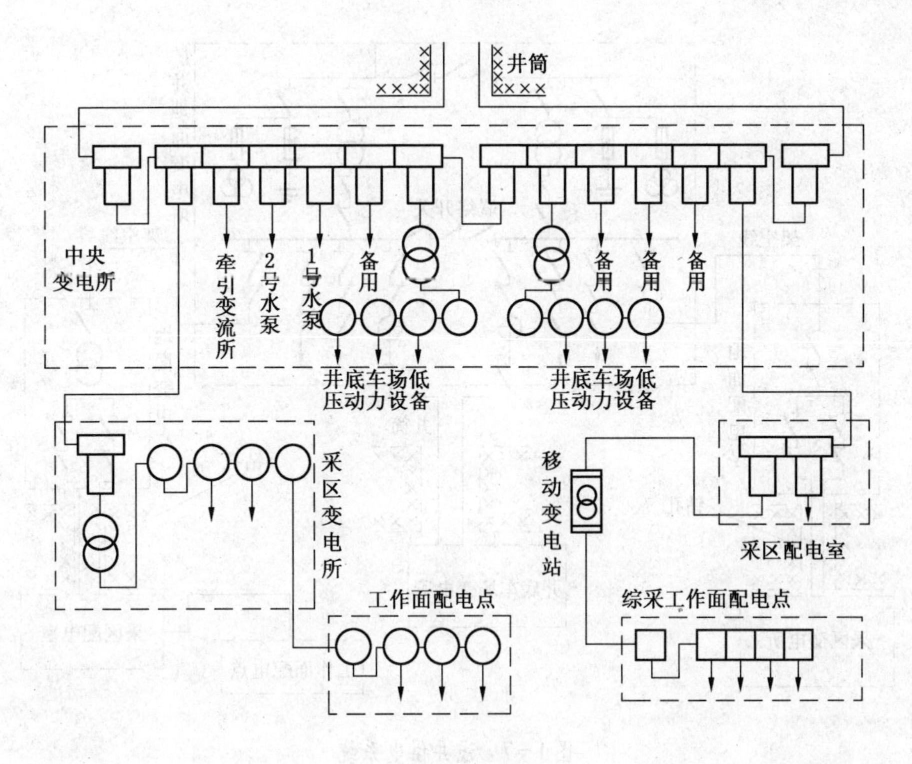

图1-6　深井供电系统

工作面供电。

从地面变电所到井下中央变电所的下井电缆必须是两回路电源线路，以保证井下一级负荷用电的可靠性。当任何一路电源和线路发生故障停止供电时，另一路仍能担负矿井的全部负荷。

2. 浅井供电系统

浅井供电的特点是井下不设中央变电所，而是根据负荷的大小，由地面变电所通过井筒或地面钻孔（用钢管加固孔壁）直接向井下高低压设备或工作面供电。

（1）对井底车场的供电。当负荷不大时，可通过井筒敷设电缆，由地面变电所直接向井底车场低压设备供电；当负荷较大时，要通过井筒敷设高压电缆向井底车场变电所提供高压电能，变电所再将高电压降为低电压后向低压设备供电。

（2）对采区的供电。由地面变电所将6 kV电压通过架空线送到采区相应位置的地面变电亭，当采区负荷不大时，可通过地面变电亭降压后经钻孔将低压电能送至采区各电气设备；当采区负荷较大时，可将6 kV高压直接经钻孔送至井下采区变电所，经降压后再向低压设备供电。

图1-7所示为一个浅井供电系统，它是由地面变电所6 kV母线经高压架空线分别向两个采区和井底车场供电。其中向两个采区供电是经钻孔将电缆送入井下的。采用这种供电方式可节省价格昂贵的高压电缆，不需要开设专门的变电所硐室，而且井上变电、配电亭所用设备不需要价格过高的防爆型电器。

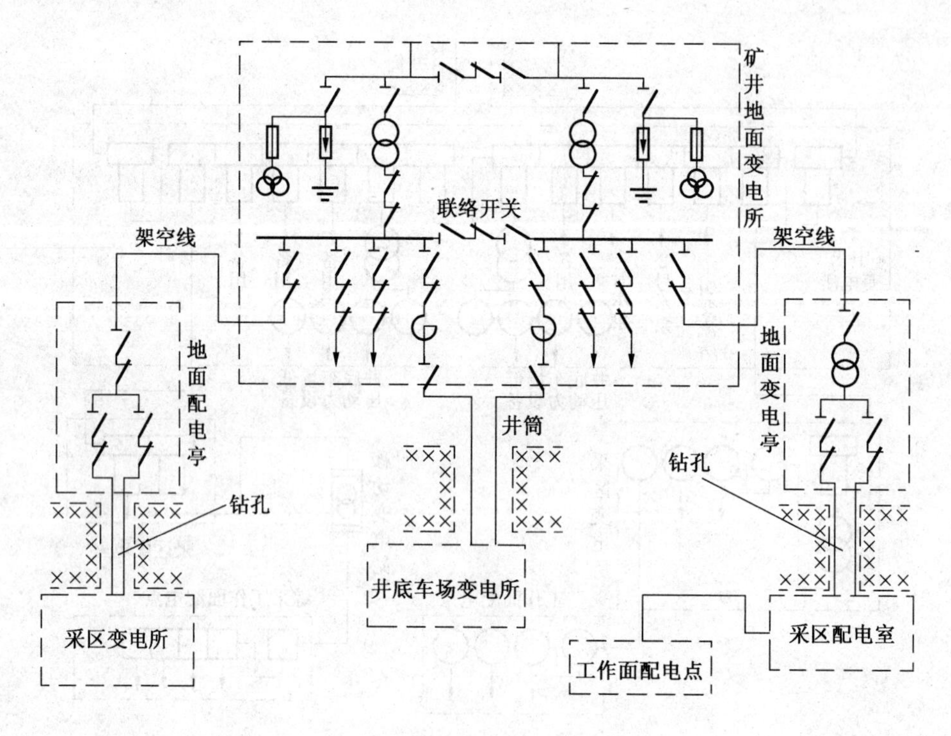

图1-7 浅井供电系统

二、变（配）电所

井下变（配）电所是对电能进行变换、集中和分配的场所，根据其作用和所承担的任务，可分为井下主变电所、整流变电所、采区变电所、移动变电站、工作面配电点等。

（一）井下主变电所

1. 井下主变电所的任务

井下主变电所也称井下中央变电所，是井下供电的中心。单一水平生产的矿井一般设置一个主变电所，多水平生产的矿井每个水平设一个主变电所。对负荷很大的矿井，在一个水平也可设置多个主变电所。变电所的电源直接由地面变电所提供，其主要任务是向下列设备及地点配电：

（1）采区变电所。

（2）排水泵的高压电动机。

（3）井底车场及其附近巷道的低压动力设备和照明。

（4）井下电机车需要的变流设备。

2. 井下主变电所的位置和设备布置

井下主变电所的位置是按下列条件确定的：

（1）位于负荷中心，这样可以节省配电网路的材料，减少电能与电压的损失。

（2）便于设备的运输和供电电缆的引入。

（3）通风良好。

考虑到上述条件，主变电所多设在井底车场并直接与中央水泵房相连，有条件时还可与电机车变流所联合建筑。

防水、防火、通风是主变电所应特别注意的问题。为了防水，主变电所地面要比井底车场或大巷连接处的底板标高高出0.5 m。

为了防火，硐室采用耐火材料砌碹，并且从硐室出口处起5 m内的巷道也用耐火材料建成。在主变电所硐室内使用带黄麻保护层的电缆时，应将易燃的黄麻保护层去掉。硐室内还必须设有足够数量的扑灭电气火灾的灭火器材。

为使通风良好，当硐室长度超过6 m时，要设两个出口，出口处设置两重门，即铁板门与铁栅门。铁栅门平时关闭，避免非工作人员入内。铁板门平时敞开，以保证硐室内通风良好。当发生火灾时，铁板门关闭，以隔绝空气，便于灭火。

井下主变电所的主要设备有高压配电箱及低压馈电开关、动力变压器和照明变压器。硐室内的各种电气设备要根据井下不同条件，按照有关规程分别选用矿用一般型和矿用隔爆型设备。

井下主变电所的设备布置如图1－8a所示。变电所内的电气设备布置要求井然有序。变电设备与配电设备要分开放置，中间隔有防火墙及防火门，并将高压部分和低压部分分开。为了使设备的搬运、检修及拆装方便，设备与墙之间要留有0.5 m以上的过道，设备与设备之间的距离要在0.8 m以上。完全不需要从两侧和后面进行检修和拆装的设备，可相互靠近或靠墙安置。由于主变电所是永久固定硐室，为使设备搬运方便，可在变电所中间过道装设轨道并留有1～1.5 m的空间。

主变电所的接线是根据负荷的大小分段供电。如图1－8b所示的变电所电气接线系统，采用了两根电源线，并按单母线分段式接线方式接线。有一台高压配电箱作为分段母线联络开关，所有负荷应均匀地分布在两段母线上。

硐室内的低压接线要设置总开关和漏电保护装置，并要有符合规定的接地装置。

（二）整流变电所

整流变电所是向电机车供电的井下整流、配电中心。井下每一生产水平一般设一个整流变电所；当采区上山有运输材料的小蓄电池电机车时，可在采区上部另设一个供小蓄电池电机车充电的整流变电所。

1. 设备组成

整流变电所的设备有整流变压器、照明变压器、高低压开关柜、整流柜或充电设备、检漏继电器、照明灯具等。当整流变电所与井下主变电所联合建造时，照明变压器、检漏继电器等和井下主变电所共用。整流变电所设在井底车场时，选用设备的形式和井下主变电所的设备形式相同。蓄电池电机车的整流变电所一般设在运输大巷的采区上下山附近，此时，设备均须采用防爆型。

2. 电源路径

整流变电所的电源电缆通常设两回路，由井下主变电所引入；当变电所设在采区附近时，电源电缆也可由采区变电所引入。

3. 接线系统

高压电源进线一般不设进线断路器，直接接至整流变压器。变压器低压侧设出线开关，用电缆接至整流柜或各防爆馈电开关。低压线采用单母线分段系统，母线间设联络开关，正常时分列运行。

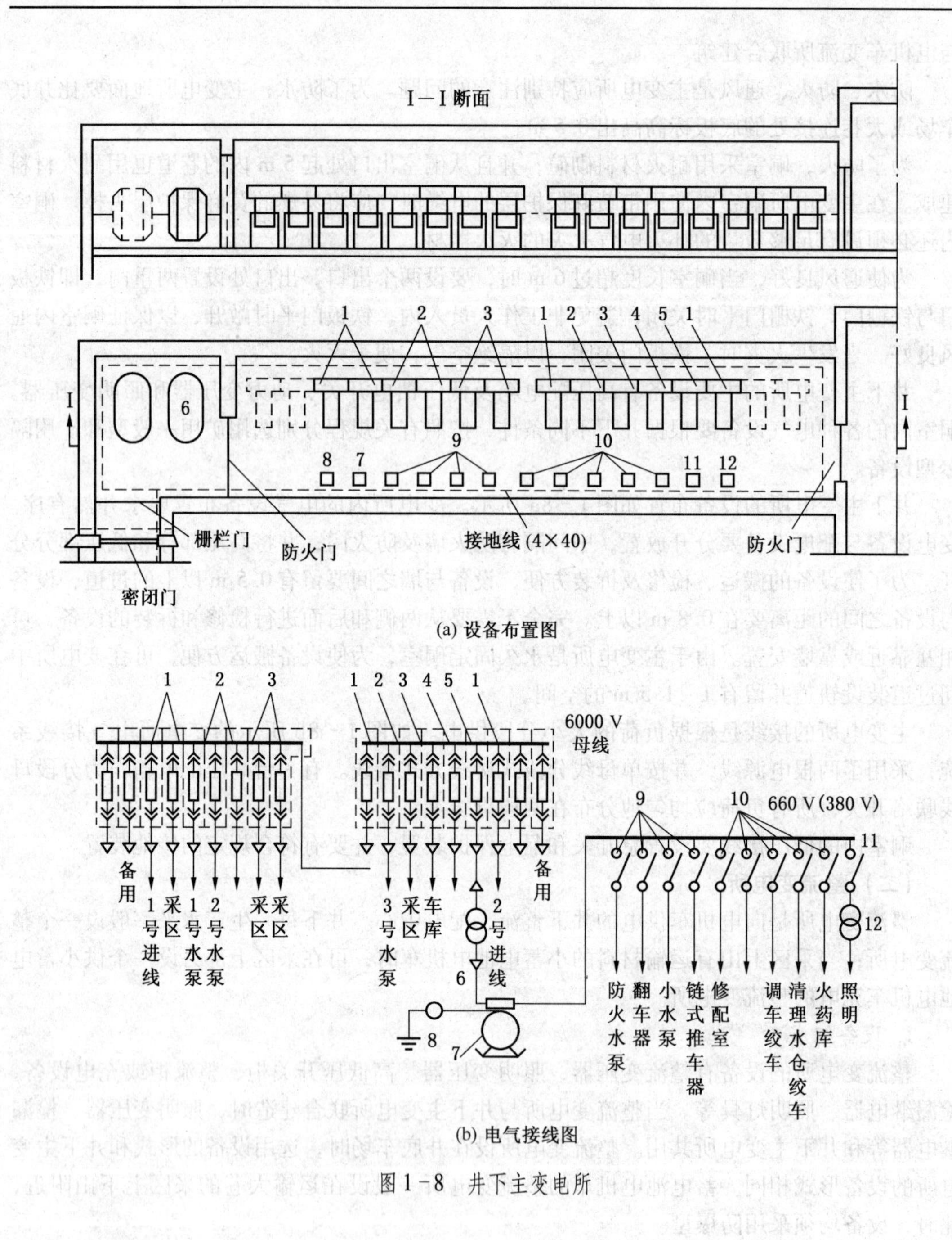

图 1-8　井下主变电所

4. 硐室构造

整流变电所设在井底车场时，硐室构造与井下主变电所相同。整流变电所设在采区附近时，硐室构造与采区变电所相同。

5. 设备布置

设备布置的要求也和井下主变电所及采区变电所相同。架线电机车的整流变电所大多和井下主变电所联合建在一起，单独设置时其布置要和井下主变电所类似。

蓄电池电机车的整流变电所除变压器室、整流设备室外，还有充电室、贮液室。充电室两侧布置充电台，中间铺设轨道以便电机车进出，顶部设起重装置以便搬运蓄电池箱至充电台上，其设备布置如图1-9所示。

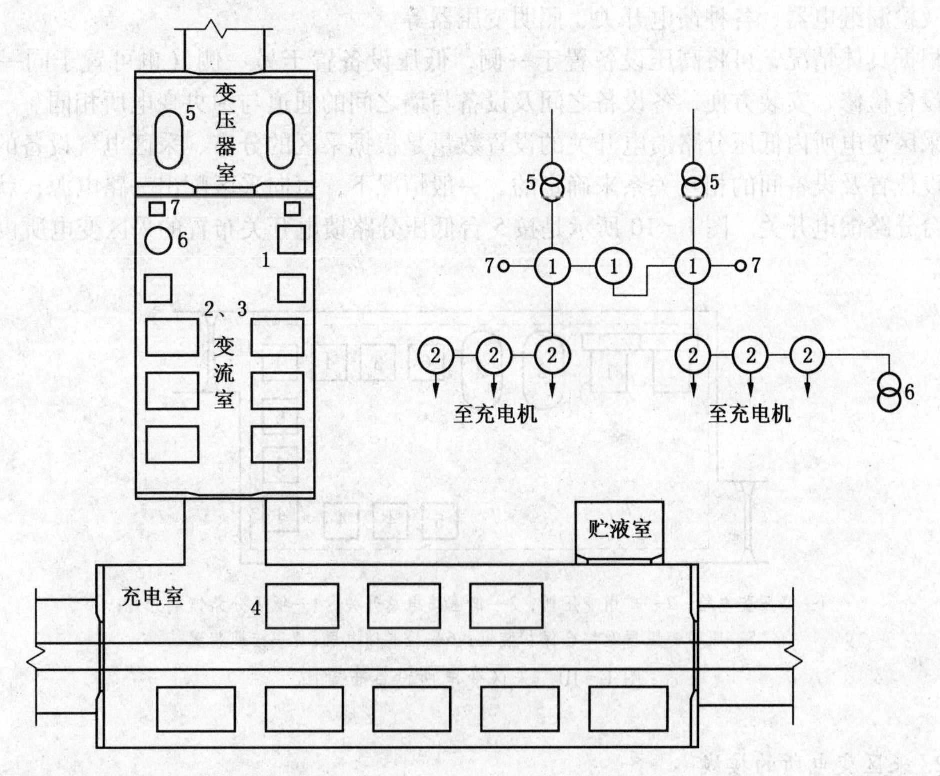

1—馈电开关；2—磁力启动器；3—充电机；4—充电台；5—整流变压器；6—照明变压器；7—检漏继电器

图1-9 蓄电池电机车整流变电所及设备布置示意图

（三）采区变电所

采区变电所是采区用电的中心，其电源由中央变电所提供，主要任务是将高电压变为低电压，并将低电压配送到本采区所有采掘工作面及其他用电设备。

1. 采区变电所的位置和设备布置

采区变电所的位置取决于低压供电电压、供电距离、采煤方法及其巷道布置方式、煤岩地质条件和机械化程度等因素。因此，一般情况下采区变电所设在采区用电负荷的中心，以保证采区所有用电设备（特别是大容量设备，如大功率采煤机等）的端电压不低于设备额定电压的95%。对于较大的采区，考虑到供电电缆上的电压损失可能超过允许值而影响供电质量，可在该采区设置两个以上的变电所。

采区变电所要求通风良好，硐室围岩坚固，无淋水，便于维修。硐室的其他安全措施基本与中央变电所相同。

采区变电所的主要设备有：

（1）用于进线、控制及保护变压器的高压配电箱。

（2）用于将6 kV(10 kV）电压降至380 V或660 V的动力变压器。

（3）用于接通、分断和保护供电线路的低压馈电开关。

（4）供变电所和其附近巷道照明用的低压变压器。

（5）为了防止电网漏电引起各种事故，变电所必须设置检漏继电器和接地装置。

采区变电所的布置一般从高压进线端起依次为高压配电箱、动力变压器、低压馈电总开关及检漏继电器、各种馈电开关、照明变压器等。

根据具体情况，可将高压设备置于一侧，低压设备置于另一侧（也可置于同一侧）。为使设备检修、安装方便，各设备之间及设备与墙之间的通道与中央变电所相同。

采区变电所内低压分路馈电开关的设置数量是根据采区的分布、采区电气设备的容量和所设位置及设备间的相互关系来确定的。一般情况下，每向采区配出一路电源，就应设置一台分路馈电开关。图 1－10 所示是按 5 台低压分路馈电开关布置的采区变电所设备布置图。

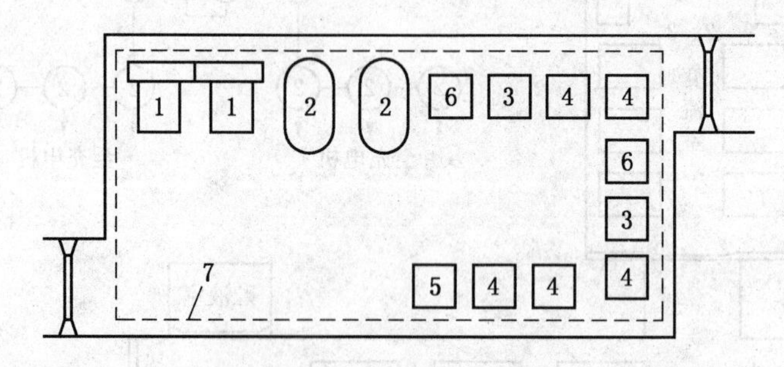

1—高压配电箱；2—矿用变压器；3—低压馈电总开关；4—低压分路馈电开关；
5—照明变压器及综合保护装置；6—检漏继电器；7—接地装置

图 1－10　采区变电所设备布置图

2. 采区变电所的接线

由于一般采区变电所都属于二级负荷，所以多采用一路电源进线；但少数设有一级负荷的采区（如下山有时设有主水泵），其采区变电所也属一级负荷，需采用两路电源进线。

变电所内需要设置的变压器台数，是根据采区布置、采煤方式、机械化程度、负荷大小和分布等不同情况而定，采区变电所可设一台和多台变压器。

采区变电所接线方式种类较多，常用的接线方式有以下几种：

1）一路电源进线

（1）当一台变压器能满足采区供电时，其接线如图 1－11 所示。这种接线方式安全可靠，运行灵活，操作方便。电源进线所用的高压配电箱，一方面作为变压器正常运行、维修和故障处理时停送电操作之用，另一方面可对变压器高、低压侧可能发生的过电流故障进行保护。

（2）当采区负荷较大、一台变压器不能满足需要时，可采用两台或两台以上的变压器供电，其接线如图 1－12 所示。这种接线的特点是每台变压器分别设置一台电源控制开关，具有供电可靠、运行灵活的优点，同时对过电流故障有较强的保护作用，所以被广泛应用。

由于这种接线不设电源进线总开关，而是电源进线直接接在各台控制变压器的高压开关上，所以当某台控制开关需要进行维修或故障处理时，要切断高压电源，只能通过电话联系，由中央变电所相应的配出开关控制该电源的断、通。当该路电源被切断后，该路上

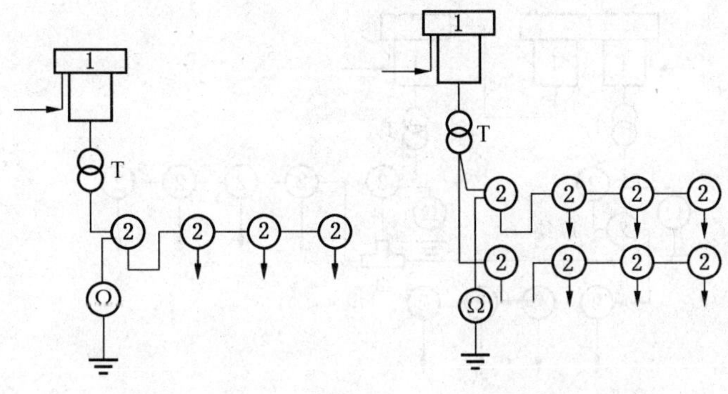

(a) 低压侧设一台馈电总开关　(b) 低压侧设两台馈电总开关

1—高压配电箱；2—低压馈电开关；Ω—检漏继电器；T—变压器

图1-11 一台变压器的接线方式

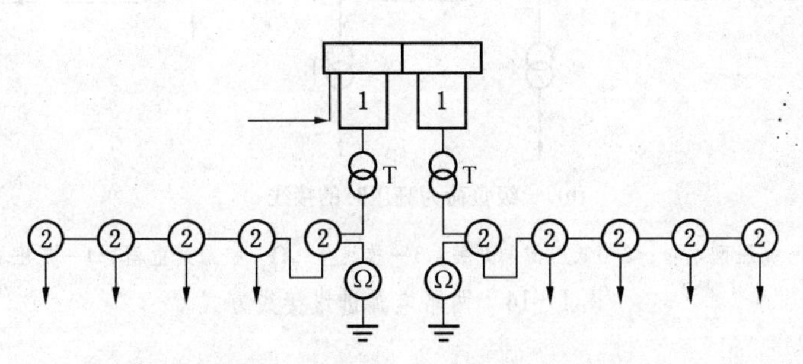

1—高压配电箱；2—低压馈电开关；Ω—检漏继电器；T—变压器

图1-12 两台变压器的接线方式

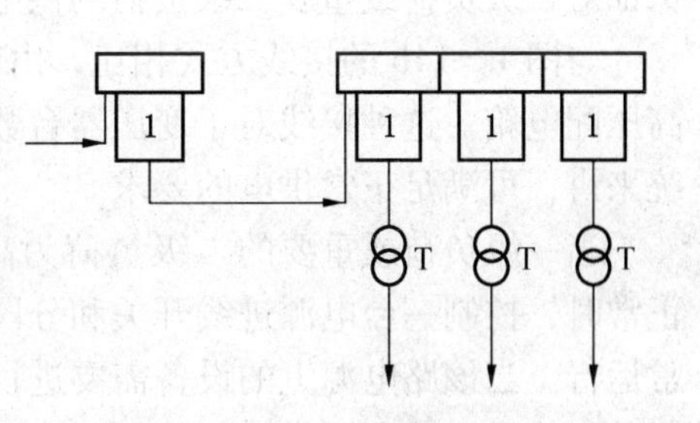

1—高压配电箱；T—变压器

图1-13 多台变压器的接线方式

的另外一台变压器也被迫停止工作。

(3) 当采区由多台变压器供电时，可考虑设置电源进线总开关，其接线如图1-13所示。采用这种接线，当控制各台变压器的高压配电开关需要正常维修或故障处理时，就可用电源进线总开关进行控制。只有当电源进线总开关本身需要维修或故障处理时，才需要由中央变电所相应的开关进行控制，因此这种接线方式在可靠性、运行灵活性和操作方便程度等方面都比以上接线方式要好。此外，由于电源进线总开关有过流保护作用，故对采区变电所供电系统又增加了一级过流保护，从而更有利于安全供电。但这种接线方式需要多增加一台设备。

2）两路电源进线

当采区设有一级负荷（如下山排水设备等）或重要的二级负荷（如综采工作面）时，应采用两路电源进线。采区变电所采用这种接线方式时，变压器不得少于两台，其容量应满足负荷的要求。其接线方式如图1-14所示。

图1-14a中，两路电源分别经两台高压配电箱向两台变压器供电。正常时，为保证

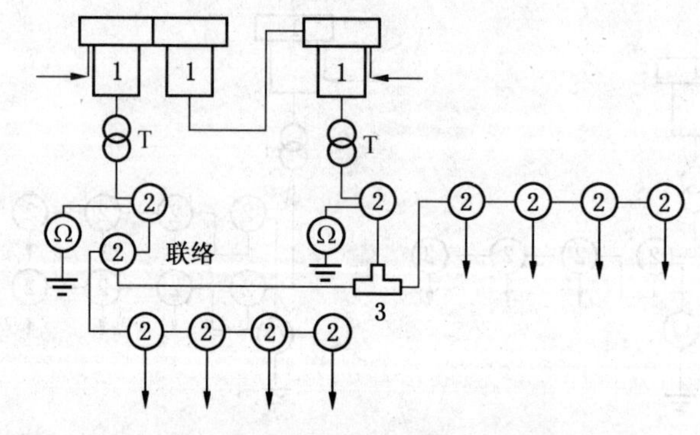

(a) 一级负荷为低压时的接线

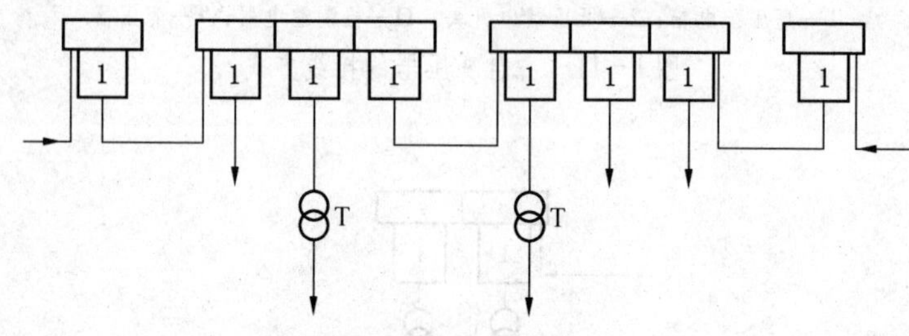

(b) 一级负荷为高压时的接线

1—高压配电箱；2—低压馈电开关；3—接线盒；Ω—检漏继电器；T—变压器

图1-14　两路电源进线接线方式

一级负荷用电，只有一台变压器工作，另一台变压器备用。当一路电源或电源设备需要进行正常维修或故障处理时，只要控制分段联络开关，就可使另一台变压器投入工作，从而保证对一级负荷或重要二级负荷的供电。

与图1-14b的接线方式相比，由于没有设置专用的电源进线总开关，故可节省两台高压配电箱。这种接线对于变压器台数少、一级负荷或重要的二级负荷全为低压的供电系统来讲，可满足正常供电的要求。

当一级负荷或重要的二级负荷为高压设备时，则应采用图1-14b所示的接线方式。正常时，控制一台电源进线开关和分段联络开关由一路电源供电，可使采区高低压设备正常运行。当该路电源上的设备需要进行维修或故障处理时，控制电源进线开关和分段联络开关，使另一路电源供电，从而可保证一级负荷或重要的二级负荷继续用电。这种接线所需要的设备较多，但它的供电可靠性、运行灵活性和操作的方便程度都比较高，更有利于变电所的安全供电。

3）变电所的低压接线

当用一台变压器向采区供电时，其低压接线如图1-11a所示。这是根据负荷电流的大小、设备运行的特点来设置低压馈电开关数量的。这种接线要求低压电源侧设置总开关和检漏继电器，每路配出线都要设置馈电开关。也可选用带漏电保护装置的低压馈电开关，但总开关要设置为无选择性漏电保护，分路馈电开关设置为选择性漏电保护。

当变压器容量较大、供电电压较低（如某些矿井仍采用380 V供电）、设置一台总开关不能满足变压器额定电流的要求时，可设两台总开关。但这种接线一般只设一台检漏继电器（图1-11b），并要求这台检漏继电器要同时控制两台总开关。选用带漏电保护的馈电开关时，总开关设置为无选择性漏电保护，分路馈电开关设置为选择性漏电保护。

对于多台变压器供电，若每台变压器都是单独向部分设备供电，这种方式称为变压器分列运行。采用这种运行方式时，要求每台变压器低压侧均要设置一台总开关和一台检漏继电器，以保证每路电源的供电安全，其接线如图1-12所示的低压部分。选用带漏电保护的馈电开关时，总开关设置为无选择性漏电保护，分路馈电开关设置为选择性漏电保护。

两路进线的变电所，其低压接线根据负荷的具体情况而定，可使变压器分列运行，也可采用图1-14a中的低压接线。电路正常时，低压分段联络开关处于分断位置，保证低压一级负荷和采区所有设备正常运行。当一路电源上的设备需要进行维修或故障处理时，可将该路电源低压总开关断开，并切除该路上的检漏继电器，然后闭合低压联络开关，则可由一台变压器向一级负荷或其他重要负荷供电。但要相应切断一些不重要的设备，以保证一台变压器的承受能力。

（四）移动变电站

对于综合机械化采煤工作面，由于其设备的总容量很大，同时采区的走向较长，这就要采用高压直接深入采区工作面的供电方式，以避免线路上的电压损失和电能损耗，所以采用移动变电站向综采工作面供电。

移动变电站是由高压开关、干式变压器、隔爆低压馈电开关及各种保护装置组成的一个整体，安装在拖橇上。拖橇下面设有边轮，可在轨道上滚动。移动变电站一般设在距工作面50～100 m处，随工作面的推进而移动。移动变电站的电源由中央变电所或采区变电所的6 kV高压直接供电。

（五）工作面配电点

工作面配电点是将采区变电所送来的低压电能再分配给采掘工作面的电气设备，主要起配电作用；同时可利用干式变压器将电压降为127 V，供煤电钻或照明使用。

工作面配电点设在低压开关设备集中的地方，其特点是需要经常随工作面移动，所以一般不需要开设专门的硐室，大都直接设在工作面附近的运输巷或回风巷的一侧，其位置一般距工作面70～100 m处。

对于使用采煤机的工作面，向它们供电的配电点大都设在回风巷。这是因为当采煤机割完煤后停放在回风巷附近，工作面内无电缆；同时当采煤机出现故障时，可利用回风巷的回柱绞车较方便地将采煤机运出工作面。另外，在输电方面可与回柱绞车及回风巷其他设备同用一路电缆。若将采煤机及其供电点设于运输巷，由于运输巷运输设备容量较大，采煤机需要设专线供电；同时在运输巷一端要开设较大的机窝，不利于采煤安全。典型的采煤工作面配电点布置及配电示意图如图1-15所示。

对于掘进工作面的配电点，大都设在掘进巷的一侧或掘进巷的贯通巷内，一般距工作面80～100 m。

由于采掘工作面的电气设备随工作面的推移必须经常移动，并且它们的负荷重，变化大，启动频繁，加之工作的自然环境又差，为了保证安全用电和正常生产，并适应电气设备经常移动和日常维修的需要，一般每一个配电点都需设置一台电源进线总开关，而且总开关一般与其他开关放置在一起，以利于停、送电操作。

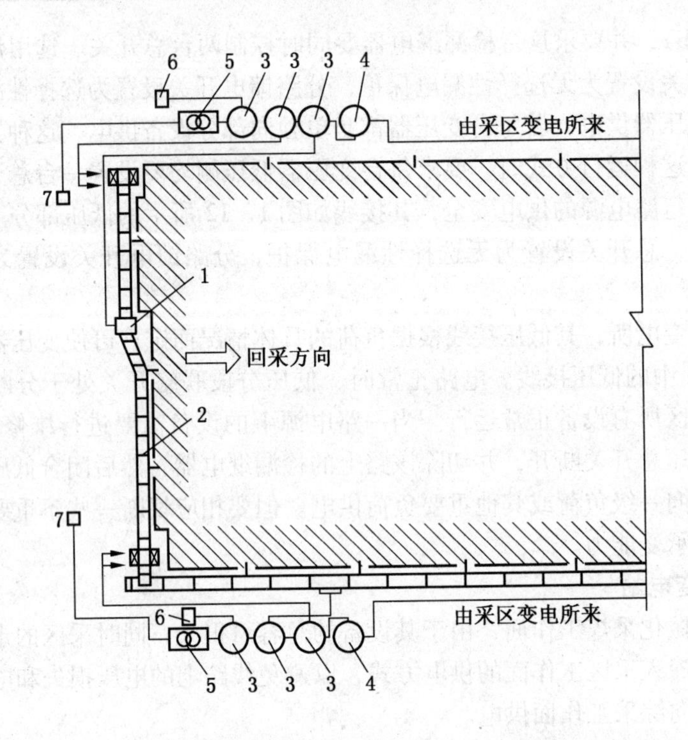

1—采煤机；2—刮板输送机；3—磁力启动器；4—自动馈电开关；
5—煤电钻综合保护装置；6—回柱绞车；7—煤电钻

图1-15　采煤工作面配电点布置及配电示意图

第四节　电力负荷计算

用电设备负荷的计算是确定供电线路接线方式，选择变压器容量、电气设备、导线截面的主要依据，也是整定继电保护装置重要的数据。负荷计算是否正确合理，直接影响到电气设备及其供电系统的选择和运行是否经济、合理。如果负荷计算过大，将使电气设备选的过大，造成投资大和有色金属材料的浪费；若负荷计算过小，将会使电气设备长期处于过载运行状态，这样不仅会增加电能损耗，而且会使电气设备过热导致绝缘老化而缩短寿命，严重时还可能因此而发生重大事故。

一、供电负荷计算

在实际工作中，用电设备的负荷是随时间不断变化的，即各种用电设备不一定同时运行，运行中的设备也不可能全部达到满载。特别是井下，由于工作条件复杂，随着采区地质条件的变化、煤层软硬程度的差异及生产作业循环的安排、设备操作情况的不同，导致用电设备的总负荷在不断变化，所以很难精确计算出实际负荷的大小。目前广泛采用的供电负荷计算方法多为需用系数法。虽然这一方法的计算结果有一定误差，但还是能满足实际生产的需要。

用需用系数法计算供电负荷的基本公式为

$$S = \frac{K_x \sum P_N}{\cos\phi_{pj}} \tag{1-1}$$

式中　S——所计算的电力负荷总视在功率，kV·A；

$\sum P_N$——计算系统中各设备（不包括备用设备）的额定功率之和，kW；

$\cos\phi_{pj}$——用电设备的加权平均功率因数，具体取值详见表1-2；

K_x——需用系数，井下设备在不同情况下的取值见表1-2。

表1-2　需用系数及功率因数表

设备用户名称	需用系数	加权平均功率因数
主要通风机房主要电动机	0.8～0.85	0.8～0.85
绞车房辅助设备	0.7	0.7
锅炉房	0.6～0.7	0.65～0.7
机修厂	0.35～0.4	0.6～0.65
支柱加工厂	0.4～0.5	0.65
煤样室	0.4～0.5	0.6
化验室	0.5～0.6	0.8
矿灯室	0.7	0.7
变电所用电	0.7	0.7
地面建筑物内照明	0.85	1.0
工业场地外部照明	0.9	1.0
主要通风机房辅助电动机	0.35～0.5	0.7
综采工作面	按式（1-8）计算	0.7
普采工作面	按式（1-9）计算	0.6～0.7
缓倾斜煤层炮采工作面	0.4～0.5	0.6
急倾斜煤层炮采工作面	0.5～0.6	0.7
无掘进机的掘进工作面	0.3～0.4	0.6
有掘进机的掘进工作面	按式（1-8）计算	0.6～0.7
架线电机车整流	0.45～0.65	0.9
蓄电池电机车充电	0.8	0.9
大巷带式输送机、提升机等	0.6～0.7	0.7
无主排水泵井底车场	0.6～0.7	0.8
有主排水泵井底车场	0.75～0.85	0.8

注：对于缓倾斜煤层采用滚筒采煤机的工作面，需用系数取0.6～0.75。

式（1-1）的基本意义是：先将所有参加计算的设备额定功率都加起来求得 $\sum P_N$，然后对其考虑一定的余量，即乘上系数 K_x，便求得设备计算功率 $K_x \sum P_N$。由于计算结果是为了选择电源设备（如变压器等），故计算功率要被平均功率因数 $\cos\phi_{pj}$ 除，这样就得到所求的计算容量 S。

（一）需用系数 K_x

式（1-1）与电工学中计算视在功率的公式相比多了一个系数 K_x，为了对该系数有一个明确的概念，以下先介绍几个与其有关的系数。

1. 负荷系数 K_f

负荷系数也称负荷率，其计算公式为

$$K_f = \frac{P_s}{P_N} \tag{1-2}$$

式中 P_s——用电设备的实际功率，kW；

P_N——用电设备的额定功率，kW。

由于实际工作中大多数设备不可能都在满载情况下运行，所以在负荷计算时应考虑这一余量。由式（1-2）可得

$$P_s = P_N K_f$$

2. 同时系数 K_t

同时系数又称同时率。对于同一个供电系统中的电气设备，在实际工作中不一定都在同一时间运行，即使在同一时间运行的设备也不会同时达到额定负荷，在负荷计算时不能将所有电气设备的额定功率直接相加，而要考虑实际情况，所以负荷计算留有一定余量。同时系数计算公式为

$$K_t = \frac{\sum P_{Ng}}{\sum P_N} \tag{1-3}$$

式中 $\sum P_{Ng}$——负荷计算系统中在最大负荷时运行设备的额定功率之和，kW；

$\sum P_N$——负荷计算系统中所有设备额定功率之和，kW。

3. 电动机的加权平均效率 η_{pj}

由于电动机铭牌上给出的功率为电动机轴上的输出功率，而电动机实际消耗的功率应为电动机的输入功率，所以在负荷计算时必须考虑电动机的效率。

对于不同类型的电动机，其效率是不一样的。在求多台电动机的效率时，不能简单地取其算术平均值。

【例 1-1】已知一台额定功率为 80 kW 的电动机，其额定效率为 0.91；另一台电动机额定功率为 5.5 kW，额定效率为 0.83。求电动机的总输入功率。

解 这两台电动机的效率取算术平均值 η_{ps}：

$$\eta_{ps} = \frac{\eta_{N1} + \eta_{N2}}{2} = \frac{0.91 + 0.83}{2} = 0.87$$

由以上所得平均效率来求这两台电动机的总输入功率 P_{sr} 为

$$P_{sr} = \frac{P_{N1} + P_{N2}}{\eta_{ps}} = \frac{80 + 5.5}{0.87} = 98.3\ \text{kW}$$

而实际两台电动机的总输入功率为

$$P_{sr} = P_{sr1} + P_{sr2} = \frac{P_{N1}}{\eta_{N1}} + \frac{P_{N2}}{\eta_{N2}} = \frac{80}{0.91} + \frac{5.5}{0.83} = 94.5\ \text{kW}$$

显然，用算术平均值求输入功率是错误的。因为在实际中电动机功率大者，在总效率中就应占较大比例；功率小者，占的比例就小。也就是说，要求电动机的总效率必须按电动机功率的大小所占的比例来平均，用这种方法求得的平均效率称为加权平均效率，其中将各电动机的功率称为加权平均效率的权。其一般计算公式为

$$\eta_{pj}=\frac{\sum(P_{sr}\cdot\eta_N)}{\sum P_{sr}} \quad 或 \quad \eta_{pj}=\frac{\sum P_N}{\sum(P_N/\eta_N)} \tag{1-4}$$

用式（1－4）求上述两电动机的平均效率，所得加权平均效率为

$$\eta_{pj}=\frac{80+5.5}{\frac{80}{0.91}+\frac{5.5}{0.83}}=0.9$$

则总输入功率为

$$P_{sr}=\frac{P_{N1}+P_{N2}}{\eta_{pj}}=\frac{80+5.5}{0.9}=95\ kW$$

4. 供电线路的效率 η_L

当电源通过线路对用电设备供电时，供电线路必有一定的电能损耗，特别是井下用电负荷都比较大，其电路损失一般是不能忽略的，因此在负荷计算时必须考虑到这一损耗，即供电线路的效率 η_L。对于井下低压供电线路，其线路效率一般取 0.9～0.95。

井下实际供电系统中在负荷计算时，不能将各设备的额定功率直接相加，而必须同时考虑用电系统的负荷系数、同时系数、电动机加权平均效率及线路效率等因素，因此用电设备的计算功率为

$$P=\sum P_N\frac{K_fK_t}{\eta_{pj}\eta_L} \tag{1-5}$$

实际应用中由于用电设备的负荷系数、同时系数、电动机加权平均效率和供电线路效率都是在较大范围内变化的数据，因此没有必要分别进行计算或选取，而是在满足工程要求的情况下用一个总的系数来代替，即需用系数 K_x，其计算公式为

$$K_x=\frac{K_fK_t}{\eta_{pj}\eta_L} \tag{1-6}$$

（二）加权平均功率因数 $\cos\phi_{pj}$

设备（电动机）的加权平均功率因数的意义与加权平均效率相似，其计算公式为

$$\cos\phi_{pj}=\frac{\sum P_N}{\sum\frac{P_N}{\cos\phi_N}} \tag{1-7}$$

式中 P_N——计算系统中各设备的额定功率，kW；

$\cos\phi_N$——相应设备的额定功率因数。

（三）井下电力系统负荷计算中的系数

在计算供电系统的负荷时，所用的需用系数和加权平均功率因数视设备的不同用途而定，其具体数值见表 1－2。

对于井下机械化采煤工作面，由于设备容量差别较大，其需用系数要按下列公式进行计算。综采工作面需用系数为

$$K_x = 0.4 + 0.6\frac{P_{max}}{\sum P_N} \tag{1-8}$$

普采工作面需用系数为

$$K_x = 0.286 + 0.714\frac{P_{max}}{\sum P_N} \tag{1-9}$$

式中　P_{max}——工作面最大电动机额定功率，kW；

$\sum P_N$——工作面所有电动机额定功率之和，kW。

二、改善功率因数

由于大型企业的用电设备多为三相交流电动机和变压器等感性负载，所以电力系统不仅要向用电设备提供有功功率，而且还要提供大量的无功功率，故造成电源设备不能充分利用，因此必须提高大型工矿企业供电系统的功率因数。

（一）改善功率因数的意义

由电工学知识可知，功率因数是交流电路中有功功率与视在功率的比值，即

$$\cos\phi = \frac{P}{S} \tag{1-10}$$

式中　P——交流电路的有功功率，kW；

S——交流电路的视在功率，kV · A；

$\cos\phi$——功率因数；

ϕ——交流电路中电压与电流的相位角。

电压与电流相位角的大小取决于交流电路中的阻抗，即

$$\cos\phi = \frac{R}{Z} \tag{1-11}$$

式中　R——交流电路中的电阻，Ω；

Z——交流电路中的阻抗，Ω。

可见，随着电路阻抗的不同，功率因数将在 0 ~ 1 之间变化。当 $\cos\phi = 1$ 时，电路负荷等效为纯电阻，这时，电源的视在功率 S 等于有功功率 P。当 $\cos\phi$ 较低时，有功功率 P 将小于电源视在功率 S，则电源输出的视在功率有一部分变为无功功率而不能被利用，这是交流电力系统所不希望的。所以在交流电路中，对于电源来说，负荷的功率因数越高越好。

在供电系统中，功率因数是一个重要指标，如果负荷的功率因数太低，则表示发电机或变压器输出的功率中无功分量占的比例较大，这对系统运行是很不利的，其主要表现在以下几方面。

1. 电源（发电机、变压器等）容量不能得到充分利用

电源设备是根据额定电压 U_N 和额定电流 I_N 来确定其额定容量 S_N 的，即

$$S_N = \sqrt{3}U_N I_N \tag{1-12}$$

而电源设备实际所输出的有功功率为

$$P = \sqrt{3}U_N I_N\cos\phi = S_N\cos\phi \tag{1-13}$$

显然，当负载的功率因数 $\cos\phi$ 较低时，该电源设备输出的有功功率就很低。例如，容量为100 kV·A的变压器向白炽灯负载供电时，由于 $\cos\phi=1$，则变压器可输出100 kW的有功功率，这时变压器的利用率最高；若向电动机供电时（感性负载），当每台电动机的额定容量为10 kW，功率因数为0.9，则变压器在满载情况下输出的有功功率为

$$P=S\cos\phi=100\times0.9=90\ \text{kW}$$

可见，变压器能承担9台电动机的负荷。若电动机的功率因数为0.5，变压器输出的有功功率为

$$P=S\cos\phi=100\times0.5=50\ \text{kW}$$

这时变压器仅承担5台电动机的负荷就达到满载运行。

由此可见，当负载功率因数越低时，电源设备能输出的有功功率就越小，其利用率就越低，不能使电源设备充分发挥作用。

2. *在供电线路上将引起较大的电压降和功率损失*

电网在一定电压下向某一负载供电时，流过供电线路的电流为

$$I=\frac{P}{\sqrt{3}U\cos\phi} \tag{1-14}$$

当负载的功率因数较低时，线路电流 I 势必增大，故在线路电阻 ΔR 上的电压降 $\Delta U=I\cdot\Delta R$ 必然增大，这将使用电设备的端电压降低，给设备的正常运行带来不良后果；同时会使线路的功率损失（$\Delta P=I^2\cdot\Delta R$）增大，造成有功电能的浪费。

从以上分析可见，提高功率因数能使电源设备得到充分利用而提高供电能力，同时可改善供电电压的质量，节约电能，这对提高供电的经济性有着重要意义。

（二）提高功率因数的方法

提高供电系统的功率因数 $\cos\phi$，即设法减小电路电压与电流的相位角 ϕ，这取决于负荷阻抗。由于企业生产中的电气设备多为感性负荷，故要提高功率因数可从以下几方面考虑。

（1）提高设备本身的功率因数。如正确选用电动机，使其经常在满载或接近满载情况下运行；合理调节负荷，避免变压器、电动机空载和轻载运行；尽量选用笼型电动机，因为它比绕线式电动机的功率因数高。

（2）采用并联电容器补偿法。单相电路并联电容器的补偿原理如图1-16所示。图中 ϕ_1 是补偿前电压、电流的相位角，ϕ_2 是补偿后电压、电流的相位角，$\dot{I}_1$ 和 $\dot{I}_2$ 分别为补偿前、后流向负载的总电流。

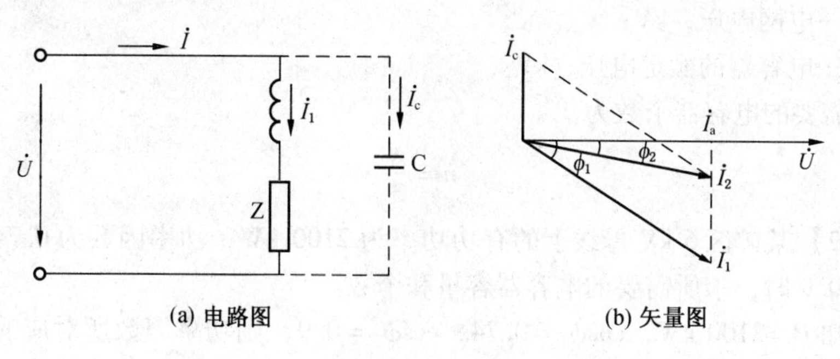

图1-16 单相电路并联电容器补偿原理

由矢量图可见，流入电容器电流 I_c 的大小为

$$I_c = I_a\tan\phi_1 - I_a\tan\phi_2 = I_a(\tan\phi_1 - \tan\phi_2) \tag{1-15}$$

式中　I_a——电流的有功分量，$I_a = I_1\cos\phi_1$。

由于电路的有功功率为

$$P = UI_1\cos\phi_1 = UI_a \tag{1-16}$$

所以 $I_a = \dfrac{P}{U}$，将此式代入式（1-15），则

$$I_c = \frac{P}{U}(\tan\phi_1 - \tan\phi_2) \tag{1-17}$$

提高功率因数以后并联电容器向电路提供的容性无功功率 Q_c 为

$$Q_c = UI_c = P(\tan\phi_1 - \tan\phi_2) \tag{1-18}$$

根据无功功率与电容 C 的关系

$$Q_c = UI_c = U\frac{U}{X_C} = \frac{U^2}{\dfrac{1}{2\pi fC}} = 2\pi fCU^2 \tag{1-19}$$

可见，当电容电压 U 确定以后，Q_c 与 C 就有固定的关系。所以对于电力电容器，一般以电容向电路提供的无功功率容量来选择电容器，则式（1-18）就是功率因数补偿所需要的电容器容量。

式（1-18）是由单相交流电路推导出来的，用于三相电路时，公式中的 Q_c 与 P 分别为三相总无功功率和三相总有功功率。

确定补偿所需的电容器容量后，可查有关手册选出电容器的型号规格。在实际应用中，由于电容的标称参数与计算值往往不同，故可选多个电容。根据式（1-19）所选电容的个数为

$$N = \frac{C}{C_N} = \frac{\dfrac{Q_c}{2\pi fU^2}}{\dfrac{q_N}{2\pi fU_N^2}} = \frac{Q_c}{q_N}\left(\frac{U_N}{U}\right)^2 = \frac{Q_c}{q_N\left(\dfrac{U}{U_N}\right)^2} \tag{1-20}$$

式中　N——补偿三相电路所需电容器的个数；

Q_c——补偿三相电路所需要的无功功率，kvar；

C_N——标称电容的额定电容量；

q_N——标称电容向电路提供的无功功率，kvar；

U——电网电压，kV；

U_N——电容器的额定电压，kV。

每相所需要的电容器个数为

$$n = \frac{N}{3} \tag{1-21}$$

【例 1-2】某矿区 6 kV 母线上的有功功率为 2100 kW，功率因数为 0.74。若将功率因数提高到 0.9 时，求所需要的电容器容量和个数。

解　已知 $P = 2100$ kW，$\cos\phi_1 = 0.74$，$\cos\phi_2 = 0.9$，则功率因数所对应的正切值分别为 $\tan\phi_1 = 0.91$，$\tan\phi_2 = 0.47$。根据式（1-18），电容器的容量为

$$Q_c = P(\tan\phi_1 - \tan\phi_2) = 2100 \times (0.91 - 0.47) = 924\ \text{kvar}$$

因接于6 kV母线上，查电容器产品手册选YY6.3－12－1型电容器，它的标准容量为12 kvar，额定工作电压为6.3 kV，故所选电容器个数可由式(1－20)求得

$$N = \frac{Q_c}{q_N\left(\frac{U}{U_N}\right)^2} = \frac{924}{12 \times \left(\frac{6}{6.3}\right)^2} = 85\ 个$$

每相所需电容器个数为

$$n = \frac{N}{3} = \frac{85}{3} = 28.3\ 个 \quad 取\ n = 29\ 个$$

由于所选电容器的额定电压大于线路电压，故可按三角形接法接入电网，如图1－17所示。一般情况下电容补偿采用三角形接线，其优点是：根据Y－△转换原理，采用同样数量的电容器，三角形接法时的容量是星形接法时的3倍，故可提高电容器的利用率，但电容器的额定电压相对较高。

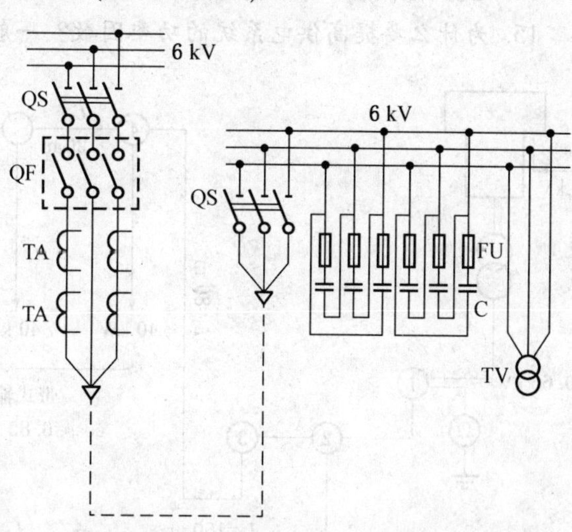

FU—保护熔断器；C—电容器；TV—电压互感器；QS—高压隔离开关；TA—电流互感器；QF—断路器

图1－17　电容器在电网上的接线图

(3) 采用同步电动机拖动。由于同步电动机在过励情况下运行时可向电网提供容性电流，故可提高企业电力系统的功率因数。因此对一些不经常启动的大型固定设备，如煤矿中的主要通风机、空压机等应尽可能采用同步电动机拖动。

复习思考题

1. 煤炭企业对供电的基本要求有哪些？供电的技术合理性是指什么？

2. 电力负荷如何分级？各级负荷对供电有何要求？

3. 何谓电力系统？何谓电力网？为什么远距离输电要采用高电压？

4. 为什么要制定标准电压等级？煤矿常用的电压等级有哪些？

5. 变电所常用的接线方式有哪些？各有什么特点？

6. 简述图1－5中各设备的作用及接线特点。

7. 井下中央变电所、采区变电所、工作面配电点的主要任务是什么？

8. 井下中央变电所、采区变电所内有哪些主要设备？其作用是什么？

9. 变电所设备布置时应注意哪些问题？

10. 为了保证对一级负荷不间断供电，采区变电所应采用怎样的接线方式？

11. 工作面配电点一般应设在何处？在设备布置时应注意些什么？

12. 在计算供电负荷时，为什么不将各设备的额定功率直接相加，而要考虑需用系数？需用系数的意义是什么？

13. 加权平均功率因数的意义是什么？在负荷计算时为何不能采用算术平均功率因数？

14. 已知某采煤工作面供电系统如图 1－18 所示，试选择变压器。

15. 为什么要提高供电系统的功率因数？一般采用什么方法？

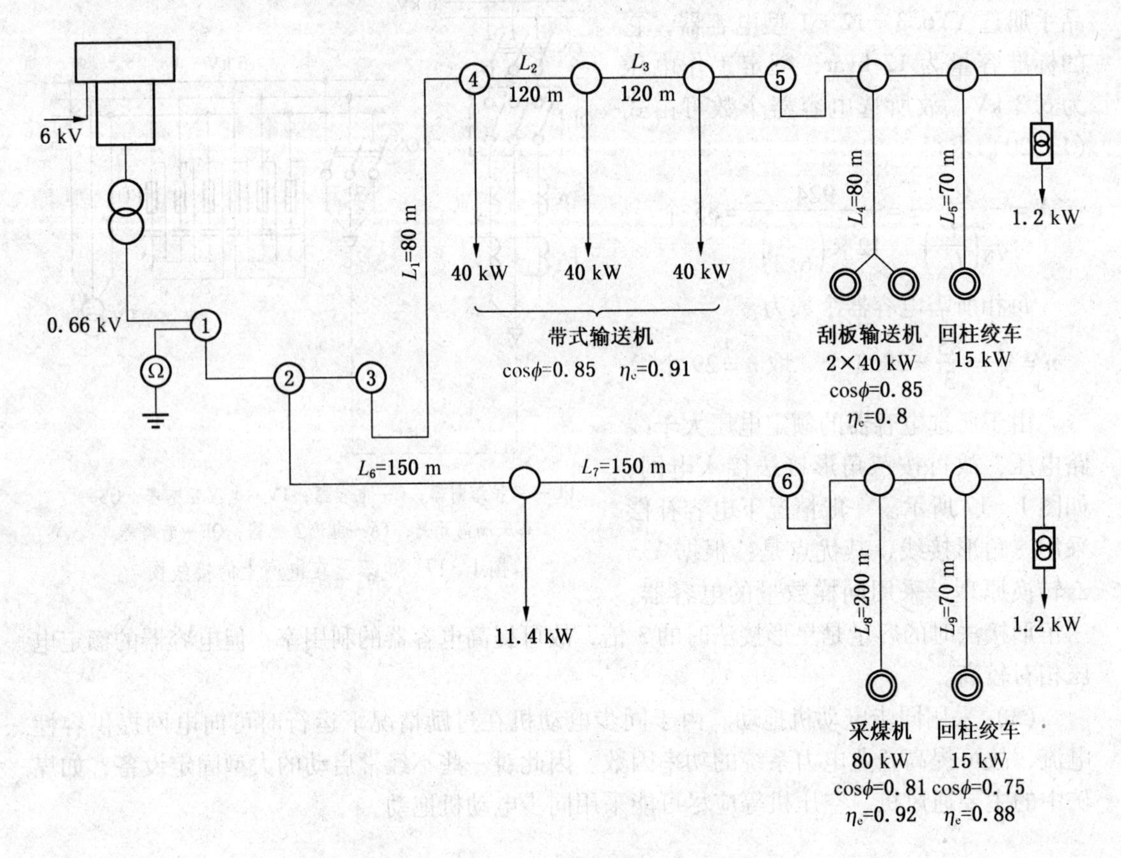

Ω—漏电继电器；①～⑥—开关

图 1－18 某采煤工作面供电系统

第二章 矿 用 电 缆

电缆线路具有不受外界影响、不占地面空间、使用安全可靠等优点，特别是在有腐蚀性气体或易燃易爆等场所，如建筑群、人口密集区、风景区、受空间限制的工厂等，都应采用电缆线路。

煤矿井下因巷道狭窄、空气潮湿并有落顶和岩石塌落等现象，为保证煤矿供电的安全可靠，井下的供电线路除架线电机车外，必须采用电缆线路。

第一节 矿用电缆的结构

电缆按电压等级分为高压电缆和低压电缆，按绝缘材料分为铠装电缆、塑料电缆和橡套电缆。

一、铠装电缆

常用的铠装电缆有油浸纸绝缘铅（铝）包电缆与全塑铠装电缆。由于油浸纸绝缘铅（铝）包电缆的弯曲半径大，移动不方便，敷设困难，并且电缆接头和封端要求工艺水平高，安全性能差，所以在煤矿已被塑料绝缘铠装电缆取代。

全塑铠装电缆有聚氯乙烯绝缘、聚氯乙烯护套和交联聚乙烯绝缘、聚乙烯护套两种，其绝缘电阻、介质损耗等电气性能较好，并有耐水、抗腐、不延燃、制造工艺简单、质量轻、运输方便、敷设高差不受限制等优点。

交联聚乙烯是利用化学或物理方法使聚乙烯分子由原来直接链状结构变为三度空间网状结构，因此交联聚乙烯除保持聚乙烯的优良性能外，还克服了聚乙烯耐热性差、热变形大、耐药物腐蚀性差、内应力开裂等方面的缺陷。

交联聚乙烯绝缘电缆结构如图 2－1 所示，其型号、结构及使用场所见表 2－1。矿用塑料铠装电缆型号、结构及使用场所见表 2－2。

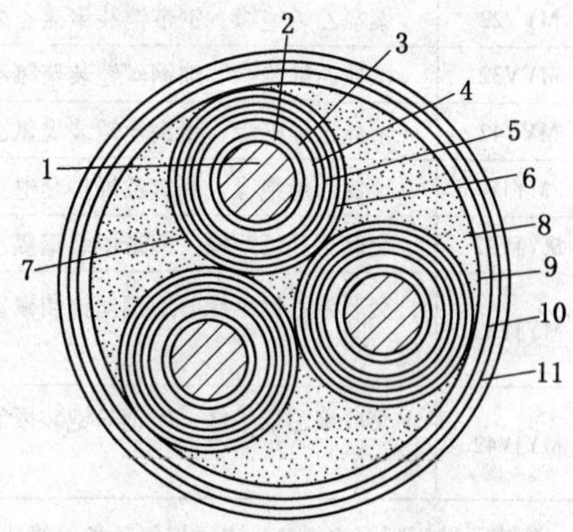

1—导电芯线；2、4—半导体层；3—交联聚乙烯绝缘层；5—钢带；6—标志带；7、9—塑料带；8—纤维充填材料；10—钢带铠装；11—聚氯乙烯护套

图 2－1 交联聚乙烯绝缘电缆结构

二、塑料电缆

塑料电缆的芯线绝缘层和护套全部采用塑料制成，所采用的绝缘材料有聚氯乙烯和交联乙烯两种，后者有较好的耐热性，长期允许工作温度可达 80 ℃。其型号与用途见表 2－

1、表2-2中VV和YJV电缆。

表2-1　交联聚乙烯绝缘电缆型号、结构及使用场所

型号		电缆结构	使用场所
铜芯	铝芯		
YJV29	YJLV29	聚乙烯绝缘、聚氯乙烯护套内钢带铠装	敷设在地下，能承受机械外力，不能承受大的拉力
YJV39	YJLV39	聚乙烯绝缘、聚氯乙烯护套内细钢丝铠装	敷设在水中或具有较大落差的土壤中，能承受较大的拉力
YJV59	YJLV59	聚乙烯绝缘、聚氯乙烯护套内粗钢丝铠装	敷设在水中，能承受较大的拉力
YJV30	YJLV30	聚乙烯绝缘、聚氯乙烯护套裸细钢丝铠装	敷设在室内、隧道内，能承受一定的机械外力，并能承受一定的拉力
YJV50	YJLV50	聚乙烯绝缘、聚氯乙烯护套裸粗钢丝铠装	敷设在室内、隧道内，能承受一定的机械外力，并能承受较大的拉力

注：YJ表示交联聚乙烯绝缘电缆，V表示聚氯乙烯护套，L表示铝芯（无L则为铜芯）。

表2-2　矿用塑料铠装电缆型号、结构及使用场所

型号	电缆结构	使用场所
MVV	聚氯乙烯绝缘、聚氯乙烯护套电力电缆	水平巷道中的电气设备，电缆不承受外力
MVV22	聚氯乙烯绝缘、钢带铠装聚氯乙烯护套电力电缆	水平巷道或倾角较小巷道中的固定设备
MVV32	聚氯乙烯绝缘、细钢丝铠装聚氯乙烯护套电力电缆	水平巷道或倾角为45°以下的巷道
MVV42	聚氯乙烯绝缘、粗钢丝铠装聚氯乙烯护套电力电缆	立井井筒或倾角为45°以上的巷道
MYJV	聚氯乙烯绝缘、聚氯乙烯护套电力电缆	水平巷道中的电气设备，电缆不承受外力
MYJV22	交联聚乙烯绝缘、钢带铠装聚氯乙烯护套电力电缆	水平巷道或倾角较小巷道中的固定设备
MYJV32	交联聚乙烯绝缘、细钢丝铠装聚氯乙烯护套电力电缆	水平巷道或倾角为45°以下的巷道
MYJV42	交联聚乙烯绝缘、粗钢丝铠装聚氯乙烯护套电力电缆	立井井筒或倾角为45°以上的巷道

注：M表示矿用阻燃电缆，V表示聚氯乙烯绝缘或聚氯乙烯护套，YJ表示交联聚乙烯绝缘电缆，2表示钢带铠装聚氯乙烯护套，3表示细钢丝铠装聚氯乙烯护套，4表示粗钢丝铠装聚氯乙烯护套。

塑料电缆既有铠装型，也有柔软型，这类电缆除具有较好的电气性能外，还具有耐水、抗腐蚀、不延燃、敷设落差不受限、制造工艺简单、质量小、运输方便等优点，因此在条件合适的情况下应尽量采用塑料电缆。

三、橡套电缆

橡套电缆根据其使用场所不同，可分为普通橡套电缆和矿用橡套电缆两种。

1. 普通橡套电缆

普通橡套电缆有1芯、2芯、3芯、4芯、6芯、7芯、8芯、11芯等几种，其中4芯以上电缆均以3根粗线作为三相动力芯线，1根细线作为地线，其余芯线都用作控制芯线。4芯普通橡套电缆结构如图2-2所示。

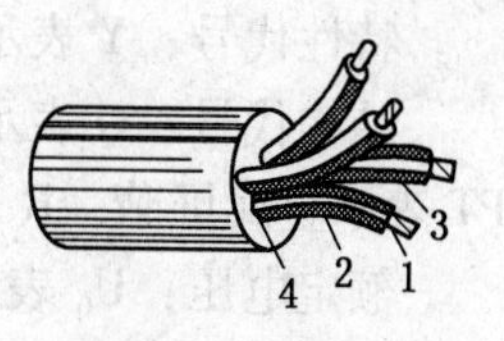

1—导电主芯线；2—橡套绝缘；3—橡胶芯子；4—橡皮护套

图2-2　4芯普通橡套电缆结构

普通橡套电缆的芯线用铜质多股导线绞成，每根芯线外都包着一层着色热绝缘混合胶套，作为芯线间的绝缘，并借黑、白、红、蓝、绿等颜色互相区别。在各芯线间用橡胶芯子加以衬垫，它既可使电缆成形，又可避免芯线受到机械损伤。经衬垫后的芯线外层以橡皮护套压紧，作为绝缘和保护层。4芯以下普通橡套电缆的结构与4芯普通橡套电缆基本相同。

根据护套材料的不同，橡套电缆有可燃型橡套电缆、非延燃型橡套电缆和加强型橡套电缆3种。可燃型橡套电缆的护套用易燃的天然橡胶制成，起绝缘和抗磨、防腐作用。非延燃型橡套电缆的护套用氯丁橡胶制成，除起上述作用外，还可起到不使火势蔓延的作用（这种材料在燃烧时产生的气体可使火焰与空气隔绝），适于在有瓦斯、煤尘爆炸危险的场所使用。加强型橡套电缆的护套中夹有镀锌软钢丝之类的材料，因此要比前两种类型电缆的抗机械损伤能力强。

橡套电缆的型号、规格、性能或使用设备见表2-3。

表2-3　橡套电缆的型号、规格、性能或使用设备

型号	电压等级/V	主芯线截面/mm^2	芯线数	性能或使用设备
YQ	250	0.3~0.75	2、3	轻型移动电气设备
YQW	250	0.3~0.75	2、3	同YQ，具有耐气候性和一定的耐油性能
YZ	500	0.5~6.0	2、3、4	中型移动电气设备
YZW	500	0.5~6.0	2、3、4	同YZ，具有耐气候性和一定的耐油性能
YC	500	2.5~120	1、2、3、4	移动电气设备，并能承受较大的机械外力
YCW	500	2.5~120	1、2、3、4	同YC，具有耐气候性和一定的耐油性能

注：Y表示移动电气设备，Q表示轻型设备，Z表示中型设备，C表示重型设备，W表示户外用电缆。

2. 矿用橡套电缆

根据MT 818标准，矿用电缆分为移动设备用软电缆、采煤机用软电缆、煤电钻用软电缆等。其型号含义如下：

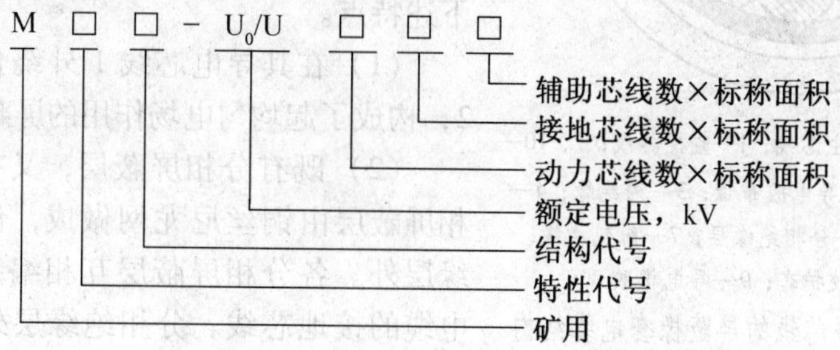

特性代号：Y 表示移动设备用，C 表示采煤机用，Z 表示煤电钻用，M 表示帽灯用。

结构代号：Q 表示轻型，B 表示编织加强，J 表示监视或辅助，P 表示非金属屏蔽，PT 表示金属屏蔽，R 表示绕包加强。

额定电压：U_0 表示任一动力芯线对“地”（金属屏蔽、金属套或周围介质）的电压有效值；U 表示动力芯线任意两相导体之间的电压有效值，电压单位均为 kV。

矿用非屏蔽橡套电缆采用阻燃材料制成，其结构与图 2－2 类似。矿用屏蔽橡套电缆结构如图 2－3 所示。

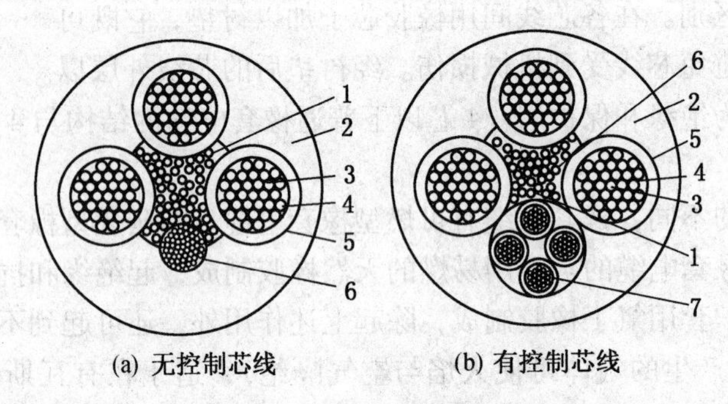

(a) 无控制芯线　　(b) 有控制芯线

1—垫芯；2—护套；3—主芯线；4—绝缘层；5—屏蔽层；6—接地芯线；7—控制芯线

图 2－3　矿用屏蔽橡套电缆

屏蔽橡套电缆是在普通橡套电缆的结构基础上经改进制成的。在普通橡套电缆主芯线的护套外又包了一层半导体屏蔽层（简称屏蔽层）；对于 4 芯以上的橡套电缆，其相间衬垫改用导电橡胶，并将接地裸芯线做在导电橡胶中间，从而使其外围的导电橡胶与接地芯线连为一体。

在屏蔽橡套电缆中，由于各屏蔽层都是接地的，故当任一主芯线绝缘被破坏时，首先通过屏蔽层直接接地造成接地故障。接地故障使检漏继电器动作，切断故障电源，从而既可防止严重的相间短路或护套损坏，又能有效防止漏电火花或短路电弧所引起的瓦斯、煤尘爆炸，以保证人身安全。因此，屏蔽电缆特别适用于具有瓦斯、煤尘爆炸的场所和启动频繁的电气设备。

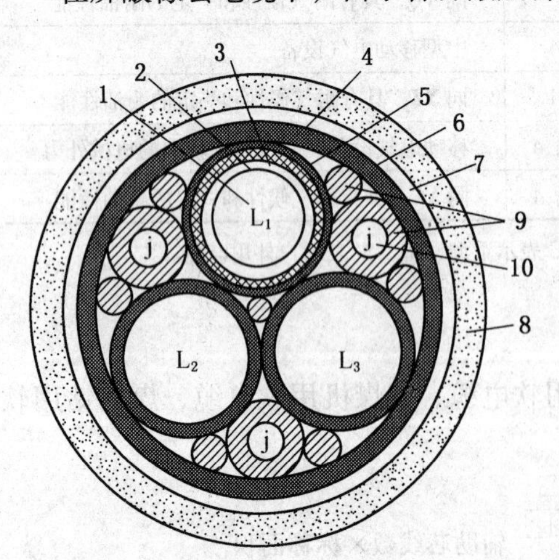

L_1、L_2、L_3—电缆主芯线；j—监视芯线；1、10—导电芯线；2、6—导电胶布带；3—内绝缘；4—分相屏蔽层；5—分相绝缘层；7—统包绝缘；8—氯丁胶护套；9—导电橡胶

图 2－4　带监视芯线的屏蔽橡套电缆结构

具有监视芯线的屏蔽橡套电缆如图 2－4 所示，与图 2－3 所示的屏蔽橡套电缆相比，具有下述特点。

（1）在其导电芯线 1 外绕包着导电胶布带 2，构成了起均匀电场作用的屏蔽层。

（2）既有分相屏蔽层，又有总屏蔽层。分相屏蔽层由铜丝尼龙网做成，包在每相导体绝缘层外。各分相屏蔽层互相编织在一起，作为电缆的接地芯线。分相绝缘层外又统包了一层导电胶布带，作为总的屏蔽层。

（3）3根监视芯线互相编织在一起，经导电橡胶与总屏蔽层紧密接触，构成了监视保护层。

在带监视芯线的屏蔽电缆中，由于监视芯线和接地芯线是同芯的，故刺入电缆任何处的外部导电物质在造成相间短路前,定会先引起监视芯线与地线短路。因而当配有电缆监视装置时,这种短路能使监视装置动作,实现对电缆内外故障的监视保护,以保证供电安全。

表2-4~表2-6为各种矿用移动设备橡套软电缆主要技术数据，表2-7为煤电钻用软电缆主要技术数据，表2-8~表2-10为各种高低压采煤机用软电缆主要技术数据。其中表2-8中的A型、B型电缆结构如图2-5所示，控制芯线数不低于3根。

表2-4 矿用移动设备橡套软电缆主要技术数据

型 号	MY/MYP型			MYP型			25 ℃时的参考载流量/A
额定电压/V	380/660			660/3600/6000			
芯数×截面/mm^2	接地芯线/mm^2	电缆外径/mm		接地芯线/mm^2	电缆外径/mm		
动力芯线		MY型	MYP型		660/1140 V	3600/6000 V	
3×2.5	—	—	—	—	—	—	26
3×4	1×4	19.0~22.5	22.0~26.5	—	—	—	37
3×6	1×6	21.0~25.5	24.0~29.0	—	—	—	46
3×10	1×10	25.0~30.0	28.0~32.5	1×10	30.0~35.0	—	63
3×16	1×10	27.5~32.0	30.5~35.5	1×10	32.5~37.5	48.0~55.0	85
3×25	1×16	32.5~37.5	35.5~41.0	1×16	37.5~43.0	51.0~58.0	110
3×35	1×16	35.5~41.0	38.5~44.5	1×16	40.5~46.5	54.0~61.5	135
3×50	1×16	41.5~47.5	44.5~51.0	1×16	46.5~53.0	68.0~66.0	170
3×70	1×25	46.0~53.0	49.0~56.0	1×25	51.0~58.0	64.0~72.0	205
3×95	1×25	52.5~59.5	55.5~63.0	1×25	57.5~65.0	68.5~77.0	250
3×120	1×35	56.0~63.5	59.0~67.0	1×35	61.0~69.0	71.5~80.0	295
3×150	1×50	62.5~70.5	65.5~74.0	1×50	66.5~75.0	76.0~85.0	320

表2-5 矿用移动设备金属屏蔽橡套软电缆主要技术数据

型 号	MYPT型					
额定电压/kV	1.9/3.3		3.6/6		6/10	
芯数×截面/mm^2	接地芯线/mm^2	电缆外径/mm	接地芯线/mm^2	电缆外径/mm	接地芯线/mm^2	电缆外径/mm
动力芯线						
3×16	—	—	3×16/3	49.0~56.0	3×16/3	54.0~61.0
3×25	—	—	3×16/3	51.5~58.5	3×16/3	57.0~64.5

表2-5（续）

型　号	MYPT型					
额定电压/kV	1.9/3.3		3.6/6		6/10	
芯数×截面/mm² 动力芯线	接地芯线/mm²	电缆外径/mm	接地芯线/mm²	电缆外径/mm	接地芯线/mm²	电缆外径/mm
3×35	3×16/3	47.0~54.0	3×16/3	54.5~62.0	3×16/3	59.5~67.5
3×50	3×16/3	50.5~57.5	3×16/3	58.5~66.0	3×25/3	63.5~72.0
3×70	3×25/3	56.0~63.5	3×25/3	64.05~72.0	3×35/3	68.0~76.5
3×95	3×35/3	60.5~67.5	3×35/3	68.0~77.0	3×50/3	72.5~81.0
3×120	3×35/3	64.5~72.0	3×35/3	71.5~79.5	3×50/3	75.5~84.5
3×150	3×50/3	68.5~76.5	3×50/3	75.5~84.5	3×50/3	79.5~89.0

注：表中的3×16/3（3×25/3、3×35/3等）表示将16 mm² 的接地芯线平均分成3份，分别包在动力芯线绝缘层外，对主芯线起屏蔽作用。

表2-6　矿用移动设备金属屏蔽监视型橡套软电缆主要技术数据

型　号		MYPTJ型					
额定电压/kV		3.6/6		6/10		8.7/10	
芯数×截面/mm²		接地芯线/mm²	电缆外径/mm	接地芯线/mm²	电缆外径/mm	接地芯线/mm²	电缆外径/mm
动力芯线	监视芯线						
3×25	3×25	3×16/3	61.0~69.0	3×16/3	63.0~71.0	3×16/3	30.0~35.0
3×35		3×16/3	63.5~72.0	3×16/3	66.0~74.5	3×16/3	32.5~37.5
3×50		3×16/3	67.5~76.0	3×25/3	70.5~79.5	3×25/3	37.5~43.0
3×70		3×25/3	72.5~82.0	3×35/3	74.5~84.0	3×35/3	40.5~46.5
3×95		3×35/3	77.0~87.0	3×50/3	79.5~88.5	3×50/3	46.5~53.0
3×120		3×35/3	80.5~90.0	3×50/3	82.5~92.0	3×50/3	51.0~58.0
3×150		3×50/3	84.5~94.5	3×50/3	86.5~96.5	3×50/3	57.5~65.0

表2-7　煤电钻用软电缆主要技术数据

芯数×截面/mm²			电缆外径/mm	
动力芯线	监视芯线	接地芯线	MZ-300/500型	MZP-300/500型
3×2.5	1×2.5	—	16.5~19.5	19.5~23.0
3×4	1×4	—	17.5~21.5	21.0~24.5
3×2.5	1×2.5	1×2.5	17.5~21.0	21.0~24.5
3×4	1×4	1×4	19.0~23.0	22.5~26.5

表2-8　MC型、MCP型采煤机用橡套软电缆主要技术数据

型　号	MC/MCP型			MCP型			
额定电压/V	380/660			660/1140			
芯数×截面/mm^2 动力芯线	接地芯线+控制芯线/mm^2	电缆外径/mm		接地芯线/mm^2		电缆外径/mm	
		MC型	MCP型	A型	B型	A型	B型
3×16	1×4+3×2.5	29.5~34.5	33.0~38.0	—	—	—	—
3×25	1×6+4×2.5	36.0~41.0	39.0~45.0	1×6	—	41.0~47.0	—
3×35	1×6+4×4	39.0~45.0	42.5~48.5	1×6	1×10/3	44.0~51.0	53.0~58.5
3×50	1×10+4×4	44.0~50.5	47.5~54.5	1×10	1×16/3	51.5~59.0	60.0~67.0
3×70	1×16+3×4	50.0~57.5	53.0~60.5	1×16	1×25/3	56.0~63.5	65.0~72.0
3×95	1×25+4×6	56.0~63.5	59.5~67.0	1×25	1×25/3	62.0~70.5	70.0~73.0
3×120	1×25+4×10	60.5~68.5	63.5~72.0	1×25	1×35/3	66.5~75.5	75.0~82.0
3×150	1×35+3×10	—	—	1×35	1×50/3	71.5~80.5	77.5~86.0

表2-9　MCPJR型、MCPJB型采煤机用橡套软电缆主要技术数据

型　号				MCPJR型		MCPJB型	
额定电压/V				660/1140、1900/3300		660/1140、1900/3300	
芯数×截面/mm^2				电缆外径/mm		电缆外径/mm	
动力芯线	接地芯线	控制芯线	监视芯线	660/1140 V	1900/3300 V	660/1140 V	1900/3300 V
3×35	1×16	3×1.5	3×1.5	40.5~46.0	46.5~52.0	43.5~49.0	49.5~55.0
3×50	1×25			46.5~52.5	51.5~57.5	49.5~55.7	54.5~61.0
3×70	1×35			51.0~57.5	56.0~62.5	54.0~61.0	59.0~66.0
3×95	1×50			57.5~64.5	62.0~68.5	60.5~68.0	64.5~72.0

表2-10　MCPT型、MCPTJ型采煤机用橡套软电缆主要技术数据

型　号		MCPT型		MCPTJ型	
额定电压/kV		0.66/1.14		0.66/1.14	
芯数×截面/mm^2		控制芯线/mm^2	电缆外径/mm	辅助芯线/mm^2	电缆外径/mm
动力芯线	接地芯线				
3×16	1×16	—	—	1×16	35.8~38.6
3×25	1×16	3×4	39.7~42.9	1×16	39.7~42.9
3×35	1×16	3×4	43.1~46.3	1×16	43.1~46.3
3×50	1×25	3×4	48.5~51.8	1×25	48.5~51.8
3×70	1×35	3×6	55.1~58.8	1×35	55.1~58.8
3×95	1×50	3×6	62.4~66.1	1×50	62.4~66.1
3×120	1×50	3×10	68.0~72.5	1×50	68.0~72.5
3×150	1×70	3×10	74.5~79.5	1×70	74.5~79.5

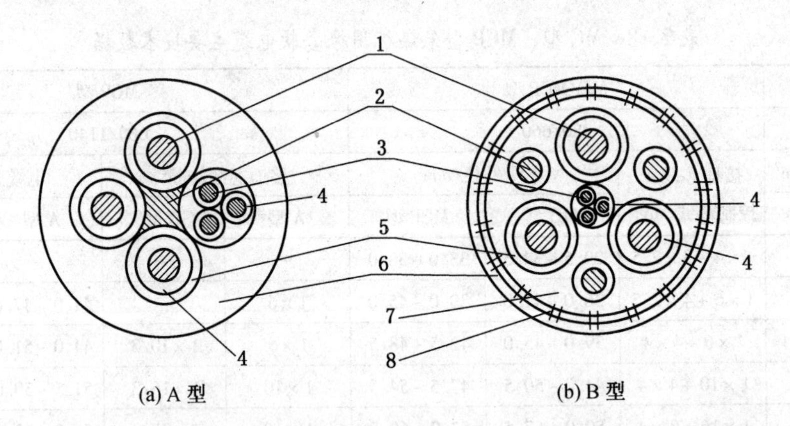

1—动力芯线导体；2—接地芯线导体及半导电层（MC 型采煤机电缆为普通绝缘层）；3—控制芯线导体；4—绝缘层；5—动力芯线半导电屏蔽层（MC 型采煤机电缆无屏蔽层）；6—外护套；7—内护套；8—加强层

图2-5 A 型、B 型电缆结构

第二节 矿用电缆的选用

矿用电缆具有安全可靠、不占空间、受外界影响小的优点，但由于井下空气潮湿，经常出现淋水，且巷道狭窄，电缆受矸石、片帮砸压机会较多，故而极易发生电缆漏电、短路等各种电气事故，所以必须正确选择和使用矿用电缆。

一、井下电缆的选择

各种矿用电缆对使用环境都有一定的要求，使用时应根据不同的环境特征选择，考虑原则主要是安全、经济和施工方便。选择井下电缆时应遵守下列规定：

（1）电缆敷设地点的水平差应与电缆允许敷设的规定水平差相适应。

（2）电缆应带有供保护接地用的足够截面的导体。

（3）严禁采用铝包电缆。

（4）必须采用经检验合格并取得煤矿矿用产品安全标志的阻燃电缆。

（5）电缆主芯线的截面应满足供电线路负荷的要求。

（6）对固定敷设的高压电缆：①在立井井筒或倾角为45°及以上的井巷内，应采用聚氯乙烯绝缘、粗钢丝铠装聚氯乙烯护套电力电缆或交联聚乙烯绝缘、粗钢丝铠装聚氯乙烯护套电力电缆；②在水平巷道或倾角在45°以下的井巷内，应采用聚氯乙烯绝缘、钢带（细钢丝）铠装聚氯乙烯护套电力电缆或交联聚乙烯绝缘、钢带（细钢丝）铠装聚氯乙烯护套电力电缆；③在进风斜井、井底车场及其附近，主变电所至采区变电所之间，可以采用铝芯电缆，其他地点必须采用铜芯电缆。

（7）移动变电站应采用带监视芯线的屏蔽橡套电缆。

（8）固定敷设的低压动力电缆，应采用 MVV 铠装电缆（或非铠装电缆）或对应电压等级的移动橡套软电缆。

（9）非固定敷设的高低压电缆，必须采用符合标准的橡套软电缆。移动式和手持式电气设备都应使用专用橡套电缆。

（10）1140 V 设备使用的电缆必须用带有分相屏蔽层的橡套电缆；采掘工作面中 660 V 或 380 V 设备，应使用带有分相屏蔽层的橡套电缆。

（11）固定敷设的照明、通信、信号和控制用的电缆，应采用铠装通信电缆、橡套电缆或矿用塑料电缆。

（12）采区低压电缆严禁采用铝芯。

在满足上述规定的条件下，为了节省钢材，可尽量选用铝芯铠装电缆。对于钢丝铠装电缆，由于其耐拉力强，所以多用于立井井筒或急倾斜巷道中。钢带铠装电缆多用于水平巷道或缓倾斜巷道中。

二、电缆长度和芯数的确定

1. 电缆长度的确定

由于电缆都有一定的柔性，在敷设悬挂时必然有一定的悬垂度，因此电缆的实际长度 L_0 为

$$L_0 = KL \tag{2-1}$$

式中　L——敷设长度，m；

K——增长系数，橡套电缆 $K = 1.1$，铠装电缆 $K = 1.05$。

为了便于安装维护，当电缆中间有接头时，应在电缆两端头处各增加 3 m。

2. 电缆芯数的确定

井下所用电缆，不论其芯数为多少，都必须有足够截面的接地芯线，以供保护接地之用。对于铠装电缆，一般场合选 3 芯即可，电缆的外皮铅包可用作接地线。对于橡套电缆，可分两种情况：

（1）当设备的控制按钮不在工作机械上时，如带式输送机、回柱绞车等，可选用 4 芯电缆，其中 3 芯为主芯线，另一芯（一般为较细者）作为接地线。

（2）对于控制按钮装在工作机械上的移动设备，如采煤机、装煤机等，可选用 6 芯电缆，其中将截面较小的 1 芯作地线。对某些采煤机组，可根据具体要求，选用 7 ~ 11 芯的电缆，但必须有 1 芯线作专用地线。

三、电缆截面的选择

1. 确定电缆截面的条件

选择电缆截面，主要是选择电缆主芯线的截面。主芯线截面一般按以下条件来确定：

（1）实际流过电缆的长时工作电流必须小于或等于电缆允许的负荷电流，否则，电缆会因长时工作电流过大而使芯线温度升高，缩短电缆使用寿命。

（2）为使电气设备正常运行，其端电压不得低于额定电压的 95%，所以要求电缆的实际电压损失必须小于电路允许的电压损失。

（3）由于电动机启动时的电流为额定电流的 5 ~ 7 倍（笼型电动机），这将增大线路的电压损失。为保证大容量电动机正常启动，要求启动时的端电压不低于额定电压的 75%。在实际工作中，如果正常工作时电缆线路的电压损失能满足要求，一般情况下也就能满足电动机启动时对最小启动电压的要求，不必再进行烦琐的启动电压校验计算。

（4）电缆的机械强度必须满足要求，特别是向移动电气设备供电的橡套电缆。在实

际工作中，对于橡套电缆，由于在制造时已经考虑了煤矿电气设备对电缆机械强度的要求，所以对不同的电气设备，只要按表2－11选择电缆截面，即可满足电缆机械强度的要求。

表2－11　橡套电缆按机械强度要求的最小截面　mm^2

用电设备名称	满足机械强度要求的最小截面	用电设备名称	满足机械强度要求的最小截面
各种采煤机	35～50	电动装岩机	16～25
可弯曲刮板输送机	16～35	调度绞车	4～6
一般刮板输送机	10～25	手持电钻	4～6
回柱绞车	16～25	照明设备	2.5～4

（5）当线路发生短路时，所选电缆必须经得起短路电流的冲击，即电缆要满足保护装置灵敏度的要求。

在实际工作中，对一般电气设备并不需要每条电缆都按上述条件选择，而是针对主要矛盾选择电缆。如距变压器较远、容量较大的电动机所用电缆，主要按电压损失确定截面即可；距变压器较近的电气设备所用电缆，通常按长时允许负荷电流确定截面；而对经常移动的设备，主要考虑其机械强度。

2. 按长时允许负荷电流选择电缆截面

电缆的允许载流量（表2－4）应大于或等于实际流过电缆的工作电流，即

$$I_y \geqslant I_g \tag{2-2}$$

式中　I_y——电缆的允许载流量，A；

I_g——实际流过电缆的工作电流，A。

向单台或两台电动机供电的电缆，实际流过电缆的电流，可直接取电动机额定电流或两台电动机额定电流之和。

电动机的额定电流可在其技术数据或铭牌中查到，也可用以下公式计算：

$$I_N = \frac{P_N \times 10^3}{\sqrt{3} U_N \eta_N \cos\phi_N} \tag{2-3}$$

式中　I_N——电动机的额定电流，A；

P_N——电动机的额定功率，kW；

U_N——电动机的额定电压，V；

η_N——电动机的额定效率；

$\cos\phi_N$——电动机的额定功率因数。

向3台或3台以上电动机供电的电缆，实际流过电缆的电流可按下式计算：

$$I_g = \frac{K_x \sum P_N \times 10^3}{\sqrt{3} U_N \eta_N \cos\phi_{pj}} \tag{2-4}$$

式中　I_g——实际流过电缆的工作电流，A；

K_x——需用系数；

$\sum P_N$——由该电缆供电的电动机额定功率之和，kW；

U_N——电动机的额定电压，V；

$\cos\phi_{pj}$——电动机的加权平均功率因数。

由式（2-3）或式（2-4）求出流过电缆的实际工作电流后，根据式（2-2）在表2-4～表2-10中查出所选电缆的主截面和型号。

3. 按电压损失确定电缆主截面

由于线路导线有电阻和电抗存在，因而当电流流过导线时，将在电路上产生电压损失。当电压损失超过一定数值后，会使负载端电压过低，导致电气设备不能正常运行。所以，为保证用电设备端电压在允许范围之内，导线截面还应按线路的允许电压损失选择。

供电线路的电压损失可用图2-6求得。

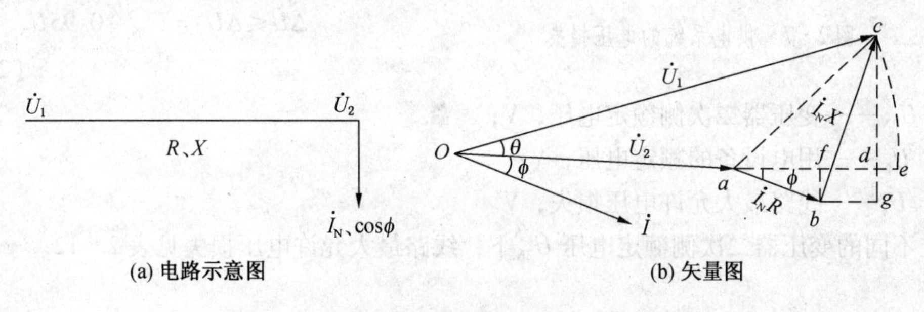

图2-6　确定电压损失的电路示意图和矢量图

图2-6a表示一条含有电阻R及电抗X的线路对负载P（其功率因数为$\cos\phi$）供电。当电流$\dot{I}$流过线路时，将在电路上产生电压降$\Delta\dot{U}$。若以$\dot{U}_2$为基准矢量，则可画出如图2-6b所示的矢量图。可见线路的电压降为

$$\Delta\dot{U}=\dot{U}_1-\dot{U}_2=\dot{I}_N R+j\dot{I}_N X \tag{2-5}$$

即线路上的电压降为首、末端电压的矢量差。而线路的电压损失为首、末端电压的幅值差或代数差，即

$$\Delta U=U_1-U_2=ae\approx af+fd=I_N R\cos\phi+I_N X\sin\phi \tag{2-6}$$

式中　I_N——负荷的额定电流，A；

R——线路电阻，Ω；

X——线路电抗，Ω；

ϕ——负荷功率因数角。

由矢量图可见，精确计算线段ae比较复杂。而在工程实际中θ角很小，用线段ad代替线段ae所引起的误差一般不超过线段ae的5%，故用线段ad计算电压损失ΔU是在工程允许范围之内的。

对于三相对称线路，其电压损失为

$$\Delta U=\sqrt{3}I(R\cos\phi+X\sin\phi) \tag{2-7}$$

线路的电压损失用百分数表示为

$$\Delta U\%=\frac{U_1-U_2}{U_N} \tag{2-8}$$

式中　U_N——线路额定电压，V。

在井下低压供电系统中，电压损失由三大部分组成（图2-7），其总的电压损失ΔU

为

$$\Delta U = \Delta U_T + \Delta U_G + \Delta U_Z \tag{2-9}$$

式中 ΔU_T——变压器绕组中的电压损失，V；

ΔU_G——干线电缆的电压损失，V；

ΔU_Z——支线电缆的电压损失，V。

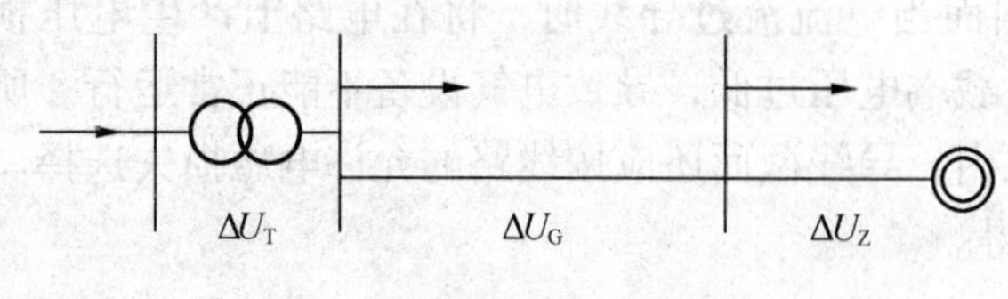

图 2-7 供电系统的电压损失

由于电气设备正常工作时，其端电压不低于额定电压的95%，因此在选择电缆时一般要求线路上的总电压损失 ΔU 不大于所规定的电压损失，即

$$\Delta U \leqslant \Delta U_y = U_{2N} - 0.95U_N \tag{2-10}$$

式中 U_{2N}——变压器二次侧额定电压，V；

U_N——用电设备的额定电压，V；

U_y——线路最大允许电压损失，V。

在不同的变压器二次侧额定电压 U_{2N} 下，线路最大允许电压损失见表 2-12。

表 2-12 井下低压电网在不同额定电压下的最大允许电压损失 V

额定电压 U_N	变压器二次侧额定电压 U_{2N}	电气设备允许的最低电压（$0.95U_N$）	线路最大允许电压损失 ΔU_y
127	133	120.65	12.35
380	400	361	39
660	690	627	63
1140	1200	1083	117

1）支线电压损失

支线电缆的电压损失可由式（2-7）求得，即

$$\Delta U_Z = \sqrt{3}I_N(R\cos\phi + X\sin\phi) = \sqrt{3}I_N\cos\phi(R + X\tan\phi) \tag{2-11}$$

若用设备功率及电缆的单位电阻、电抗表示电压损失，则上式变为

$$\Delta U_Z = \frac{P_N L}{\eta_N U_N}(R_0 + X_0\tan\phi) \tag{2-12}$$

式中 P_N——电气设备的额定功率，W；

U_N——电网额定电压，V；

R_0、X_0——支线电缆单位长度的电阻和电抗，Ω/km；

L——电缆线路的长度，km。

在井下供电系统中，计算低压电缆的电压损失时，由于线路电抗很小，故可忽略电抗的电压损失部分，则上式变为

$$\Delta U_Z = \sqrt{3}I_N R\cos\phi \quad 或 \quad \Delta U_Z = \frac{P_N L}{\eta_N U_N}R_0 \tag{2-13}$$

导线电阻的计算公式为

$$R=\frac{L}{\gamma S}\quad 或\quad R_0=\frac{1}{\gamma_0 S}\qquad(2-14)$$

当对所选电缆进行电压损失校验时，将式（2－14）代入式（2－13）得

$$\Delta U_Z=\sqrt{3}I_N\frac{L}{\gamma S}\cos\phi\quad 或\quad \Delta U_Z=\frac{P_N L}{\eta_N U_N}\cdot\frac{1}{\gamma_0 S}\qquad(2-15)$$

式中　γ——电导率，铜芯软电缆 $\gamma=42.5\ m/(\Omega\cdot mm^2)$，铜芯铠装电缆 $\gamma=48.5\ m/(\Omega\cdot mm^2)$；

S——导线截面积，mm^2。

2）干线电压损失

干线电压损失也可由式（2－7）求得，若忽略电抗部分，并用功率和电缆单位电阻或电缆截面表示电压损失时，有

$$\Delta U_G=\sqrt{3}I_G R\cos\phi=\sqrt{3}I_G\frac{L}{\gamma S}\cos\phi\qquad(2-16)$$

$$\Delta U_G=\frac{K_x\sum P_N}{U_N}LR_0=\frac{K_x\sum P_N}{U_N}\cdot\frac{L}{\gamma_0 S}\qquad(2-17)$$

3）变压器绕组中的电压损失

变压器绕组中的电压损失也可根据式（2－7）求得

$$\Delta U_T=\sqrt{3}I_T(R_T\cos\phi_T+X_T\sin\phi_T)\qquad(2-18)$$

式中　I_T——变压器二次侧负荷电流，A；

R_T、X_T——变压器每相的电阻、电抗，Ω；

$\cos\phi_T$——变压器的功率因数，即负载的加权平均功率因数。

如果用变压器二次侧额定电压百分数表示电压损失，则变压器的电压损失为

$$\Delta U_T=\frac{\Delta U_N\%\cdot U_{2N}}{100}=\frac{U_{2N}\beta}{100}(u_r\%\cos\phi_T+u_x\%\sin\phi_T)\qquad(2-19)$$

$$\beta=\frac{I_T}{I_{2N}}=\frac{S}{S_N}$$

式中　β——变压器的负荷率；

S——变压器所带负荷的计算容量，kV·A；

S_N——变压器的额定容量，kV·A；

$u_r\%$、$u_x\%$——变压器的电阻、电抗百分数，查变压器技术数据表；

I_{2N}、U_{2N}——变压器二次侧的额定电流和额定电压。

变压器的电阻、电抗百分数可表示为

$$u_r\%=\frac{\Delta P_T}{S_N}\times 100\qquad u_x\%=\sqrt{(u_d\%)^2-(u_r\%)^2}\qquad(2-20)$$

式中　ΔP_T——变压器短路损耗，kW；

$u_d\%$——变压器短路阻抗百分数。

【例2－1】某采区供电系统如图2－8所示。已知变压器型号为 KS_7-315，变比为6/0.69，其负荷率 $\beta=0.8$；采煤机功率为100 kW，功率因数 $\cos\phi=0.85$，效率为0.91。试

选择 1 号干线电缆 L_1 和对采煤机供电的支线电缆 L_2。

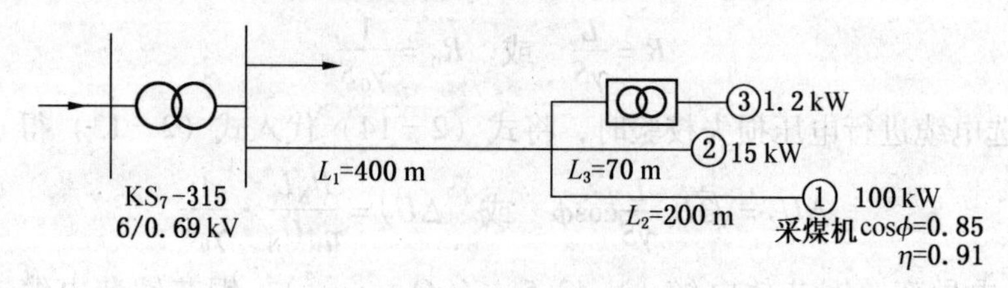

1—采煤机；2—回柱绞车；3—电钻

图 2-8 某采区供电系统图

解

1. 选择 L_2

由于采煤机是经常移动的电气设备，故应首先考虑其机械强度的要求。根据表 2-11 可初选电缆的主截面为 35 mm²，然后按电缆长时允许负荷电流验算。

查表 2-4，主截面为 35 mm² 的矿用橡套电缆，其长时允许负荷电流为 135 A。而实际流过电缆的负荷电流由式（2-3）求得，即

$$I_N = \frac{P_N \times 10^3}{\sqrt{3}U_N \eta_N \cos\phi_N} = \frac{100 \times 10^3}{\sqrt{3} \times 660 \times 0.91 \times 0.85} \approx 113 \text{ A}$$

可见所选电缆的长时允许电流大于实际流过电缆的电流，则根据表 2-8 电缆数据，最后确定选用的电缆型号及规格为 MC-3×35+1×6+4×4。

2. 选择 1 号干线电缆 L_1 的主截面

由于该段电缆距离较长，所以可按正常工作时允许的电压损失确定其主截面，再用电缆长时允许负荷电流校验。

根据式（2-9）和式（2-10），线路最大允许的电压损失为

$$\Delta U_T + \Delta U_G + \Delta U_Z \leqslant \Delta U_y = 63 \text{ V} \quad (\text{查表 } 2-12)$$

故 1 号干线电缆允许的最大电压损失为

$$\Delta U_G \leqslant \Delta U_y - (\Delta U_Z + \Delta U_T)$$

支线电缆的电压损失由式（2-15）求得，即

$$\Delta U_Z = \sqrt{3} I_N \frac{L}{\gamma S}\cos\phi = \sqrt{3} \times 113 \times \frac{200}{42.5 \times 35} \times 0.85 \approx 23 \text{ V}$$

变压器的电压损失由式（2-19）、式（2-20）求得（变压器参数查表 5-5，功率因数查表 1-2）

$$\Delta U_T = \frac{U_{2N}\beta}{100}(u_r\% \cos\phi_T + u_x\% \sin\phi_T)$$

$$= \frac{690 \times 0.8}{100} \times (1.523 \times 0.65 + 3.7 \times 0.76) \approx 21 \text{ V}$$

则干线电缆 L_1 允许的最大电压损失为

$$\Delta U_G \leqslant \Delta U_y - (\Delta U_Z + \Delta U_T) = 63 - (23 + 21) = 19 \text{ V}$$

由于该支路上的总功率为

$$\sum P_N = 100 + 15 + 1.2 = 116.2 \text{ kW}$$

由式（1-9）计算出需用系数为

$$K_x = 0.286 + 0.714\frac{P_{max}}{\sum P_N} = 0.286 + 0.714 \times \frac{100}{116.2} = 0.90$$

则由式（2-17）可求得干线电缆截面，即

$$S = \frac{K_x \sum P_N}{U_N} \cdot \frac{L}{\gamma_0 \Delta U_G} = \frac{0.90 \times 116.2 \times 10^3 \times 400}{660 \times 42.5 \times 19} = 78.5\ mm^2$$

由以上计算，可选主截面为95 mm^2 的橡套电缆。查表2-4，该电缆长时允许负荷电流为250 A。而流过干线的工作电流为

$$I_G = \frac{K_x \sum P_N \times 10^3}{\sqrt{3} U_N \cos\phi_{pj}} = \frac{0.90 \times 116.2 \times 10^3}{\sqrt{3} \times 660 \times 0.65} = 141\ A < 250\ A$$

经以上校验，所选电缆主截面合适，则可确定电缆型号及规格为 MY-3×95+1×25。

四、井下电缆的敷设

矿用电缆的敷设必须符合《煤矿安全规程》的有关规定，满足以下要求：

（1）井下电缆的敷设要求电缆路径短，维护检修方便，敷设巷道坚固、整洁、无障碍物，电缆运输方便。

（2）电缆在水平巷道或倾角30°以下的巷道敷设时，应采用吊钩悬挂，吊钩间距不超过3 m，电缆悬挂要有适当的松弛度，保证电缆在意外受力时具有缓冲作用。

（3）电缆悬挂高度应保证矿车落道时不受撞击，电缆坠落时不会落在轨道或输送机上。电缆穿越密闭墙时，应用套管保护并将套管口密封。

（4）当在倾角30°以上的巷道及立井井筒或钻孔敷设电缆时，应采取相应的技术措施，以保证电缆安全运行。

（5）在设有瓦斯抽采管路、压风管路或水管的巷道内敷设电缆时，要将电缆敷设在瓦斯管路的另一侧，或敷设在风管、水管上方并保持0.3 m以上的距离。

（6）通信电缆、信号电缆与动力电缆应尽量悬挂在巷道两侧，条件受限时，可悬挂在动力电缆上方0.1 m以上的地方。

（7）井下电缆或电缆吊钩上除悬挂电缆标志牌外，严禁悬挂其他任何物品。

（8）电缆标志牌应悬挂在各条电缆的分支点、拐弯处、接线盒端、穿墙套管两侧等，标志牌上应注有电缆的编号、用途、电压等级、导线截面等内容。

（9）为了避免电缆在敷设过程中扭伤或折伤，电缆的最小弯曲半径应符合表2-13的规定。

表2-13　电缆的最小弯曲半径

电　　缆	最小弯曲半径与电缆外径的比值
橡套电缆	6
塑料电缆、铠装电缆	15

五、井下电缆的运行维护

为了避免电缆线路和电缆接头在运行过程中受热引发电气事故，电缆与电气设备的连接必须采用符合规定的接线盒。电缆芯线要用齿型压线板（卡爪）或线鼻子压接在电气设备的接线腔中，接头应整齐、无毛刺，压线板与电缆的绝缘层之间要有一定距离。

为保证电缆线路运行安全、可靠，应按相关规定对电缆线路定时进行检查维护：

（1）检查电缆悬挂是否合格，吊钩有无松动、损坏，应及时更换损坏的电缆吊钩。

（2）检查电缆有无机械损伤，铠装层有无松散和严重腐蚀，对损伤的电缆要及时更换，对损坏的铠装电缆要及时维修、涂漆。

（3）检查电缆接线盒接地线是否完好，表面温度是否过高，发现问题及时处理。

（4）检查移动设备的电缆（如采煤机、掘进机、装载机、回柱绞车、煤电钻等）是否摆放安全，以防电缆被砸、压、挤而损坏。

（5）穿过淋水区的电缆，要做好防水、防潮处理，尽量避免电气设备及接线盒处在淋水区。

（6）新投入的电缆应及时检测负荷电流和电压损失，并检查电缆接头有无发热现象，发现问题及时处理。

复习思考题

1. 铠装电缆、塑料电缆与橡套电缆各有何特点？简述橡套电缆的分类与结构。
2. 屏蔽橡套电缆有何作用？带监视芯线的屏蔽橡套电缆有何特点？
3. 井下电缆的选择有哪些主要规定？
4. 电缆截面的选择应考虑哪些因素？为什么选择电缆要考虑电压损失？
5. 井下低压供电系统的电压损失由哪几部分组成？其大小与什么有关？
6. 在井下敷设电缆有哪些要求？
7. 在图 1－18 所示的采煤工作面供电系统中，若选用 KS_7－315 型变压器，变比为 6/0.69。试选择各段电缆的截面，并确定电缆型号及规格。

第三章 常用控制电器

矿井供电系统由各种电气设备与供电线路组成。而电气设备是根据设备的用途、作用及具有不同功能的电气元件与连接导线组合而成。其中开关设备除用于按要求控制生产机械外，其主要作用是安全可靠地熄灭设备在开关过程中产生的电弧。

第一节 开关电弧

当开关在空气中开断电路时，其触头间隙（也称弧隙）中会产生一团温度极高、发光极强且能导电、形如圆柱的气体——电弧。电弧的产生一方面使电路仍维持导通状态，延迟了电路的开断；另一方面当电流较大时，电弧高温能使触头表面烧损或熔化，并使开关绝缘破坏，甚至会引起开关电器的爆炸和火灾等重大事故。为了避免电弧的危害，以便正确使用、维修开关设备，了解电弧的产生和电弧熄灭的原理是十分重要的。

一、电弧的产生

开关设备在开断电路时，开关弧隙中的气体由绝缘状态变为导电状态而有电流通过，这种现象称为气体放电，电弧是气体放电的一种形式。

电弧导电与金属导电的性质不同，它属于游离导电。所谓游离，是指物（介）质中的电子在外界作用下获得足够大的能量，挣脱原子核的吸引力而形成自由电子，而原来中性的原子因失去电子变成带正电荷的离子（称为正离子），这种将正负电荷分开的现象称为游离。正常时，弧隙间充满绝缘介质（空气等），其原子或分子为中性，故不能导电，只有当它们被游离后，弧隙中有了大量的自由电子和正离子，这时才具备良好的导电性能。弧隙中空气的游离主要有碰撞游离和热游离两种形式。

当触头开始做分离运动时，接触面积逐渐变小，接触电阻随之增大，因而在较大的电流作用下，接触处的金属强烈发热，炽热的触头表面将产生电子热发射，即当金属温度升高时，其表面电子获得足够的热能而从金属逸出并进入弧隙，这种现象称为热发射；同时，触头刚一分开时距离很小，触头间的电场强度很高，在强电场作用下，金属中的自由电子也会从金属逸出而进入弧隙，这种现象称为强电场（或高电场）发射。

由于热发射和强电场发射，使进入弧隙的自由电子在强电场作用下高速运动而获得动能，这些高速运动的电子去碰撞空气的中性原子，使中性原子被游离而形成自由电子和正离子，这种现象称为碰撞游离或电场游离。

新形成的自由电子或正离子同样会在强电场作用下去碰撞别的中性原子，经过连续碰撞，在弧隙的介质中充满大量的自由电子和正离子而形成导电通路。若这时线路电流较小（小于1 A），则弧隙间的气体呈现辉光，称为辉光放电，其特点是放电通道由电场游离形成，间隙温度为常温；当线路电流较大时，弧隙间产生电弧而形成弧光放电，因电弧的弧形如柱，故称其为弧柱，其特点是弧光极强，弧柱内温度可达6000～10000 ℃。

随着触头开断距离增大，弧隙间电场强度逐渐降低，电场游离作用减弱，这时的气体导电主要由热游离维持，即在高温作用下，弧隙内中性粒子热运动加剧，并获得足够大的动能使它们相互碰撞，从而分离出新的自由电子和正离子，以形成热游离。一般情况下，当弧柱温度高于3000～4000 ℃时即可产生热游离，所以电弧形成后依靠热游离便可维持。

由以上分析可见，电弧的产生是靠气体的电场游离，而维持电弧是依靠热游离。因此起弧时触头间需要较高的电压，而维持电弧却需要较大的电流和较低的电压。

二、电弧的熄灭与重燃

1. 电弧的熄灭

电弧在燃烧过程中不仅存在中性粒子的游离，而且还存在自由电子和正离子在运动过程中重新结合（相遇）而使带电粒子消失或失去电荷变为中性离子的游离，这种现象称为去游离。电弧在燃烧过程中，当游离作用大于去游离作用时，电子与正离子的浓度增加，电弧加强；反之，电弧减弱以至熄灭，可见，要使电弧熄灭，就必须加强电弧中的去游离作用。去游离的主要形式是带电粒子的复合与扩散。

所谓复合，就是两个带有异性电荷的粒子相遇后失去电性的现象。由于弧隙中自由电子的相对速度比正离子快得多，故直接复合的概率很小。一般是自由电子先附着在中性粒子上或灭弧室表面和金属表面上，然后再与正离子相互吸引而复合。显然，复合速度的快慢主要取决于弧隙中带电粒子的浓度和速度，即弧柱中带电粒子浓度越高，复合概率越大。另外，当电流一定时，弧柱截面积越小，带电粒子的相对浓度越大，复合概率就越大，因而开关设备多采用小直径灭弧室，以提高带电粒子的相对浓度。

当电弧温度降低时，可使带电粒子运动速度下降，从而增加带电粒子的直接复合概率，以加强电弧的去游离作用，所以冷却电弧是灭弧最有效的措施之一。

所谓扩散，是指在弧柱中的带电粒子由于热运动从浓度高的区域向浓度低的区域移动的现象。扩散的结果将会使弧柱内的带电粒子有部分扩散到弧柱外，从而降低了弧柱中带电粒子的浓度。显然，扩散的快慢主要取决于带电粒子的浓度和弧柱直径，即带电粒子浓度越高，浓度差越大，扩散就越快；弧柱直径越小，带电粒子越容易扩散到弧柱外，以便使带电粒子浓度降低，从而加快电弧的熄灭。

2. 交流电弧的重燃

交流电流过零时，电弧将暂时熄灭。随着弧隙间交流电压的变化，电弧是否重燃取决于弧隙电压恢复情况和弧隙中介质强度恢复情况。

弧隙电压恢复是指随着交流电压的变化，当电流过零时，电弧熄灭，电路断开，随后弧隙间的电压又按一定规律由熄弧时的电压恢复到电源电压。这一过程称为电压恢复过程。实践证明，弧隙电压的变化规律与电路的性质（阻性、感性、容性）、接线方式（单相、三相）及电源的频率、幅值等因素有关。

介质强度恢复是指电流过零时介质温度下降，弧隙中的去游离使介质由导电状态恢复为绝缘状态。这一过程为介质强度恢复过程。介质强度恢复的实质是介质绝缘程度的恢复，也就是介质耐压程度的恢复，故介质强度恢复用介质的击穿电压值表示。

在大电流电路中，当电流过零时，弧隙中的热量散发需要一定时间，即由于热惯性，弧柱仍具有产生热游离的温度，故弧隙间还有电弧存在，仅是比原来的弧柱细一些，温度低一些。若此时弧隙电压正在升高，当升到一定数值时，弧隙介质又被击穿，使弧柱变大，温度升高，从而造成电弧重燃。可见，在这种情况下，虽然电流过零，但电弧未能及时冷却熄灭，使介质绝缘没有恢复就被弧隙电压击穿而重燃。

在电流过零时，若弧柱温度降至3000～4000 ℃ 以下，弧柱中的热游离将会停止，弧隙中仅存在一团温度较高的气体。此时若弧隙间加有较高的电压，使弧隙间的电场强度足够高，则由于介质温度较高，其耐压强度远比常温时低得多，故也容易引起电弧重燃。

由以上分析可知，开关灭弧及防止电弧重燃的关键是加强电弧的冷却，保证弧隙内的介质击穿电压（随介质的冷却而增高）在灭弧过程中总是高于弧隙间的恢复电压。

三、灭弧方法

根据电弧产生和熄灭的原理与过程，熄灭电弧的方法是在开关设备上人为地创造有助于去游离和不利于游离的条件，使电弧朝着熄灭的方向转化。

在电气设备上广泛采用的灭弧方法有气吹灭弧、金属栅片灭弧、狭缝灭弧、绝缘油灭弧、真空灭弧。

1. 气吹灭弧

气吹灭弧多用在高压开关设备中，它是利用压缩空气吹弧，也可利用电弧高温使油或固体有机物质分解出的气体吹弧。例如，油断路器就是利用油在高温作用下分解出大量高温气体强烈地吹动电弧，使电弧拉长冷却，造成强烈的去游离，从而加速电弧的熄灭。

吹弧方式有横吹、纵吹两种，如图3－1所示。其方法就是使电弧在气流的作用下拉长。一般情况下横吹比纵吹效果好，因横吹能使电弧的散热面积增大，但纵吹灭弧装置简单。在实际的油断路器中都采用横吹和纵吹相结合的方法灭弧。

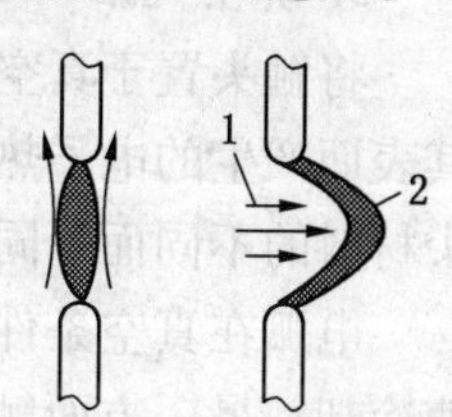

1—气流；2—电弧

图3－1 吹弧方式

2. 金属栅片灭弧

金属栅片灭弧如图3－2所示。若干金属栅片装在由耐火材料制成的灭弧罩内。金属栅片是导磁性能良好的钢板，厚2～3 mm，各栅片的缺口相互交错。当动、静触头产生电弧时，在电弧周围形成磁场。由于金属栅片的磁阻要比空气小得多，故电弧周围的磁场将移向磁阻较小的栅片内，同时将电弧也拉向灭弧栅上部，这样电弧不仅被拉长，又被金属栅片割成许多小段电弧，从而使电弧迅速冷却。栅片缺口相互错开是为了减小电弧进入栅片的阻力，同时使电弧在栅片中发生上、下、左、右的扭曲而被进一步拉长，从而提高灭弧能力。

3. 狭缝灭弧

狭缝灭弧原理可用石英砂熔断器说明。如图3－3所示，在密封绝缘瓷管内装满石英砂，当短路电流使熔体熔断时，熔体在电弧高温下熔化并形成气态而蒸发。金属蒸气向四周猛烈喷溅，由于受到石英砂限制，故在燃弧区形成很高的压力。此压力将推动弧柱向周围石英砂的狭缝中扩散。这样不仅使电弧中的带电粒子与附在固体表面的带电粒子强烈复合，而且石英砂还可使电弧迅速冷却，从而加强带电粒子的去游离作用，以使电弧尽快熄灭。

4. 绝缘油灭弧

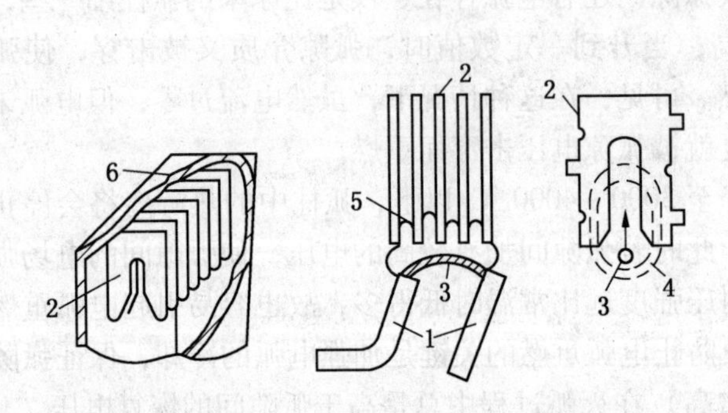

1—动、静触头；2—金属栅片；3—电弧；4—电弧磁场；5—小段电弧；6—灭弧罩

图3-2　金属栅片灭弧

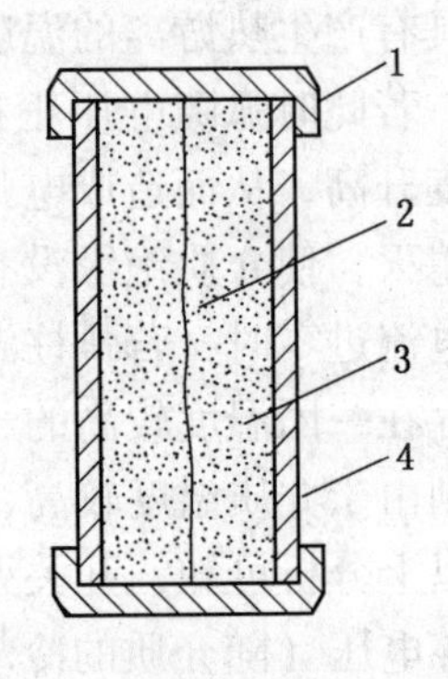

1—铜帽；2—熔体；3—石英砂；4—瓷管

图3-3　狭缝灭弧原理

在绝缘油中开断电路时，电弧将被气化分解成气体，形成包围电弧的气泡，电弧便在气泡中燃烧。绝缘油分解成的气体成分主要是氢，它在所有的气体中具有很高的导热系数和较小的黏度，故使弧柱的热容量很容易散发。另外，在电弧的高温作用下，油的气化和分解非常猛烈，油气形成后，由于其体积不能迅速膨胀，因而气泡中的压力很高，故很快向油表面移动，从而加速了电弧气泡的冷却。

5. 真空灭弧

将触头置于真空容器中，由于不存在气体游离，所以电弧的形成主要是靠触头分开时其表面产生的电子热发射和强电场发射形成的电子流维持，故电弧较小。电弧的大小随触头材料的不同而不同，并与电流的大小有关。

电弧在真空条件下，一方面带电粒子不断向弧柱四周扩散，并凝结在真空屏蔽罩上迅速冷却；另一方面触头在高温热发射作用下产生电子流，维持电弧。当扩散速度大于电子热发射速度时，弧柱内的带电粒子浓度降低，直至不能维持电流通道而使电弧熄灭；反之，电弧将继续燃烧，直至线路电流过零时触头温度下降，热发射停止，电弧熄灭。可见，由于真空的介质绝缘强度在电流过零后能立即恢复，因而高度真空是非常理想的灭弧介质。

实践表明，在真空条件下开断千安以下的电流时，由于触头热发射较弱，当电流下降到一定数值时，电弧出现不稳定现象，致使电弧熄灭而突然断开电路，出现所谓的“截流现象”。故真空开关在切断电感电路时，在线路上要产生截流过电压（也称操作过电压），因此在这种线路上要采取过电压保护措施。防止真空开关操作过电压常采用以下两种方法：

（1）采用阻容吸收电路，如图3-4a 所示。利用电容电压不能突变的原理，将真空开关断开时产生的高电压通过电容充电电流，使线路能量消耗在电阻 R 上。

（2）采用压敏电阻保护电路，如图3-4a 中压敏电阻 RV 组成的电路。利用压敏电阻在一定电压下的低阻特性（其特性曲线如图3-4b 所示），将电路能量通过电阻 RV 释放。当高电压过后，压敏电阻能自动恢复高阻特性。

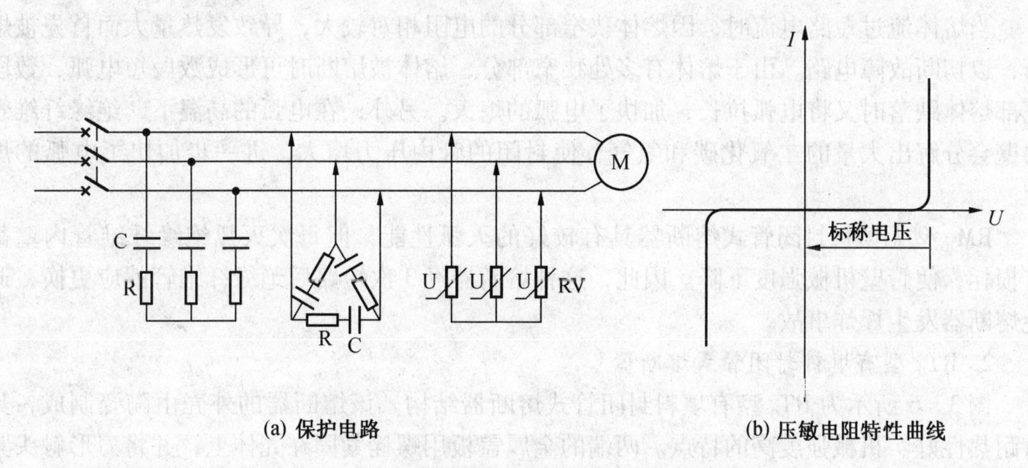

(a) 保护电路　　(b) 压敏电阻特性曲线

图 3-4　过电压保护电路及其元件特性

第二节　控　制　电　器

电气设备及控制电路常用的电气元件有熔断器、按钮开关、接触器、继电器、自动开关、传感器等，本节主要介绍这些元器件的结构与工作原理。

一、熔断器

熔断器是一种保护电器，其主要作用是对电路和设备进行短路保护，避免短路电流对电气设备和电网的损害。熔断器具有结构简单、价格低廉、维护方便、使用灵活等优点，因而被广泛用于各种电路与设备中。

熔断器的主要元件是熔体，它具有熔点低、导电性能好、不易氧化等特点。使用时，熔断器与被保护电路串联，当电路发生短路时，虽然熔体和电路设备同时发热，但由于熔体熔点较低，被保护设备温升未达到破坏温度之前熔体就被熔断，从而断开电路，起到保护作用。

（一）熔断器的类型

熔断器种类较多，按电压等级可分为高压熔断器和低压熔断器，按熔断器结构不同可分为有填料熔断器和无填料熔断器。

低压熔断器多由熔体和外壳组成。熔体用铅、铅锡合金、锌、铝、铜等金属材料制成。在电力系统中，常用的低压熔断器有 RM_{10} 型无填料封闭管式熔断器、RT_0 型有填料封闭管式熔断器、RC_{1A} 型瓷插式熔断器、RL 型螺旋式熔断器。

1. RM_{10} 型无填料封闭管式熔断器

图 3-5 为 RM_{10} 型无填料封闭管式熔断器结构。在绝缘纤维管内装有熔体，熔体经触刀与外电路连接，由盖板将绝缘管封住，并用铜螺母将两头拧紧。熔体用锌合金冲成如图所示的片状。

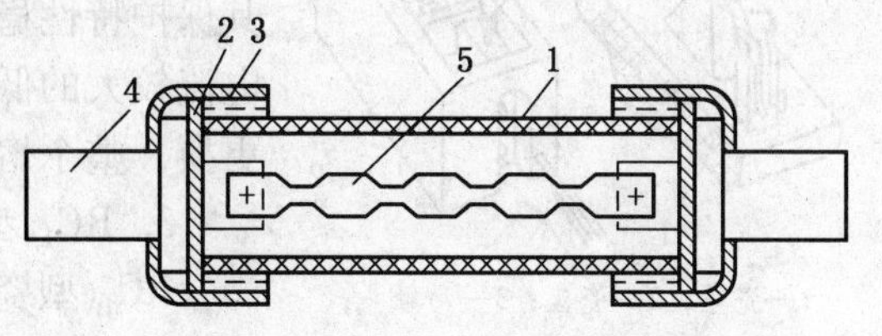

1—绝缘纤维管；2—盖板；3—铜螺母；
4—触刀；5—熔体

图 3-5　RM_{10} 型无填料封闭管式熔断器结构

当熔体流过短路电流时，因熔体狭窄部分的电阻相对较大，导致发热量大而首先被熔断，以切断故障电路。由于熔体有多处狭窄部分，熔体被熔断时可形成数段短电弧，数段宽部熔体跌落时又将电弧拉长，加快了电弧的熄灭。另外，在电弧的高温下，绝缘纤维管内壁会分解出大量的二氧化碳和氢气，使封闭的管内压力增大，进一步加快了电弧的熄灭。

RM_{10}型无填料封闭管式熔断器具有较好的灭弧性能，但每次灭弧绝缘纤维管内壁都有损耗，使管壁机械强度下降。因此，这种熔断器经3次短路后绝缘纤维管就应更换，避免熔断器发生爆炸事故。

2. RT_0 型有填料封闭管式熔断器

图3－6所示为RT_0型有填料封闭管式熔断器结构。该熔断器的外壳由陶瓷制成，具有耐热性好、机械强度高的特点。两端的金属盖板用螺栓紧固在壳体上，并将刀形触头紧紧地压住。熔断器内装有两个并联的熔体，分别为指示熔体与工作熔体。当工作熔体熔断后，指示熔体也立即熔断，导致上盖板装设的红色熔断指示器被弹出，表明电路已断开。

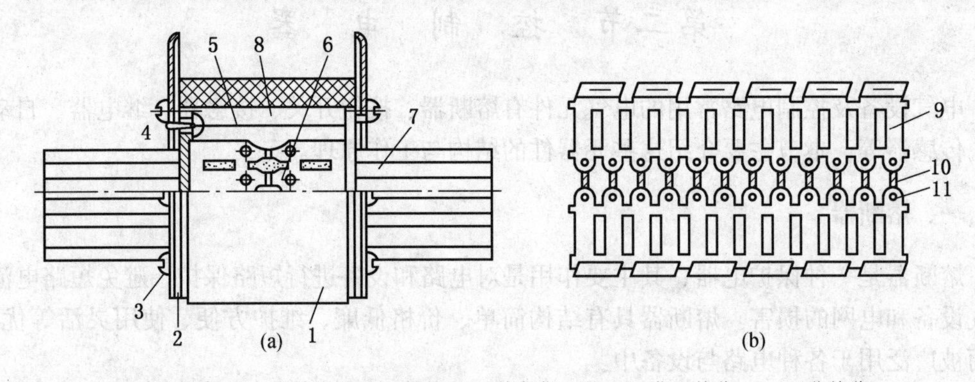

1—陶瓷外壳；2—金属盖板；3—螺栓；4—熔断指示器；5—指示熔体；6—工作熔体；7—刀形触头；8—石英砂；9—紫铜栅片；10—锡桥；11—小孔

图3－6 RT_0型有填料封闭管式熔断器结构

工作熔体由多条冲有网孔的薄紫铜栅片并联组成（图3－6b），中部焊有熔点较低的锡桥。为使熔体截面变小，在栅片上冲有小孔。工作熔体被卷成笼状，其两端点焊在刀形触头上，以保证熔体与触头接触良好。熔断器壳内充满石英砂作为灭弧介质，当熔体熔断时，电弧与石英砂紧密接触，使电弧在强烈去游离作用下而迅速熄灭。

RT_0型有填料封闭管式熔断器具有很高的分断能力，其保护特性稳定，属限流特性的熔断器，因此多用于短路电流较大的低压电路中。它的主要缺点是熔体熔断后不能更换，整个熔断器也随之报废。

3. RC_{1A}型瓷插式熔断器

RC_{1A}型瓷插式熔断器多用于控制电路、照明电路的短路保护，其结构如图3－7所示。它由瓷盖、瓷座、动触头、静触头及熔丝等部分组成。瓷盖与瓷座用电工瓷制成。熔体装在瓷盖上，电源线和负载线分别接在瓷座两端

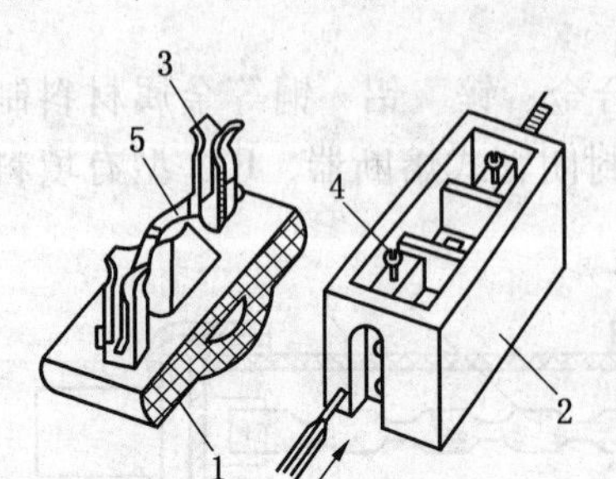

1—瓷盖；2—瓷座；3—动触头；4—静触头；5—熔丝

图3－7 RC_{1A}型瓷插式熔断器结构

的静触头上。瓷座的中部设有空腔，它与瓷盖中间的突出部分构成灭弧室。容量较大时，灭弧室内还垫有编织石棉，以便熄灭较大电弧。

瓷插式熔断器结构简单，价格低廉，更换熔体时只要拔下瓷盖即可，因此应用广泛，但不能用于有机械振动的场所和移动的机械上，以免瓷盖因振动脱出。

4. RL_1 型螺旋式熔断器

RL_1 型螺旋式熔断器多用于小型设备和控制线路的短路保护，其外形和结构如图 3－8 所示。这种熔断器由瓷帽、熔断管（熔体）、瓷套、接线端及底座等部分组成。

在熔断管内除装有熔丝外，还充有用于灭弧的石英砂。熔断管上有一小红点作为熔断指示。熔丝熔断后红点自动脱落，显示熔丝已断。使用时将熔断管有红点的一端插入瓷帽，通过螺纹按图 3－8b 所示顺序依次拧进瓷座，这样可透过瓷帽上的玻璃窗观察熔断器中红点的有无。

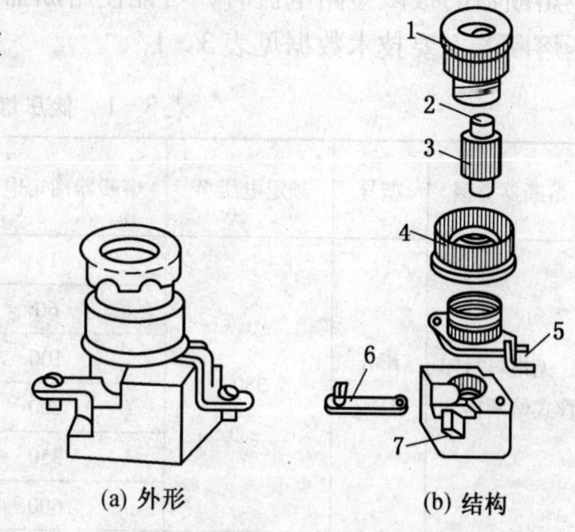

(a) 外形　(b) 结构

1—瓷帽；2—熔断指示；3—熔断管；4—瓷套；5—上接线端；6—下接线端；7—底座

图 3－8　RL_1 型螺旋式熔断器

安装熔断器时，将电源接在下接线端，负荷接在上接线端，这样更换熔断管时旋出瓷帽，其螺纹不带电，更换熔断管方便。

这种熔断器结构简单，价格较低，更换熔体方便，占地面积小，保护性能稳定，故应用广泛。

（二）低压熔断器的型号含义

低压熔断器的型号含义如下：

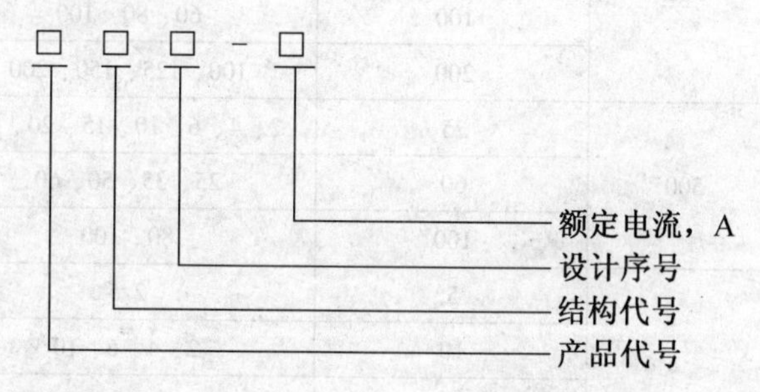

产品代号：R 表示熔断器。

结构代号：C 表示插入式，L 表示螺旋式，M 表示密封式，S 表示快速式，T 表示有填料式。

（三）熔断器的参数和保护特性

1. 熔断器的技术参数

1）熔断器的额定电流

熔断器的额定电流是指长期允许流过熔断器壳体载流部分和接触部分的工作电流。

2）熔体的额定电流

熔体的额定电流是指长期通过熔体而不使其熔断的最大电流值。它与熔断器的额定电流意义不同，在同一个熔断器内可装设多种不同额定电流的熔体，但所装熔体的额定电流值只能等于或小于熔断器的额定电流。

3）熔断器的极限分断能力

熔断器的极限分断能力是指熔断器所能切断的最大电流。当被保护电路的短路电流大于熔断器的极限短路电流时，可能使熔断器损坏或由于电弧不能熄灭而引起相间短路。低压熔断器主要技术数据见表 3－1。

表 3－1　低压熔断器主要技术数据

熔断器类型	型号	额定电压/V	熔断器额定电流/A	熔体额定电流/A	熔断器极限分断能力/kA
无填料封闭管式熔断器	RM_1 RM_{10}	380	15	6、10、15	1.2
			60	15、20、25、35、45、60	3.5
			100	60、80、100	10（7*）
			200	100、125、160、200	10（7*）
			350	200、225、260、300、350	10
			600	350、430、500、600	12
有填料封闭管式熔断器	RT_0	交流 380 直流 440	50	5、10、15、30、40、50	50（25**）
			100	30、40、50、60、80、100	
			200	100、120、150、200	
			400	250、300、350、400	
			600	450、500、550、600	
螺旋式熔断器	RL_1	500	15	2、4、6、10、15	2
			60	20、25、30、35、40、50、60	3.5
			100	60、80、100	20
			200	100、125、150、200	50
	RL_2	500	25	2、4、6、10、15、20、25	1
			60	25、35、50、60	2
			100	80、100	3.5
瓷插式熔断器	RC_{1A}	380	5	2.5	0.25
			10	2、4、6、10	0.5
			15	6、10、15	
			30	15、20、25、30	1.5
			60	30、40、50、60	3
			100	60、80、100	
			200	100、120、150、200	

注：1. 极限分断能力以交流 380 V 时的周期分量有效值表示。

2. * 为 660 V 时的分断能力，** 为 500 V 时的分断能力。

4）熔断器的额定电压

熔断器的额定电压是指熔断器长时所能承受的最高电压。使用时，电网的实际工作电压不得大于此值。

2. 熔断器的保护特性

熔断器的保护特性是指熔体熔断的时间与流过熔体电流之间的关系。若将此关系用曲线表示，就是熔断器的保护特性曲线（或称安秒特性曲线）。

熔断器的保护特性曲线反映了不同熔体在一定电流下被熔断所用的时间，是检验熔断器的保护特性是否与被保护设备的允许过电流特性相匹配的依据。常见的几种低压熔断器保护特性如图 3-9～图 3-12 所示。

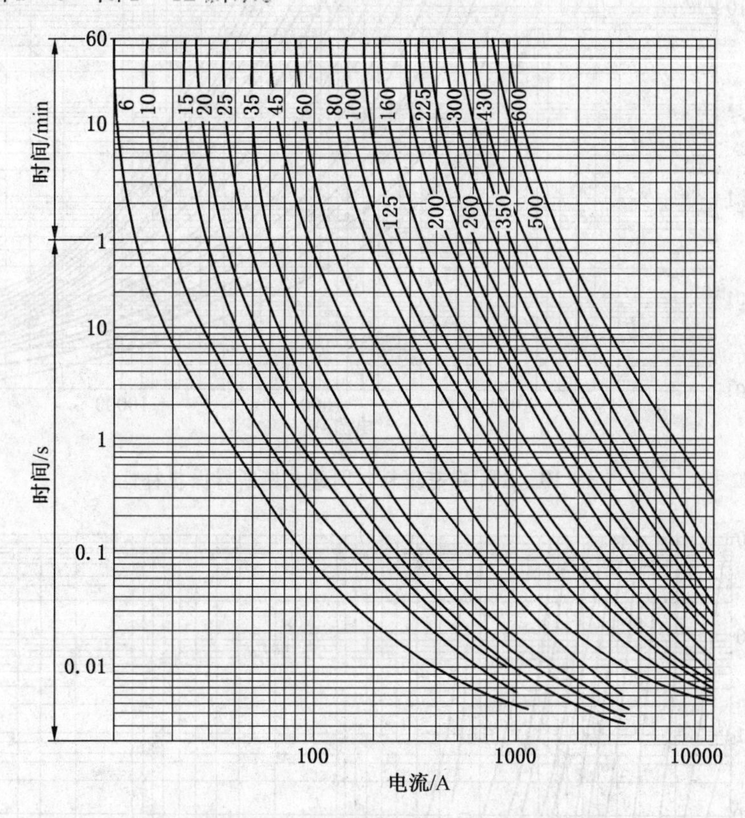

图 3-9　RM_{10}型无填料封闭管式熔断器保护特性

二、按钮开关

按钮开关是一种结构较简单的主令电器，主要用于发出动作指令，广泛用于直流 440 V 或交流 500 V 以下的控制电路中，其外形和结构如图 3-13 所示。由于按钮开关分断电流的能力较小，所以不能直接分断动力电路。

按钮开关由按钮帽、复位弹簧、桥式触点及外壳组成。图中的静触点与动触点分别组成常开触点和常闭触点。按下按钮帽时，常闭静触点断开，常开静触点在触点压缩弹簧 10 的压缩作用下闭合；松开按钮帽时，常开静触点在按钮复位弹簧的作用下复位，常闭触点在触点压缩弹簧 11 的压缩作用下可靠复位。

按钮开关有单按钮、双按钮和三按钮之分，如图 3-13b 所示。根据实际控制要求，可组成启动按钮、停止按钮和正反转控制按钮等。按钮开关按外壳结构又可分为开启型、

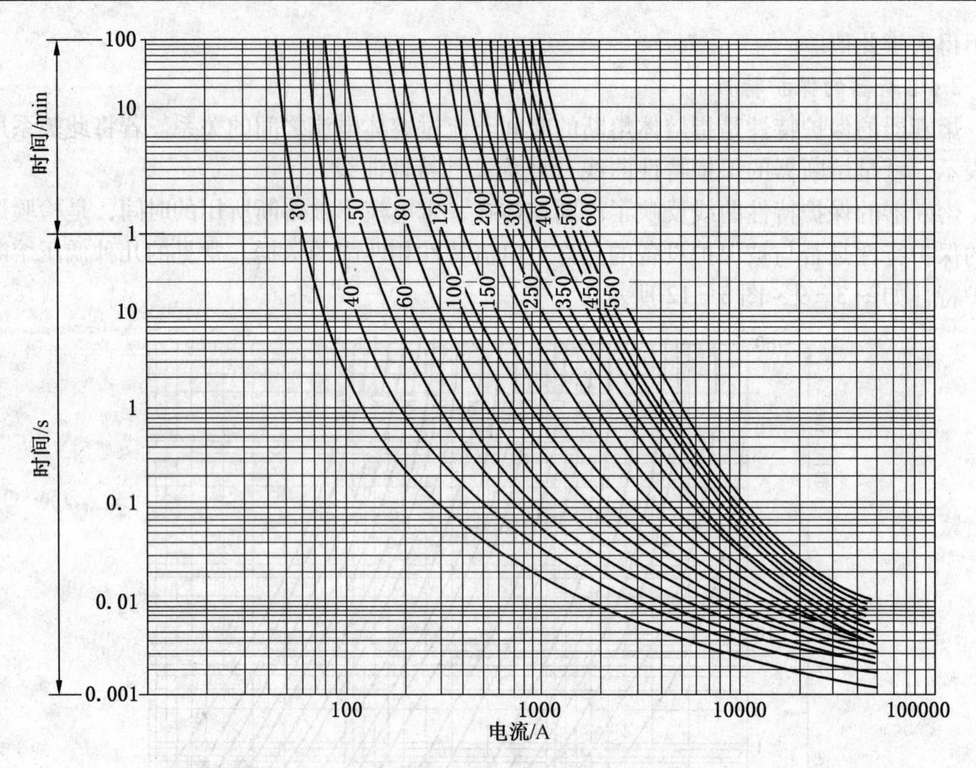

图 3-10　RT_0 型有填料封闭管式熔断器保护特性

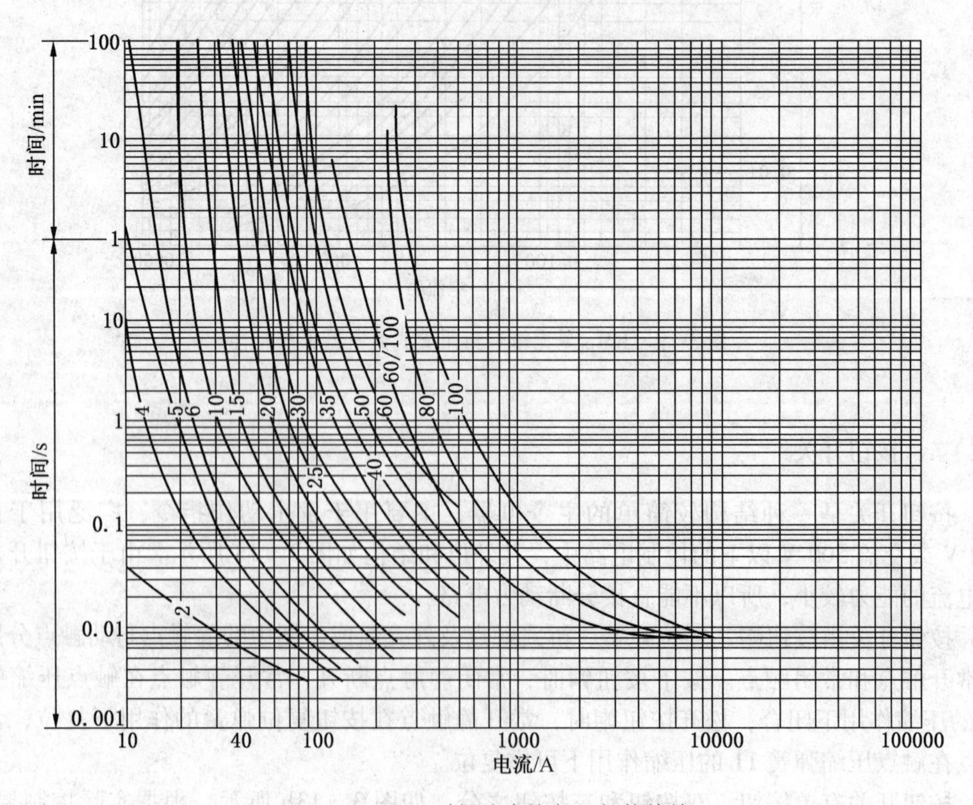

图 3-11　RL_1 型螺旋式熔断器保护特性

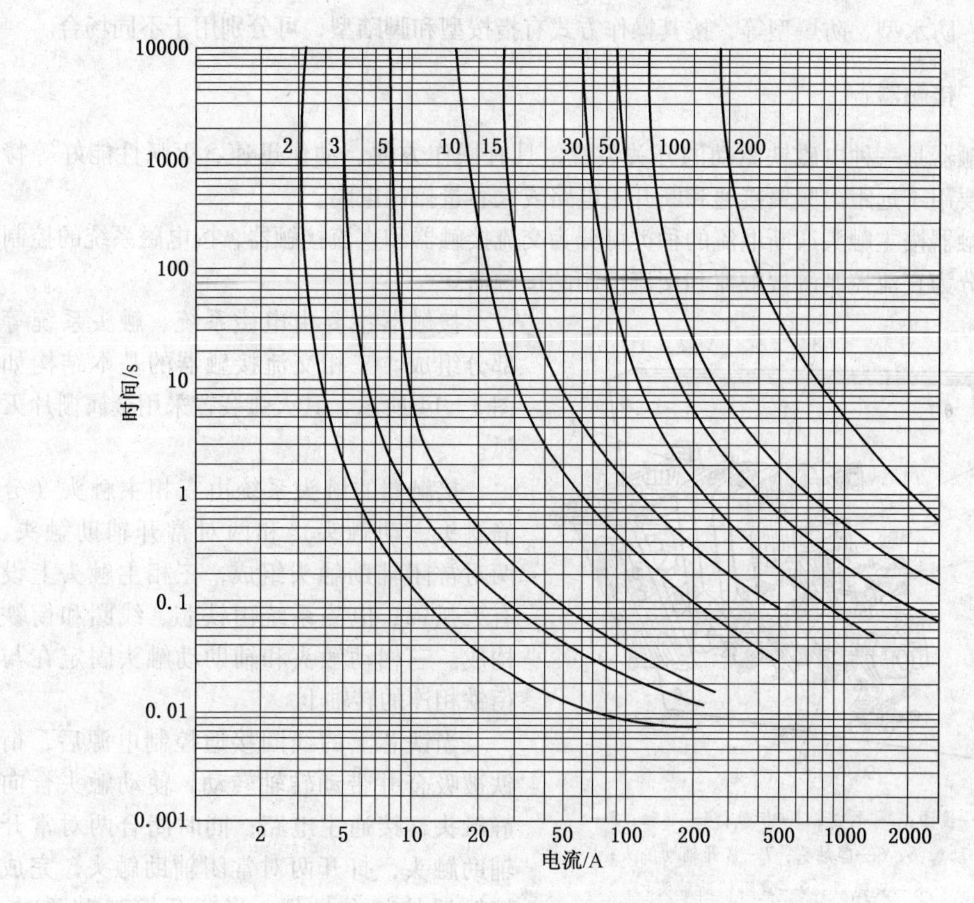

图 3-12　RC_{1A}型瓷插式熔断器保护特性

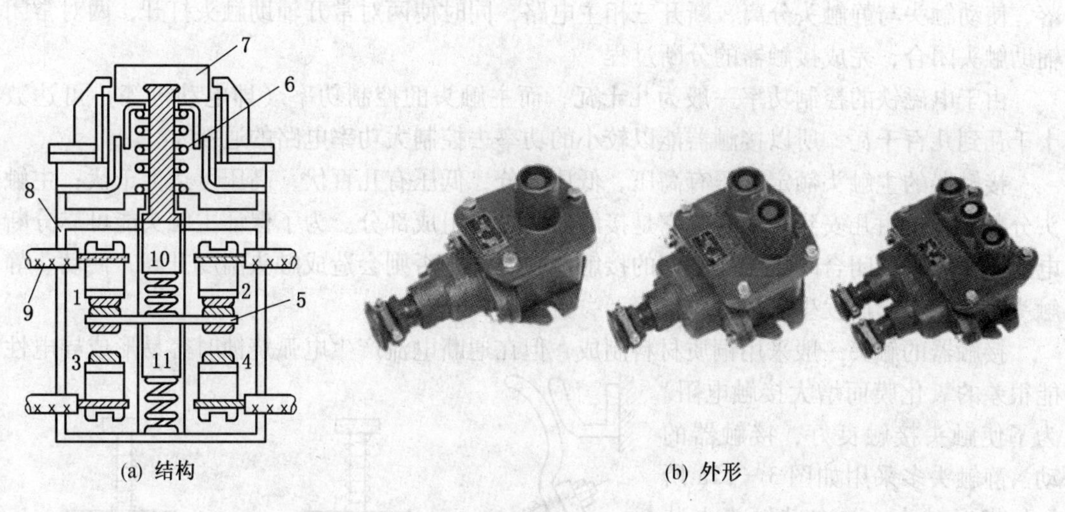

1、2—常闭静触点；3、4—常开静触点；5—动触点；6—按钮复位弹簧；
7—按钮；8—外壳；9—接线；10、11—触点压缩弹簧

图 3-13　按钮开关的外形及结构

防护型、防水型、防爆型等，按其操作方式有指按型和脚踏型，可分别用于不同场合。

三、接触器

接触器是一种电磁铁驱动的开关装置，具有操作方便、动作迅速、灭弧性能好等特点，主要用于远距离频繁接通和断开主电路或大容量控制电路。

接触器按主触头通断电流的种类可分为交流接触器和直流接触器，按电磁系统的控制电流可分为直流控制的接触器和交流控制的接触器。

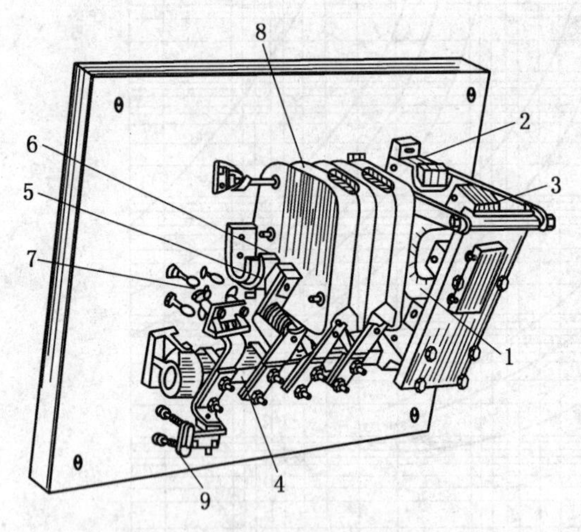

1—线圈；2—铁芯；3—衔铁；4—转轴；5—动触头；6—静触头；7—常开辅助触头；8—灭弧罩；9—常闭辅助触头

图 3－14　三相交流接触器的基本结构

接触器主要由电磁系统、触头系统等部分组成。三相交流接触器的基本结构如图 3－14 所示，其灭弧装置采用金属栅片灭弧。

接触器的触头系统由三相主触头（分静触头、动触头）和两对常开辅助触头、两对常闭辅助触头组成，三相主触头上设有灭弧罩；电磁系统由铁芯、线圈和衔铁构成。三相动触头和辅助动触头固定在与衔铁相连的转轴上。

当铁芯上的线圈接通控制电源后，衔铁被吸合并带动转轴转动，使动触头合向静触头，接通主电路；同时闭合两对常开辅助触头，打开两对常闭辅助触头，完成接触器的闭合过程。当断开控制电源时，线圈失电，衔铁在自重或弹簧的作用下回落，使动触头与静触头分离，断开三相主电路，同时使两对常开辅助触头打开，两对常闭辅助触头闭合，完成接触器的分断过程。

由于电磁铁的控制功率一般为几十瓦，而主触头的控制功率（即电动机等）可达数十千瓦到几百千瓦，所以接触器能以较小的功率去控制大功率电路的通断。

接触器的主触头额定电压有高压、低压之分，低压有几百伏，高压可达上千伏；主触头分断的电流由几安到几百安。它是接触器的重要组成部分。为了保证主触头能可靠分断电路，要求触头闭合时接触面之间的接触电阻要小，否则会造成触头温度升高，使动、静触头熔焊在一起而发生事故。

接触器的触头一般采用铜质材料制成，但在通断电流产生电弧烧蚀时容易形成导电性能很差的氧化膜而增大接触电阻。为了使触头接触良好，接触器的动、静触头多采用如图 3－15a 所示的指形触头，并在动触头上装有触头压缩弹簧。

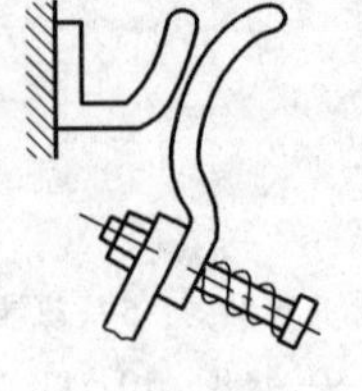

(a) 指形触头

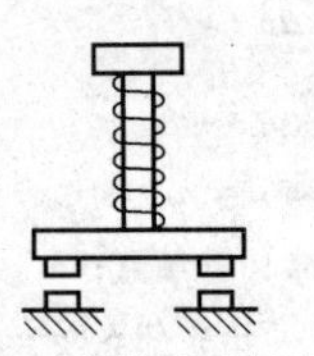

(b) 面接触桥式触头

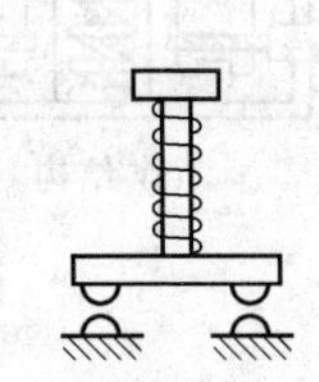

(c) 点接触桥式触头

图 3－15　接触器触头结构

当动、静触头刚闭合时，接触面的位置在触头上部，随着触头进一步闭合，在触头弹簧的压缩过程中，动、静触头之间有相对的滚动运动和滑动运动。滚动运动可增大触头的接触面积；滑动运动可清扫和破坏接触表面的氧化膜，从而减小接触电阻。当触头完全闭合后，接触面的位置在触头的下部；接触器断开时，触头的下部先分离，最后在触头的上部断开。这样在触头通断时产生的电弧仅烧蚀触头上部，从而可避免下部受损，以延长触头寿命。

当触头分断较小电流时可采用桥式触头。桥式触头又分为面接触式和点接触式，如图3－15b、图3－15c所示。这种触头常用作辅助触头（又称为辅助触点），又可分为常开触点和常闭触点。当接触器铁芯线圈没有通电、衔铁未被吸合时，若触点处于断开状态，称为常开触点或动合触点；若触头处于闭合状态，称为常闭触点或动断触点。

接触器的触头或触点大多采用铜质材料。铜质触头具有接触电阻小、使用经济、抗电弧烧蚀性能好等优点，但容易氧化而形成氧化膜，所以有的触头或触点采用镶银材料或银合金材料。银在常温下也会氧化形成黑色氧化银，但氧化银仍是良好的导体，而且氧化银受热后还能还原为银，其缺点是耐磨性和抗电弧烧蚀性比铜差。

接触器的电磁系统用于控制触头的接通和断开，由静铁芯、衔铁及线圈组成，如图3－14所示。为了减小涡流损失，静铁芯和衔铁用硅钢片叠成，以避免铁芯发热。常用的铁芯形式有拍合型、E型和活棒型（图3－16），交流接触器多采用E型铁芯。

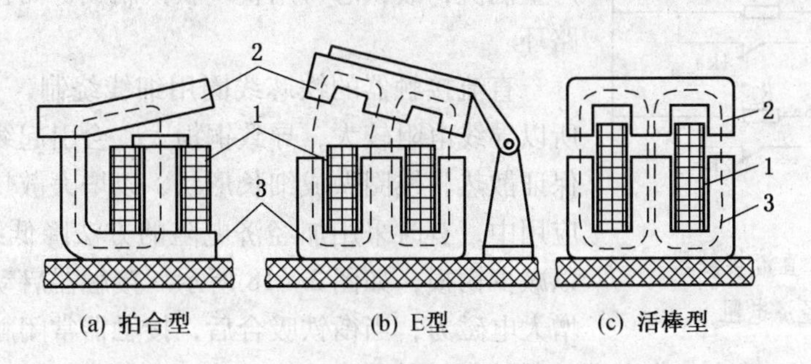

1—线圈；2—衔铁；3—静铁芯

图3－16 铁芯结构示意图

当铁芯线圈通以交流电时，铁芯中的磁通将在交流电的一个周期内两次过零。由于电磁机构的电磁力 F 与磁通 Φ 的平方成正比，所以当磁通 Φ 过零时，电磁力 F 亦过零，这时衔铁将在自重或弹簧的作用下回落。由于衔铁的机械惯性，在它还没有完全回落时，磁通在电源的作用下又很快上升，电磁力增大，衔铁吸合，如此反复，造成衔铁的振动和噪声，而不能正常工作。

为了避免衔铁的振动，可在铁芯的端面上嵌装一个铜环，使它包围一部分端面，如图3－17a所示。这个铜环实际是一个套在部分铁芯上的单匝短路线圈，故称为短路环。

短路环将铁芯中的磁通分成两部分：一部分是不穿过短路环的磁通 Φ_1，主要由铁芯线圈中的正弦电流产生；另一部分是穿过短路环的磁通 Φ_2，它是由铁芯线圈中的电流和短路环中的感应电流共同产生。根据楞次定律，短路环中的感应电流将阻止短路环内磁通的变化，即 Φ_2 达到最大值的时间落后 Φ_1 一个相位角 Φ，这样由 Φ_1、Φ_2 产生的电磁力 F_1，F_2 之和 F 就不再过零点，从而避免了衔铁的振动。其波形如图3－17b所示。

直流接触器的工作原理与结构和交流接触器基本相同，直流接触器采用直流电磁铁控

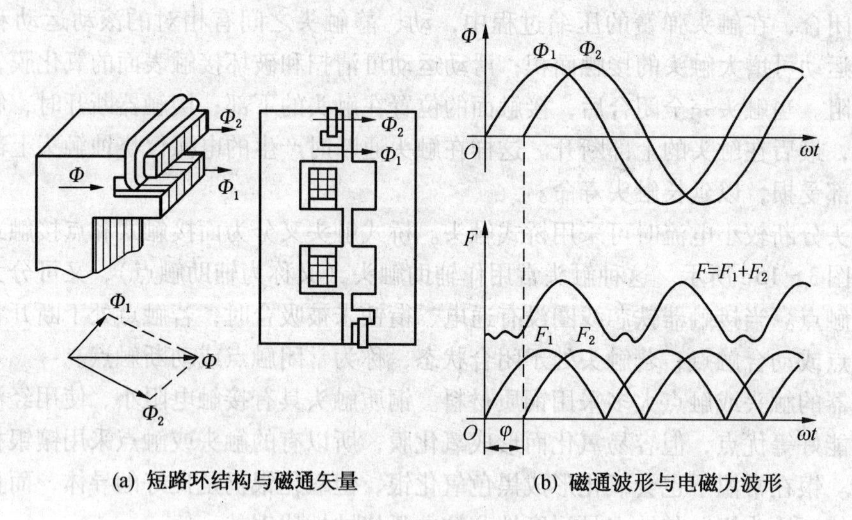

(a) 短路环结构与磁通矢量　(b) 磁通波形与电磁力波形

图 3-17　交流接触器的短路环

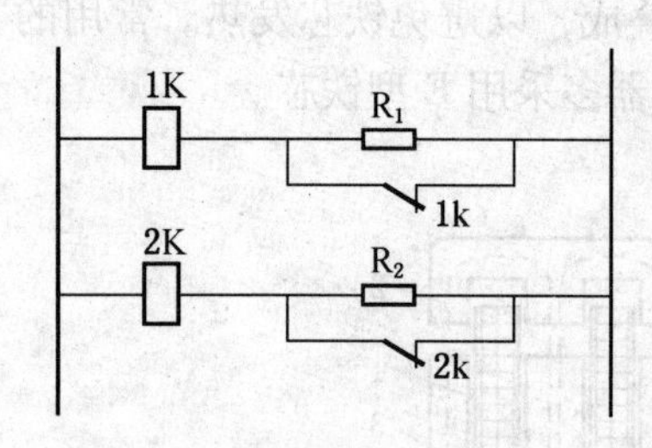

图 3-18　直流接触器串接经济电阻

制，由于它的铁芯线圈通过的是直流电，因此铁芯中不会产生涡流，故铁芯可用整块软铁制成，而且也不需要装短路环。

直流接触器的铁芯线圈用细线绕制，并且匝数较多，所以导线电阻较大，导致铜损大，会引起线圈发热。为了保证散热，线圈做成细长形状，以增大散热面积。在实际应用中，有时采用加经济电阻的方法降低线圈工作电流，以减少铜损，如图 3-18 所示。接触器启动时加全压，以增大电磁力；当衔铁吸合后，接触器常闭触点打开，串入经济电阻 R_1（R_2）减小工作电流，保持衔铁的吸合。

另外，由于直流接触器铁芯线圈匝数多，电感大，在断开线圈回路时将在线圈上产生很高的感应电势，因此要求线圈有良好的绝缘性能。

四、继电器

继电器是具有跳跃输出特性的电气元件。

继电器的输入量可以是电压、电流、光、热、压力、速度、机械位移等物理量，输出是处于不同状态的触点，可见继电器是一种用不同物理量控制的开关元件。根据输入量的不同，继电器可分为电压继电器、电流继电器、时间继电器、中间继电器、热继电器等，根据其动作原理的不同，继电器又可分为电磁式、感应式、电子式、热效应式等。

继电器是电气设备中很重要的电气元件，其主要作用是传递控制信号，即通过触头的转换来接通和断开电路，以实现信号传递。

1. 电磁式继电器

电磁式继电器分电流继电器和电压继电器，它们的动作原理和结构与接触器基本相同。由于其触头容量较小，故不设灭弧装置。另外，一般情况下同一继电器所有触头的容量是相同的，没有主触头和辅助触头之分。继电器的触头也称为触点。

电磁式继电器结构如图 3－19 所示。当铁芯线圈未通电时，动触点在弹簧的拉力作用下与静触点 6 闭合，与静触点 7 断开。继电器的输出状态为动触点和静触点 6 闭合，称为常闭触点；动触点和静触点 7 断开，称为常开触点。

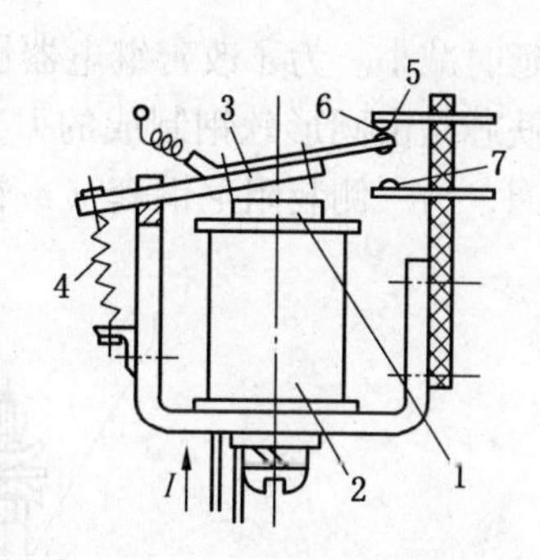

1—铁芯；2—线圈；3—衔铁；4—弹簧；5—动触点；6、7—静触点

图 3－19　电磁式继电器结构

当铁芯线圈通电时，衔铁同时受到弹簧的拉力和铁芯电磁力的作用。若电磁力大于弹簧拉力，衔铁将被吸合下移，继电器触点状态转换。继电器电磁力的大小取决于铁芯中的磁通量，即由线圈的匝数决定。因此，电压继电器和电流继电器在结构上基本相同，仅铁芯线圈不同。电压继电器为多匝数、小电流线圈，电流继电器是少匝数、大电流线圈，故电压继电器线圈导线截面小，而电流继电器线圈导线截面大。

根据铁芯线圈通过的电流类型，继电器又分为直流继电器和交流继电器，这种分类方法与接触器不同。以上介绍的继电器是由直流电控制，故称为直流继电器。交流继电器的基本结构与交流电控制的接触器相同，其铁芯仍用硅钢片叠成，并在铁芯上设置短路环，而直流继电器的铁芯采用整体软铁。所以一般情况下，对于同一类型的继电器，用更换线圈的方法即可组成电压继电器和电流继电器。

2. 时间继电器

在控制线路中，为了使开关的控制具有一定的顺序性，需要某些装置延迟一定的时间动作。

时间继电器的特点是当继电器得到信号（如其铁芯线圈接通或断开电源）后，触点状态不是立即改变，而是经过一段时间的延迟后才改变，所以这种继电器又称为延时继电器。根据继电器的动作原理，时间继电器又可分为电磁式、电子式、气动式、钟表机构式等几种。本节仅介绍直流电磁式时间继电器。

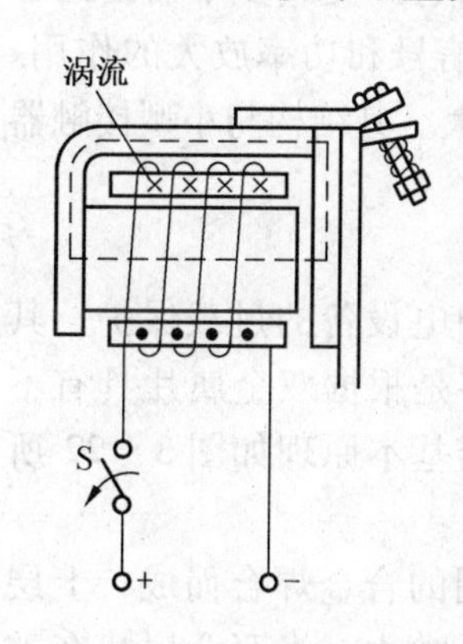

图 3－20　直流电磁式时间继电器结构

直流电磁式时间继电器的结构与直流电磁式电压（电流）继电器基本相同，只是在铁芯和线圈之间加入一个阻尼铜套，如图 3－20 所示。当线圈通电时，在衔铁未被吸合之前，由于磁路气隙较大，线圈电感小，所以通电后磁场很快建立，将衔铁吸合。这个过程与电压继电器一样，使触点的状态很快转换。当线圈断电时，铁芯中的磁通将随之减小，但由于阻尼铜套的存在，磁通的减小会在铜套中产生感应电势和感应电流，该电流将阻止磁通的减小，因而铁芯中的磁通不会很快消失，而是逐渐下降。经过一段时间，磁通下降到一定程度时，铁芯电磁力不足以维持衔铁的吸合时，衔铁才能释放。可见，在线圈断电后继电器触点的状态要经过一段延时才能改变。

直流电磁式时间继电器在吸合瞬间，由于铁芯中的磁通不能突变，而是要经过一定的时间才能达到稳定值，所以为了保证延时的准确性，必须使继电器有充分的时间使磁通达到稳定值。也就是说，继电器通电后要经过一段时间再断开线圈电路，才能得到准确的延时。

另外，线圈温度升高会使铜套温度也升高，造成铜套电阻增大，感应电流衰减加快，延时减小。为了改善继电器性能，时间继电器常采用如图 3 - 21 所示的通用继电器。它的铁芯是由圆形软钢制成的 U 形整体，并铸在铝材底座上。在 U 形铁芯的一侧装设铁芯线圈，另一侧装阻尼铜套（或铝套），以获得散热条件好、延时稳定的效果。

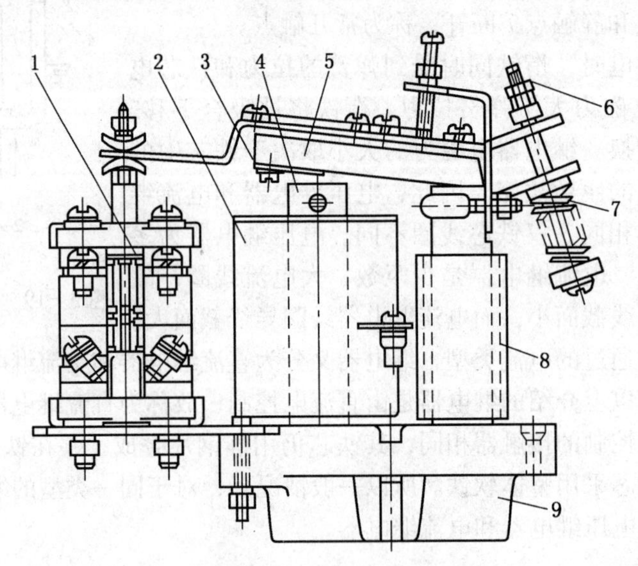

1—触点；2—线圈；3—垫片；4—U 形铁芯；5—衔铁；6—螺母；7—弹簧；8—阻尼套；9—铝材底座

图 3 - 21　通用继电器结构

这种类型的继电器在不装设阻尼套时可构成电压继电器或电流继电器，故将其称为通用继电器。

3. 中间继电器

中间继电器的作用是把一个输入信号（铁芯线圈的有电和无电）变成多个输出信号（多对触点的动作），并加大触点的控制容量，以起到增多输出信号和功率放大的作用。中间继电器有交流和直流两种，其特点是触点数目多，通断容量大。其结构与小型接触器类似。

4. 热继电器

热继电器主要用于电动机等用电设备的过载保护，其种类较多，结构各不相同，但大多是根据双金属片具有不同膨胀系数的原理构成。热继电器基本原理如图 3 - 22 所示。

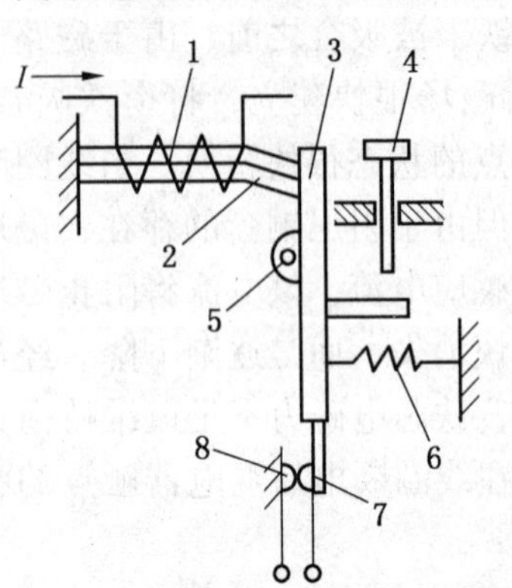

1—加热元件；2—双金属片；3—杠杆；4—复位按钮；5—转轴；6—弹簧；7—动触点；8—静触点

图 3 - 22　热继电器基本原理

双金属片由两片膨胀系数不同的合金焊合而成，上层合金膨胀系数小，下层合金膨胀系数大。当双金属片在加热元件的作用下受热时，由于两层金属膨胀系数不同而向上弯曲。当双金属片弯到一定程度时，将与杠杆脱离，杠杆在弹簧的作用下使动触点与静触点断开，热继电器状态改变。

当热继电器动作后，需要经过一段冷却时间（一般为 2 min），双金属片才有可能恢复原状。此时可按下复位按钮，使杠杆机构和触点复位。复位机构有自动和手动两种方式，图中采用手动方式复位。

继电器的型号含义：J表示继电器，T表示通用，L表示电流，S表示时间，Z表示中间，R表示热。

五、自动开关

自动开关也称自动空气开关，是一种能自动断开故障电路的低压开关，主要用于不频繁操作的交流、直流低压配电装置。

自动开关由热继电器、过流线圈、电压线圈、自动脱扣机构等部分组成，其工作原理如图3－23所示。当主电路合闸时，手动操作使传动杆克服拉力弹簧的拉力将主触头闭合，同时被滑动连杆上的锁钩将其锁定。当被保护电路发生短路时，较大的短路电流使过流线圈（电流继电器）产生相应的电磁力，克服弹簧（电流继电器的拉力弹簧图中未画出）的拉力而吸合，其衔铁将滑动连杆顶起，使传动杆脱扣，主触头在拉力弹簧的拉力下切断主电路。调整过流线圈的弹簧拉力可整定动作电流值。

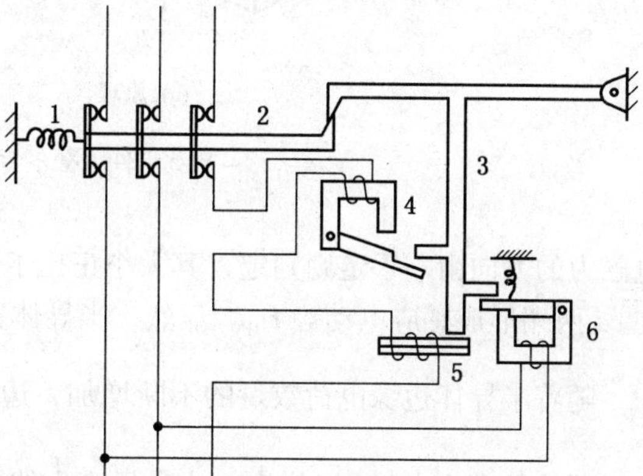

1—拉力弹簧；2—传动杆；3—滑动连杆；4—过流线圈；5—热继电器；6—电压线圈

图3－23　自动开关工作原理

当电网电压低于规定值时，电压线圈（电压继电器）因吸力不足，在弹簧的作用下，其衔铁将滑动连杆顶起，切断主电路。调整电压继电器弹簧的拉力，可整定动作电压值。若开关合闸之前电网电压就低于规定值，则由于电压继电器电磁力小于弹簧拉力，滑动连杆被顶起而不能锁住传动杆，故不能使开关送电。

当被保护电路发生过载时，由双金属片构成的热继电器将滑动连杆顶起而使锁钩脱扣，断开主电路。

六、传感器

本节主要介绍霍尔传感器。霍尔传感器是一种磁电传感器，它是通过磁场或电流的变化，利用霍尔效应实现信号的变换和传递，所以称为霍尔传感器。这种传感器是一种由霍尔元件和相应电路组成的集成传感器。

1. 工作原理

霍尔传感器工作原理如图3－24所示，将一块矩形半导体薄片置于均匀磁场B中，若ab端有电流I流过时，则cd端将产生感应电动势E_H（或电压U_H），这一现象是由德国物理学家霍尔于1879年研究载流导体在磁场中受力的性质时发现的，故称为霍尔效应，对应的感应电动势称为霍尔电动势，半导体薄片称为霍尔元件。

霍尔效应的实质是电磁感应定律。半导体中的自由电子e和空穴在磁场B中以速度v运动时，将受到电磁力F_L（$F_L = evB$，e为自由电子的电荷量）的作用向薄片边缘移动，

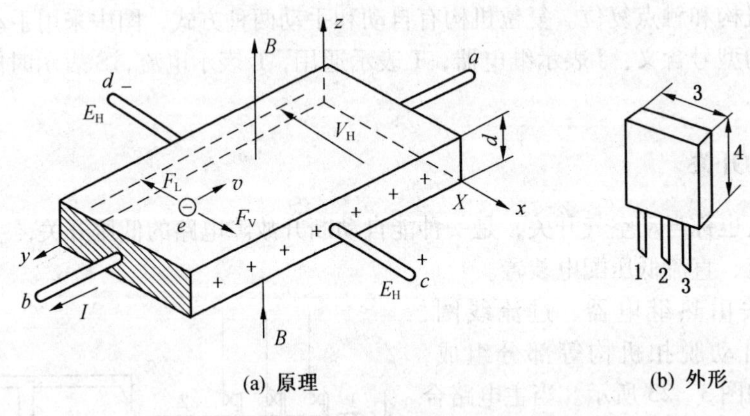

(a) 原理　　　　(b) 外形

图3-24　霍尔传感器工作原理

电磁力的方向由左手定则判定，其大小正比于电流与磁场，移动到边缘的自由电子和空穴在 cd 两端形成感应电动势 E_H。显然，半导体边缘积累的电荷越多，感应电动势越大。

随着半导体边缘电荷数量的不断增加，边缘电荷形成的内电场 V_H $\left(V_H=\frac{E_H}{X}\right.$，$X$ 为半导体薄片的宽度$\left.\right)$也不断增大，内电场产生的电场力 F_V（$F_V=eV_H$）也随之增大。由于电场力阻止电荷向半导体边缘移动，所以当电场力 F_V 增大到与电磁力 F_L 相同时，电荷不再向边缘移动，因而在半导体边缘建立起稳定的感应电动势 E_H。

由于建立稳定电动势 E_H 的条件是 $F_L=F_V$，即

$$evB=eV_H \tag{3-1}$$

因为流过半导体薄片的电流 I 为单位时间内流过横截面 Xd 的电量 Q，即

$$I=\frac{Q}{t}=Xdvne$$

所以

$$v=\frac{I}{Xdne} \tag{3-2}$$

式中　n——半导体中的载流子浓度。

则感应电动势为

$$E_H=V_HX=vBX=\frac{\text{I}}{Xdne}BX=\frac{IB}{ned} \tag{3-3}$$

设 R_H 为霍尔常数，即

$$R_H=\frac{1}{ne} \tag{3-4}$$

则霍尔电动势 E_H 为

$$E_H=R_H\frac{IB}{d} \tag{3-5}$$

式（3-5）说明，霍尔电动势的大小与流过半导体薄片的电流 I、磁场 B 成正比，与薄片的厚度 d 成反比，所以为了提高霍尔电动势的值，霍尔元件制成薄片形状。另外，霍尔电动势的大小与霍尔常数有关，即半导体中的载流子浓度不能太大，否则霍尔效应微

弱，没有实用价值。

实际应用中一般将磁场强度 B 作为输入信号，霍尔电动势 E_H（电压 U_H）作为输出信号。某型号的霍尔元件输出特性如图 3-25 所示。

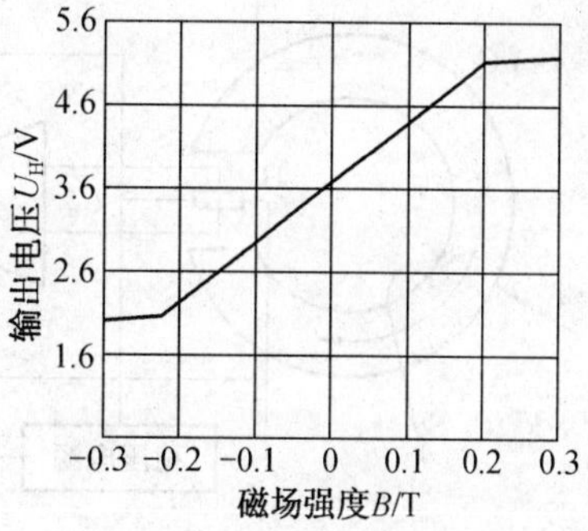

由图 3-25 可见，U_H 与 B 为线性关系，在 -0.2 ~ 0.2 T 的范围内 B 与 U_H 成正比，当 B 超出此范围时，呈现饱和状态。

图 3-25 霍尔元件输出特性

2. 基本结构

霍尔元件一般采用 N 形锗、锑化铟、砷化铟、砷化镓或磷砷化铟等半导体材料制作，片芯为矩形薄片，并在长边两侧面焊有两根引线 a、b（称为控制电流极），短边两侧面引出的两导线 c、d 称为霍尔电动势输出极（参看图 3-24）。

霍尔元件一般用非磁性金属、陶瓷或环氧树脂封装，其外形如图 3-24b 所示，图中 1 端接电源"+"，2 端接电源"-"和"地"，3 端为输出极，用于输出霍尔电压。

3. 主要参数

1）额定控制电流 I_H

额定控制电流是指使霍尔元件温度升高 10 ℃所加的控制电流。尽管霍尔电动势随该电流的增大而增大，但在实际应用中，随着控制电流的增大，霍尔元件的功耗也会增大，从而导致元件发热，引起输出电压不稳定（即温度漂移）。因此每种型号的霍尔元件都规定了最大控制电流，以避免温度漂移。

2）输入、输出电阻 R_i、R_L

输入、输出电阻 R_i、R_L 分别指在（25 ± 5）℃下控制电流极和霍尔电动势输出极两端的电阻。

3）不等电位电动势 E_0

不等电位电动势是指霍尔元件在额定控制电流作用下没有外加磁场时输出的霍尔电动势。该电动势的大小与元件（半导体）电阻 r_0 有关。

4）霍尔电动势温度系数

霍尔电动势温度系数是指在一定磁感应强度和控制电流作用下，温度每变化 1 ℃时霍尔电动势变化的百分率。

4. 霍尔传感器的分类

霍尔传感器可分为线性型和开关型两类，其中线性型霍尔传感器又分直接放大式（直放式）和磁平衡式（反馈式）。

1）线性型直接放大式霍尔传感器

这种传感器由铁芯（聚磁环）C、霍尔元件 H、稳压电源、运算放大器 A（或线性放大器和射极跟随器等）组成，如图 3-26 所示。当绕组 N 有电流 I 流过时，电流在聚磁环中产生的磁通将使霍尔元件输出相应的霍尔电压 U_H，该电压经运算放大器 A 线性放大后由 OUT 端输出。由于 $U_H \propto B(\phi) \propto I$，所以 OUT 端输出一个与 I 变化规律相同的模拟信号。

这种传感器的优点是结构简单，测量结果的精度和线性度都较高，可以测直流、交流

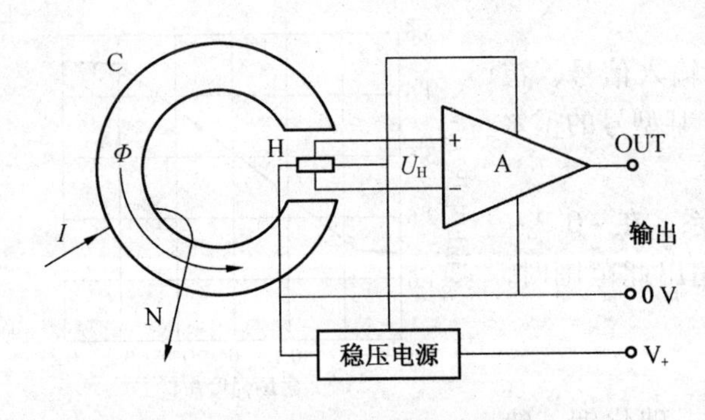

图 3－26　线性型直接放大式霍尔传感器工作原理

和各种波形的电流。但它的测量范围、带宽（被测信号频率）等受到一定的限制，这是由于霍尔元件在磁场检测中检测的是磁芯气隙中的磁感应强度，所以电流增大后磁芯可能达到饱和，特别是随着电流的频率升高，磁芯中的涡流损耗、磁滞损耗等也会随之升高，因而会对测量精度产生影响。若选择磁感应强度饱和值高的磁芯材料或采用多层磁芯时可降低这些影响。

2）线性型磁平衡式霍尔传感器

这种传感器是在聚磁环 C 上增加了一个副绕组 N_2，其输出信号由外接电阻 R 上取得，如图 3－27a 所示。

当绕组 N_1 有电流 I_1 通过时，在聚磁环 C 中产生磁通 $\boldsymbol{\Phi}_1$，霍尔元件输出信号 U_H，这一信号被放大后形成电流 I_2，该电流被反送回副绕组形成磁通 $\boldsymbol{\Phi}_2$。由于 $\boldsymbol{\Phi}_1$ 和 $\boldsymbol{\Phi}_2$ 方向相

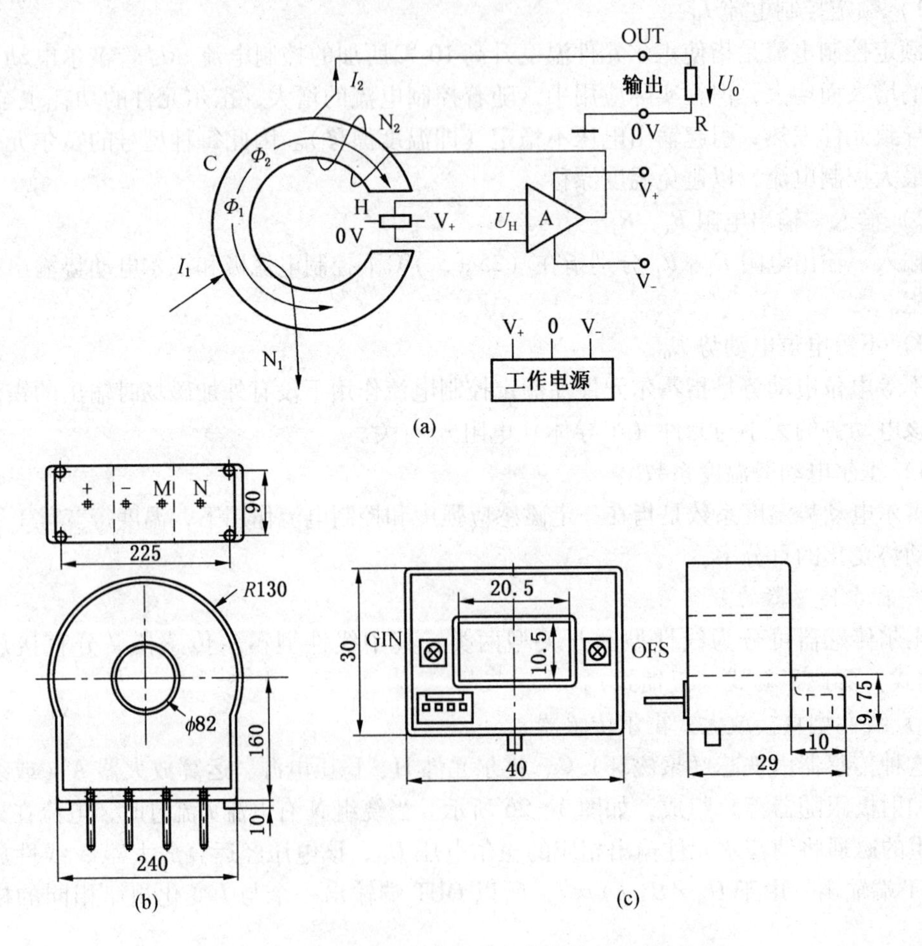

图 3－27　线性型磁平衡式霍尔传感器电路原理图

反，故随着 I_2 的增大，霍尔元件输出的 U_H 将逐渐减小，当 I_2 与绕组 N_2 产生的磁电动势和 I_1 与绕组 N_1 产生的磁电动势相等时，反馈电流 I_2 不再增加，此时霍尔元件中的磁通为零。由于 $\Phi_1=\Phi_2$，则

$$I_1N_1=I_2N_2 \tag{3-6}$$

故有

$$I_2=\frac{N_1}{N_2}I_1 \tag{3-7}$$

可见，测得 I_2 的大小即可求得被测电流 I_1 的数值，所以可用输出电压 $U_0=I_2R$ 反映被测电流 I_1。

由于这种传感器的霍尔元件工作在零磁通状态，故不会使磁芯饱和，也不会产生磁滞损耗和涡流损耗，所以这种传感器不仅可以用于直流和工频电流的检测，还可用于非正弦高频电流的检测。

显然，线性型霍尔传感器可作为电流传感器使用，实际的霍尔电流传感器是将稳压电源、霍尔元件、各种放大器等器件集成在一起构成，某型号的霍尔电流传感器外形如图3-27b、图3-27c所示，图3-27c中的GIN与OFS分别是用于调节差分放大器幅度和零点的电位器。

若将线性型磁平衡式霍尔传感器一次绕组匝数增加到一定数值，并通过外接电阻 R_1 接在输入电压 U_i 上，则可构成电压传感器，如图3-28所示。

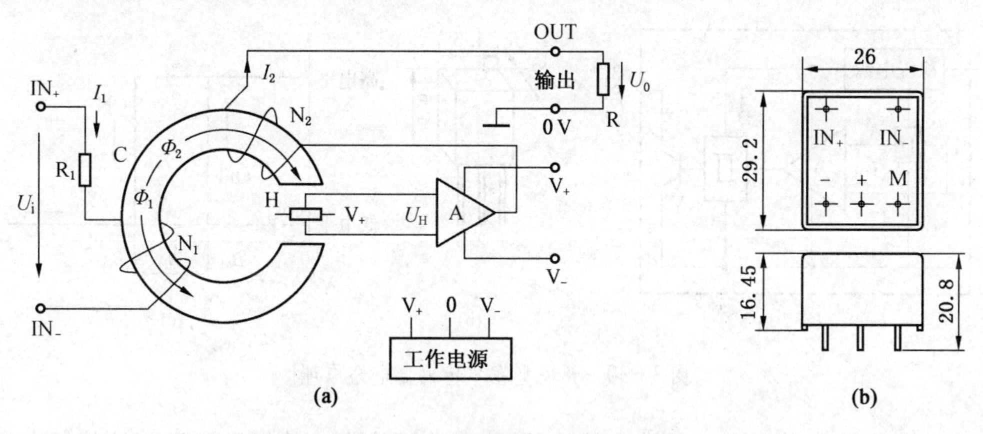

图3-28　线性型磁平衡式霍尔电压传感器电路原理

由于 U_1 与 I_1 成正比，所以输出电压 U_0 与 U_1 也成比例。图中的外接电阻 R_1 用于限制输入电流 I_1，保证 I_1 产生的磁通在聚磁环特性的线性范围。实际中某型号的霍尔电压传感器如图3-28b所示。

霍尔传感器对电压、电流的检测是通过磁场耦合实现的，因此检测时输入电路与输出电路之间完全被电气隔离，使被测电路的状态与检测电路之间互不影响。霍尔传感器可以对直流信号或各种波形不同频率（兆赫兹级）的信号进行检测，且响应时间可短到1 μs以下。

霍尔传感器与普通电压、电流互感器相比，具有体积小、寿命长、功耗低、安装方便、使用频率高、工作温度范围宽、检测精度高、线性度好等特点，特别是能将输出信号转换为4~20 mA、0~20 mA、0~5 V等标准直流信号，直接用于仪表、A/D转换器、可

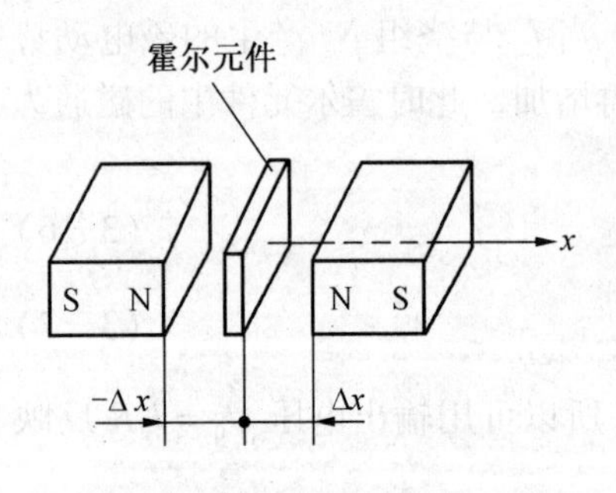

图3－29 微位移传感器结构

编程控制器、计算机等设备的输入。

线性型霍尔传感器除用于电流、电压检测外，还能制成高斯计进行磁场检测，制成微位移传感器对位移进行检测等。微位移传感器是由两块磁场强度相同的永久磁铁与霍尔元件（传感器）构成，如图3－29所示。

由于霍尔元件处在两块同极性放置的磁铁中性位置，其磁感应强度 $B=0$，因此霍尔元件输出的 U_H 也等于零。设此时对应的位移 $\Delta x=0$，若霍尔元件在两磁铁中产生相对位移，则霍尔元件所在位置的磁场强度也随之改变，这时 U_H 不为零，其量值的大小将取决于霍尔元件在磁铁之间的相对位置，从而实现位移传感。这种结构的传感器，其动态范围约为5 mm，分辨率可达0.001 mm。

利用位移传感器原理还能制成压力、拉力传感器、应力检测装置、加速度传感器、震动传感器、液位传感器、液位计量器等。

3）开关型霍尔传感器

开关型霍尔传感器是将稳压器、霍尔元件H、差分放大器A、斯密特触发器D和三极管V等部件集成在一块芯片上构成，其输出信号为开关（数字）信号。开关型霍尔传感器电路原理如图3－30所示。

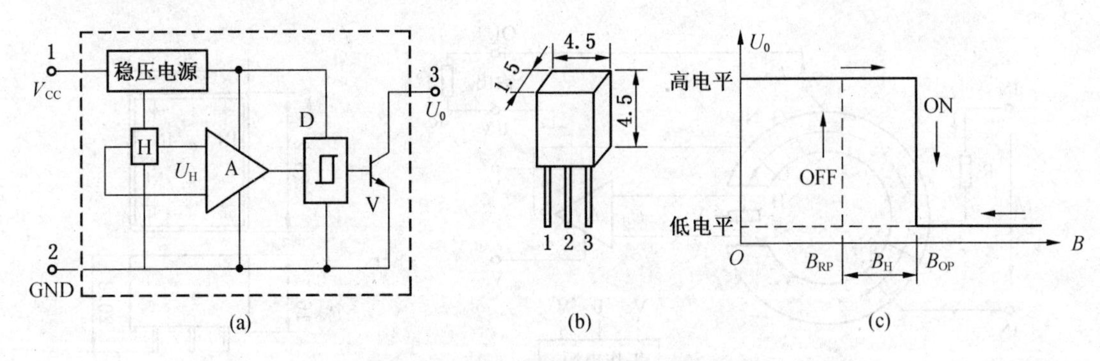

图3－30 开关型霍尔传感器电路原理

差分放大器A将霍尔元件输出的信号 U_H 放大后由斯密特触发器D将该信号变为方波，当D输出高电位时，三极管V导通，输出端 U_0 为低电位；当D输出低电位时，三极管V截止，输出端 U_0 为高电位。

这种传感器的输出特性如图3－30c所示。该曲线反映了外加磁感应强度与传感器输出电压 U_0 之间的关系。当外加磁感应强度 B 逐渐增大到 B_{OP} 时，输出电压由高变低，传感器处于“开”（ON）状态；外加磁感应强度由强变弱时，只有当磁感应强度 B 低到 B_{RP} 时，输出电压才由低电压变为高电压，传感器处于“关”（OFF）状态。可见，在输出电压 U_0 转变过程中，霍尔传感器存在一定的磁滞 B_H，这一现象非常有利于开关动作的可靠性。

开关型霍尔传感器是一种磁敏传感器，能感知一切与磁信息有关的物理量，并以开关信号输出。开关型霍尔传感器具有使用寿命长、无触点磨损、无火花干扰、无转换抖动、工作频率高、温度特性好、能适应恶劣环境等优点。

利用开关型霍尔传感器可以制成接近开关、转速传感器（汽车转速表）、无触点汽车点火装置等，特别是利用霍尔元件对电动机转子和定子相对位置的检测，可以制成无刷电动机。

七、固态继电器

固态继电器用字母 SSR 表示，是一种全部由固态电子元件组成的无触点开关器件，由于这种器件利用了三极管、双向可控硅等半导体的开关特性，因而可达到无触点、无火花地接通和断开电路的目的，故又被称为无触点开关。

固态继电器由光电耦合电路、触发电路、开关电路等部分组成。

1. 光电耦合接口电器

光电耦合可以实现电路之间的电气隔离，且具有动作灵敏、响应速度快、输入/输出端间的绝缘（耐压）等级高、抗干扰能力强等特点。光电耦合是将发光元件和光敏元件组合在一起，通过发光元件把电转换成光，再利用光敏元件的光感特性将光转换成电。常用的光电耦合电路如图 3－31 所示。

没有按压按钮 SB 之前，输入回路断开，相当于无信号输入，发光二极管 V_D 因没有电流流过而不发光，光敏三极管 V_G 为截止状态，输出电压 $U_0=0$（低电平“0”）；当按压按钮 SB 时，接通输入电路，发光二极管 V_D 有电流流过而发光，光敏三极管因受到光照而有电流流过，并使光敏三极管饱和导通，输出电压 $U_0=+5$ V（高电平“1”），从而实现光电耦合并将按钮信号转变为数字信号。

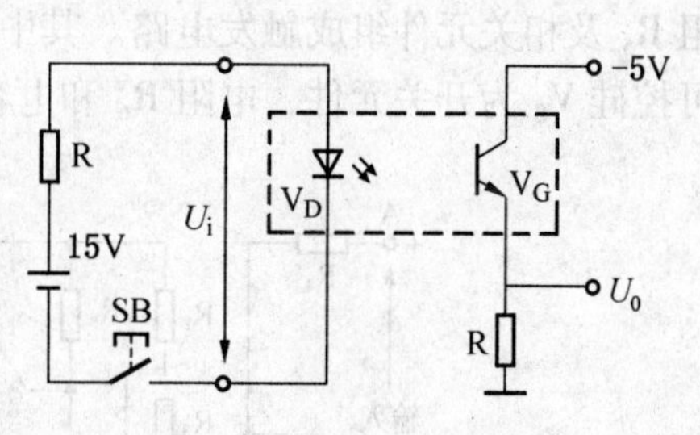

图 3－31　光电耦合电路原理

2. 固态继电器的组成

固态继电器按使用场合可以分成交流型和直流型两类，分别作为交流电路的开关和直流电路的开关，两种元件不可混用。交流型固态继电器工作原理框图如图 3－32 所示。图中的部件①～④构成交流型固态继电器的主体。由于 SSR 只有两个输入端（A 和 B）及两个输出端（C 和 D），所以是一种四端器件。工作时只要在 A、B 端加上一定的控制信号，就可以控制 C、D 两端之间的通和断，从而实现“开关”的功能。

图中利用了光电耦合电路①，其功能是将 A、B 端输入的控制信号变为开关信号（数字信号），这样可使 SSR 的输入端很容易做到与任何输入信号相匹配，故可直接与计算机输入、输出接口相接，即受逻辑电平“1”与“0”的控制。

触发电路②的功能是产生符合要求的触发信号，驱动开关电路④工作。过零控制电路③的作用是：当 A、B 端加入控制信号时，SSR 只有交流电压过零（或接近零）时才转换为导通状态；只有当断开 A、B 端的控制信号后，SSR 在交流电过零（零电位）时才转换为断开状态。这样可防止在高电压下通、断电路而产生的高次谐波，以避免对电网形成污染。

吸收电路⑤是为防止从电源中传来的尖峰、浪涌电压对开关器件双向可控硅管的冲击和干扰（甚至误动作）而设，一般采用 R－C 串联电路或非线性电阻（压敏电阻器）组成吸收电路。

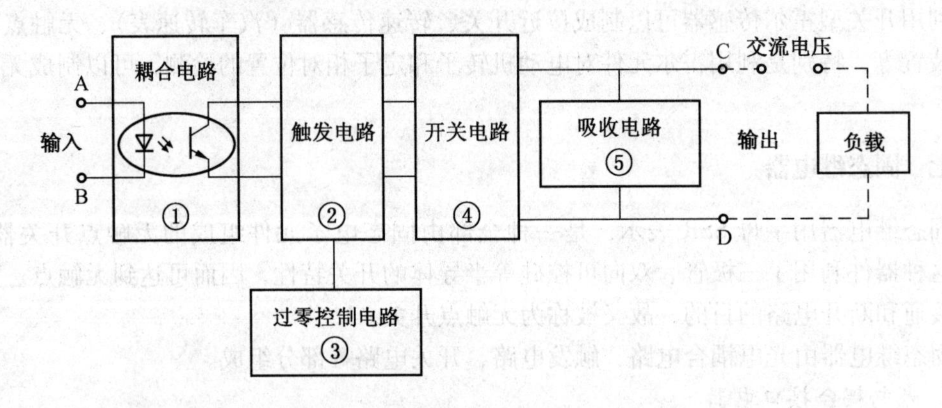

图 3－32　交流型固态继电器工作原理框图

3. 固态继电器的工作原理

固态继电器工作原理如图 3－33 所示。图中三极管 V、晶闸管 SCR、整流桥 UR 与电阻 R_5 及相关元件组成触发电路。其中三极管 V、电阻 R_2 与 R_3 形成过零控制电路，双向可控硅 V_S 为开关元件，电阻 R_6 和电容 C 组成吸收电路。

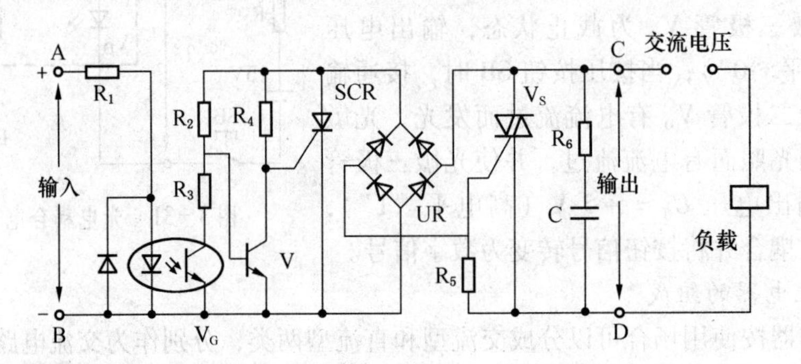

图 3－33　固态继电器工作原理

当输入端无信号时，光敏三极管 V_G 为截止状态，三极管 V 饱和导通，其集电极为零电位，晶闸管 SCR 无触发信号而不导通。由于此时流过整流桥 UR 和 R_5 的电流很小，R_5 上的压降不能使双向可控硅导通，交流电路处于关断状态。

当输入端有信号时，光敏三极管 V_G 饱和导通，此时三极管 V 的基极电位取决于交流电压。当交流电压较高时，经 R_2、R_3 分压后基极电位高于 0.7 V，仍会使三极管饱和导通，其集电极为低电位；当交流电压接近零时，经 R_2、R_3 分压后基极电位小于 0.7 V，使三极管工作在放大状态，其集电极变为高电位，晶闸管 SCR 被触发导通。

晶闸管导通后，有较大的电流流过 R_5，使其所产生的电压触发双向可控硅 V_S 导通，即交流电路的开关被接通。

八、矿井电气设备中的常用电气符号

用电气符号绘制的电路图在供电系统中用于表示系统的工作原理及各元件之间的相互

关系，并可作为线路维护和寻找故障的参考依据。因此，电路图是供电系统运行、维修工作中的重要档案资料。在实际中常用的电气符号见表3-2。

表3-2　常用电气符号

类别	名　称	图形符号	文字符号
开关	隔离开关		QS
	断路器		QF
按钮	常开按钮		SB
	常闭按钮		SB
接触器	线圈		KM
	带灭弧装置触头		KM
	常开触头		
	常闭触头		
其他	熔断器		FU
	电抗器		L

类别	名　称	图形符号	文字符号
继电器	电压电流时间继电器		KV KA KT　K
	常开触点		K
	常闭触点		
	延时断开的常开触点		
	延时断开的常闭触点		
	延时闭合的常开触点		
	延时闭合的常闭触点		
互感器	电压互感器		TV
	电流互感器		TA

复习思考题

1. 电弧是如何产生的？电弧熄灭的条件是什么？

2. 电气设备上常用的灭弧方法有哪几种？各有何特点？

3. 常用的熔断器有哪几种？各有何特点？

4. 熔断器的额定电流与熔体的额定电流有何不同？什么是熔体的极限分断能力？

5. 什么是熔断器的保护特性？额定电流为100 A的熔体，当流过200 A的电流时，不同型号熔体多长时间才能被熔断？

6. 接触器由哪几部分组成？接触器中的短路环有何作用？直流控制的接触器为何不设短路环？

7. 接触器的触点有哪几种？何为常开触点？何为常闭触点？

8. 继电器的主要作用是什么？简述其工作原理。

9. 时间继电器如何实现延时作用？

10. 简述热继电器及自动开关的工作原理。

11. 简述霍尔传感器的工作原理。霍尔元件能否用金属片制作？

12. 霍尔传感器输出电压 U_H 与控制电流 I 成正比，为提高输出电压，控制电流是否越大越好？

13. 线性型直接放大式霍尔传感器与线性型磁平衡式霍尔传感器有何不同？简述其工作原理及特点。

14. 霍尔元件如何构成电压互感器和电流互感器？它们与电压互感器、电流互感器相比有何特点？

15. 霍尔元件如何构成微位移传感器？这种传感器有何实际意义？

16. 简述开关型霍尔传感器的工作原理。开关型霍尔传感器有何实际意义？

17. 简述固态继电器的工作原理。电路如何实现过零控制？过零控制有何意义？

第四章　矿井安全供电

安全供电是保证矿井安全生产的重要条件。随着生产机械的功率越来越大，电气设备使用数量的不断增多，更容易发生各种电气事故，因此采取必要的技术措施，设置可靠的保护装置，是提高矿井安全用电的重要保证。

第一节　矿井电气设备的防爆及类型

井下供电设备的工作环境与井上相比具有以下特点：

（1）井下巷道、硐室和采掘工作面的空间狭窄，人体触及电气设备的机会多。

（2）由于煤层和岩石的压力及爆破等影响，井下的电气设备受到掉矸和片帮砸压的机会较多。

（3）井下空气潮湿，经常出现滴水、淋水现象，因此电气设备容易受潮。

（4）有些巷道及机电硐室内空气流通不畅，温度高，电气设备散热条件差。

（5）井下电气设备移动次数多，启动频繁，负荷变化大，过载机会多。

（6）井下含有瓦斯、煤尘，当达到一定量值时遇有电弧、电火花及局部高温时，将会引起燃烧和爆炸。

一、电气设备的防爆

（一）电气设备的防爆必要性和防爆途径

瓦斯和煤尘的爆炸具有极强的破坏性，是井下最严重的恶性事故，因而井下电气设备必须具有防爆性能，要求设备既能防止电弧和电火花的外露而引发瓦斯、煤尘爆炸，又要保证爆炸后不会使设备外壳变形。

1. 矿井瓦斯和煤尘

瓦斯、煤尘爆炸时会产生巨大的冲击力，它不仅使设备损坏，人员伤亡，甚至还会使整个矿井报废。

瓦斯是煤炭开采过程中从煤层、岩石中涌出来的一种气体，包括甲烷、乙烷、一氧化碳、二氧化碳和二氧化硫等气体，但主要是甲烷（CH_4）。瓦斯是一种无色、无味、比空气还要轻的可燃性气体。在正常温度和压力下，当瓦斯浓度达到5% ~15%时，遇到点火源就会爆炸。另外，实验表明，当电火花或灼热导体的温度达到650 ~ 750 ℃以上时，也会引起瓦斯爆炸。电火花最容易引起瓦斯爆炸的浓度是8.5%，而爆炸力最强的瓦斯浓度是9.5%。

井下煤尘粒度在1 μm ~ 1 mm之间，挥发指数（煤尘中所含挥发物的相对比例）超过10%且飞扬在空气中的含量达30 ~ 2000 g/m³时，遇有700 ~ 800 ℃以上的点燃温度就会发生煤尘爆炸，爆炸后还生成大量的一氧化碳，比瓦斯爆炸具有更大的危害性。爆炸最猛烈的煤尘含量是112 g/m³。

当井下瓦斯中含有煤尘时，会使爆炸浓度下限降低。表4－1是瓦斯和煤尘同时存在时的爆炸浓度下限。由于二者互相影响，所以爆炸的危险性更大。

表4－1　瓦斯、煤尘同时存在时的爆炸浓度下限

瓦斯浓度下限/%	0.5	1.4	2.5	3.5	4.5
煤尘浓度下限/(g·m⁻³)	34.5	26.4	15.5	6.1	0.4

2. 电气设备的防爆途径

矿井中能够引起瓦斯、煤尘爆炸的火源很多，其中电火花、电气设备中的电弧及过度发热的导体是主要的引火源，因而对电气设备应采取以下措施：

（1）隔爆外壳。井下电气设备采用隔爆外壳，就是将电气元器件装在不传爆的外壳中，使爆炸只发生在内部。这种隔爆外壳多用于井下高低压开关设备、电动机等。

（2）增安。所谓增安，就是对一些电气设备采取防护措施，制定特殊要求，以防止电火花、电弧和过热现象的发生，如提高绝缘强度、规定最小电气间隙、限制表面温升及装设不会产生过热或火花的导线接头等。这种措施适用于电动机、变压器、照明灯等。

（3）本质安全电路。本质安全电路是指电路外露的火花能量不足以点燃瓦斯和煤尘。由于这种电路的电压、电流等参数都很小，故只限于通信信号、测量仪表、自动控制系统等。

（4）超前切断电源。利用瓦斯、煤尘从接触火源到引起爆炸需要经过一定时间的延迟特性，使电气设备在正常和故障状态下产生的热源或电火花在尚未引爆瓦斯、煤尘之前切断电源，达到防爆目的。

（二）电气设备的防爆原理

1. 爆炸压力

浓度为9.8%的甲烷空气混合气体在常温常压下放入密闭容器并在绝热条件下试验，其最高爆炸温度可达2650 ℃，一般在2100～2200 ℃之间。由于高温产生高压，则在一定容积下爆炸压力的理论值可达0.82～0.85 MPa，爆炸后的温度在1850 ℃左右。同时，试验还证明，爆炸压力与容积的大小、形状、接合面间隙等因素有关。当容积相同时，容器形状与压力的关系见表4－2。

表4－2　相同容积不同形状容器的爆炸压力

外壳形状	圆球形	正方形	圆柱形	长方形
单位面积承受的爆炸压力/MPa	0.71	0.60	0.54	0.50

由表4－2可见，圆球形容器爆炸压力最大，而长方形容器最小，这是因为它们的散热面积（表面积）不同，即容积相同时，散热面积越大，爆炸压力越小。

理论和试验证明，容器内发生爆炸时，容器所受的爆炸压力与容器原来的压力成正比。如容积内原来的压力为0.1 MPa，爆炸压力为0.8 MPa；当容积内原来压力变为

0.2 MPa，爆炸压力将变为1.6 MPa。由于爆炸的这一特性，所以防爆外壳不能做成多个空腔。在图4-1所示的两个连通空腔中，A腔内发生爆炸后，压力通过连通孔传到B腔，使B腔的压力增大。当A腔的火焰随后传来引起B腔爆炸时，爆炸压力将增大很多倍，这就是所谓的"压力重叠"现象。显然这是非常危险的。因此，防爆外壳一般都做成单腔。若确实需要多腔时，应尽量增大连通孔的面积，以求两空腔中的爆炸性气体同时爆炸。

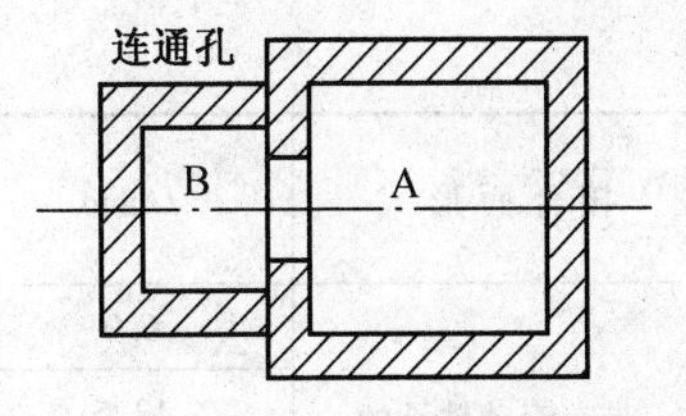

图4-1 多空腔示意图

2. 隔爆外壳的性能

隔爆外壳有两个作用：一是有足够的机械强度，即当壳内出现较强的爆炸时，不会使外壳损坏和变形；二是内部产生爆炸时的火焰不会引爆外壳周围的瓦斯、煤尘。即防爆外壳必须具有耐爆性和隔爆性。

1）耐爆性

耐爆性主要指防爆外壳的机械强度。为保证外壳能承受爆炸高温、高压的冲击，井下大多数电气设备的外壳都是用抗拉强度较大和韧性较高的钢板、铸铁焊接制成。对常用的隔爆型电气设备，当外壳直径在400~600 mm时，其壁厚一般选在3~6 mm范围（具体厚度通过力学分析和试验确定）。对于手持式或支架式电钻及其附属设备和携带式仪器的外壳，都采用抗拉强度较高的铝合金材料制成。

2）隔爆性

隔爆性是指设备外壳各部件间的接合面应符合一定的要求，以保证外喷火焰或灼热的金属颗粒不会引起壳外的可燃性气体爆炸，因此外壳的隔爆程度是由外壳装配接合面的宽度、间隙和表面粗糙度来保证的。这是由于火焰和爆炸生成物通过接合面向外传播时，接合面间隙具有熄火作用和对高温金属颗粒的冷却作用，致使火焰温度降至点燃温度以下而起到隔爆作用。因此，接合面越宽，间隙越小，隔爆性能越好。

在实际工作中由于电气设备接合面宽度已被确定，接合面间隙对设备的隔爆性起着决定性的作用，因此实际工作中要对外壳接合面及其表面粗糙度加以保护。

隔爆接合面的结构分为静止接合面与活动接合面。静止接合面又分为平面对口式和止口式两种（图4-2a~图4-2d），防爆开关、接线盒等属于这种。活动接合面均为圆筒式结构，如电动机的轴和轴孔、操纵杆和杆孔等，如图4-2e、图4-2f所示。图中，L为接合面的最小有效长度，L_1为螺栓通孔边缘至接合面边缘的最小有效长度，W为接合面的最大间隙或直径差。它们的结构参数必须符合表4-3的规定。

表4-3 Ⅰ类隔爆接合面结构参数

接合面形式	L/mm	L_1/mm	W/mm	
			外壳容积 $V\leqslant0.1$ L	外壳容积 $V>0.1$ L
平面对口式、止口式或圆筒式	6.0	6.0	0.30	—
	12.5	8.0	0.40	0.40
	25.0	9.0	0.50	0.50
	40.0	15.0	—	0.60

表4-3（续）

接合面形式	L/mm	L_1/mm	W/mm	
			外壳容积 $V\leq 0.1$ L	外壳容积 $V>0.1$ L
带有滚动轴承的圆筒结构	6.0	—	0.40	0.40
	12.5	—	0.50	0.50
	25.0	—	0.60	0.60
	40.0	—	—	0.80

注：表中所列字母符号见图4-2。

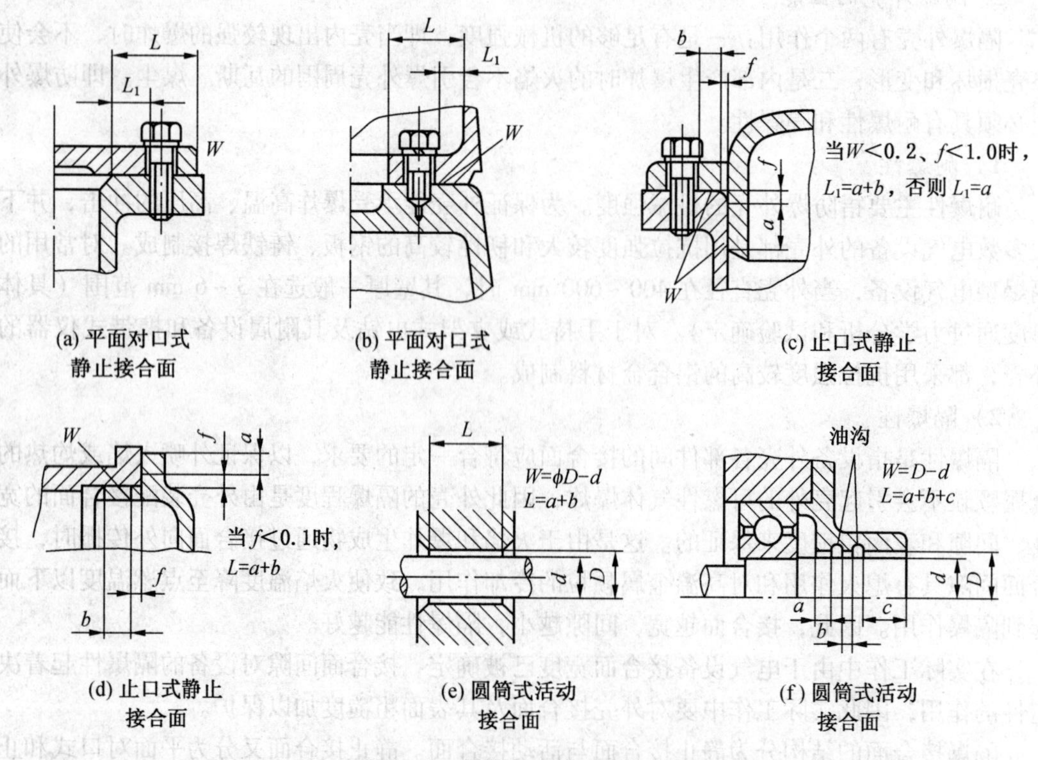

(a) 平面对口式静止接合面　(b) 平面对口式静止接合面　(c) 止口式静止接合面

(d) 止口式静止接合面　(e) 圆筒式活动接合面　(f) 圆筒式活动接合面

图4-2　隔爆设备结合面的结构

当火焰通过间隙传播出来时，其温度降至点燃温度以下就不会发生传爆。一般在相同的条件下，接合面间隙越小，壳内发生爆炸时喷出的爆炸生成物的温度越低。法兰盘的宽度越大，温度也越低，这是因为火焰通路越长热损失越大所致。

二、矿用电气设备的分类

根据矿用电气设备使用场所的环境、条件及设备结构、性能、用途和不同要求，矿用电气设备分为矿用防爆型电气设备和矿用一般型电气设备两大类。

（一）矿用防爆型电气设备

矿用防爆型电气设备又称爆炸环境用电气设备，它是按规定标准设计制造的。这种电气设备在使用中不会引起周围爆炸性混合物的爆炸。

防爆型电气设备在其外壳的明显处设置了清晰的永久性凸纹标志“Ex”。防爆型电气设备按防爆型式又分为隔爆型、增安型、本质安全型、正压型、充油型、充砂型、浇封型、无火花型、气密型和特殊型等。

1. 隔爆型电气设备

这种电气设备具有隔爆外壳。该隔爆外壳既能承受其内部爆炸性气体混合物引起爆炸产生的爆炸压力，又能防止爆炸产物穿出隔爆间隙点燃外壳周围的爆炸性混合物。其代表符号为“d”。

2. 增安型电气设备

该型电气设备在结构上采取措施提高了安全程度，以避免在正常和认可的过载条件下产生火花、电弧或可能点燃爆炸性混合物的高温。其代表符号为“e”。

3. 本质安全型电气设备

该型电气设备的全部电路均为本质安全电路。所谓本质安全电路，是指在规定的试验条件下，正常工作或规定的故障状态下产生的电火花和热效应均不能点燃规定的爆炸性混合物的电路。其代表符号为“i”。

4. 正压型电气设备

该型电气设备具有正压外壳，即设备外壳内充有保护性气体，并保持其压力（压强）高于周围爆炸性环境的压力（压强），以阻止外部爆炸性混合物进入的防爆电气设备。其代表符号为“p”。

5. 充油型电气设备

该型电气设备是将可能产生火花、电弧或危险高温的全部或部分部件浸在油内，使设备不能点燃油面以上或外壳以外的爆炸性混合物。其代表符号为“o”。

6. 充砂型电气设备

这种电气设备外壳内充填有砂粒材料，使设备在规定的条件下壳内产生的电弧、传播的火焰、外壳壁或砂粒材料表面的过热温度，均不能点燃周围爆炸性混合物。其代表符号为“q”。

7. 浇封型电气设备

该型电气设备将其本身或其部件浇封在浇封剂中，使它在正常运行和认可的过载或认可的故障下不能点燃周围的爆炸性混合物。其代表符号为“m”。

8. 无火花型电气设备

该型电气设备在正常运行条件下不会点燃周围的爆炸性混合物，且一般不会发生有点燃作用的故障。其代表符号为“n”。

9. 气密型电气设备

这是一种具有气密外壳的电气设备。其代表符号为“h”。

10. 特殊型电气设备

这种电气设备不同于现有的防爆型电气设备，它是由主管部门制定暂行规定，经国家认可的检验机构检验证明具有防爆性能的电气设备。这种防爆电气设备必须报国家技术监督部门备案。其代表符号为“s”。

（二）矿用一般型电气设备

矿用一般型电气设备是专为煤矿井下条件生产的不防爆电气设备。这种电气设备与通用设备比较，对介质温度、耐潮性能、外壳材料及强度、进线装置、接地端子都有适应煤矿具体条件的要求，而且能防止从外部直接触及带电部分及防止水滴垂直滴入，并对接线端子爬电距离（两导体之间沿绝缘材料表面的最短距离）和电气间隙（两导体裸露在空气中的最短距离）有专门的规定。其代表符号为“ky”。

由于这种电气设备没有任何防爆措施，所以只能用在井下通风良好且没有瓦斯积聚和煤尘飞扬的地方。

（三）矿用电气设备的使用范围

矿用一般型电气设备与防爆型电气设备相比，具有造价低廉、维护方便的特点，所以在井下能用一般型电气设备的场所尽量不使用防爆型电气设备，以便降低煤炭生产成本。但从煤矿安全的角度出发，不同类型电气设备的使用场所必须按《煤矿安全规程》中的有关规定执行。对不同等级的瓦斯矿井，在不同地点允许使用的电气设备类型见表4－4。

表4－4　井下电气设备选用规定

<table>
<tr><th rowspan="3">使用场所
类别</th><th rowspan="3">煤（岩）与瓦斯（二氧化碳）突出矿井和瓦斯喷出区域</th><th colspan="5">瓦　斯　矿　井</th></tr>
<tr><th colspan="2">井底车场、总进风巷和主要进风巷</th><th rowspan="2">翻车机硐室</th><th rowspan="2">采区进风巷</th><th rowspan="2">总回风巷、主要回风巷、采区回风巷、工作面和工作面进回风巷</th></tr>
<tr><th>低瓦斯矿井</th><th>高瓦斯矿井①</th></tr>
<tr><td>高低压电动机和电气设备</td><td>矿用防爆型
（矿用增安型除外）②</td><td rowspan="3">矿用一般型</td><td>矿用一般型</td><td colspan="2" rowspan="3">矿用防爆型</td><td rowspan="3">矿用防爆型
（矿用增安型除外）</td></tr>
<tr><td>照明灯具</td><td>矿用防爆型
（矿用增安型除外）③</td><td>矿用防爆型</td></tr>
<tr><td>通信、自动化装置和仪表、仪器</td><td>矿用防爆型
（矿用增安型除外）</td><td>矿用防爆型</td></tr>
</table>

注：①使用架线电机车运输的巷道中及沿该巷道的机电设备硐室可以采用矿用一般型电气设备（包括照明灯具、通信、自动化装备和仪表、仪器）。

②煤（岩）与瓦斯突出矿井的井底车场的主水泵房内，可使用矿用增安型电动机。

③允许使用经安全检测鉴定，并取得煤矿矿用产品安全标志的矿灯。

（四）对矿用电气设备的要求

《煤矿安全规程》规定：井下高压电动机、动力变压器的高压控制设备，应具有短路、过负荷、接地和欠压释放保护。井下采区变电所、移动变电站或配电点引出的馈线上，应装设短路、过负荷和漏电保护。低压电动机的控制设备，应具备短路、过负荷、单相断线、漏电闭锁保护装置及远程控制装置，40 kW 以上的电动机还应采用真空电磁启动器控制。

第二节　矿井供电三大保护

井下供电系统中过流保护、漏电保护和保护接地组成矿井供电的三大保护。

一、过流保护

凡是流过电气设备或线路的电流，如果超过其额定值或允许值都叫过电流。引起过电流的原因很多，如短路、过负荷、电动机单相运转等。长时间的过电流运行将加快电气设备与井下电缆绝缘的损坏速度，甚至引发严重的安全事故。为此，对于电气设备和供电线路都必须设置相应的过流保护，以便能及时地切断故障处的电源，防止事态恶化。

过流保护包括短路保护、过载保护和断相保护。在保护过程中，过流保护装置应满足以下要求：

（1）选择性。当供电系统某部分发生过流故障时，要求保护装置只将故障设备或故障线路的电源切除，尽量缩小停电范围，保证无故障部分继续运行。

（2）速动性。速动性是要求保护装置具有快速动作的性能，用尽可能短的时间将故障点从系统中切除，从而限制故障扩大，减轻对供电系统的危害，以提高供电系统的稳定性和可靠性。

（3）灵敏性。保护装置的灵敏性又称灵敏度，是指保护装置对保护范围内发生故障或不正常运行状态的反应能力。在保护范围内不论发生任何故障，不论故障位置在何处，都要求其反应灵敏、动作迅速。

灵敏性是通过被保护对象发生故障时的实际参数与保护装置动作（整定）参数的比较来确定的，通常用灵敏系数 K_r 来衡量保护装置的灵敏程度。灵敏系数 K_r 定义为

$$K_r = \frac{I_{dmin}}{I_{zd}}$$

式中 I_{dmin}——保护范围内的最小短路电流，A；

I_{zd}——保护装置的动作电流整定值。

上式说明，灵敏系数是检验短路保护装置在其保护范围内出现最小短路电流时保护装置能否可靠动作的重要指标。对于不同的保护装置和不同的保护对象，灵敏系数的取值也不相同，一般不小于1.5~2。

（4）可靠性。可靠性是指当保护范围内发生故障和不正常运行状态时保护装置能可靠动作，不应拒动或误动，以避免给系统造成更大损害。

对一个具体的保护装置，保护装置的选择性、速动性、灵敏性、可靠性要求不一定都是同等重要的。在各项要求发生矛盾时，应进行综合分析以选取最佳方案。例如，为了满足保护装置的选择性，往往要降低一些速动性要求；而有时为了保证速动性，还要降低选择性要求等。

煤矿井下常用的过流保护装置有熔断器、过电流继电器、电子保护装置等。

（一）熔断器

熔断器的主要作用是对电路进行短路保护。当被保护范围发生短路时，熔断器中的熔体在短路电流作用下迅速熔断，并能可靠熄灭电弧。由于熔断器的种类和电压等级是随各种类型的开关设备而定，所以应根据不同的设备选择熔体，并对熔断器的分断能力进行校验。

选择熔体的原则是：必须保证其所保护的线路在通过尖峰工作电流（如电动机启动电流）时不被熔断，而通过最小短路电流（最远点的最小两相电流）时必须迅速熔断。

在对熔断器的分断能力进行校验时，应保证熔断器能熄灭该电路最大短路电流（最近点的三相短路电流）产生的电弧。

熔断器常用于对各种线路进行保护。

1. 电缆支线的保护

对单台或几台同时启动的笼型电动机，熔体的额定电流可按下式计算：

$$I_{re} \approx \frac{I_{qe}}{1.8 \sim 2.5} \tag{4-1}$$

式中 I_{re}——熔体的额定电流，A；

I_{qe}——电动机的额定启动电流（一般取电动机额定电流的5～7倍；对多台同时启动的电动机，应为各台电动机启动电流之和），A；

1.8～2.5——电动机启动时保证熔体不熔化的系数；在不经常启动或负荷较轻、启动较快的条件下，系数取2.5；对启动频繁、负荷较重、启动时间较长的电动机，系数取1.8～2。

由于制作熔体的材料不同，在考虑电动机轻载启动或重载启动时，可参考表4-5选用不同的系数。

表4-5 不同熔体系数

熔断器型号	熔体材料	熔体额定电流/A	熔体系数	
			电动机轻载启动	电动机重载启动
RT_0	铜	≤50	2.5	3
		60～200	3.5	
		>200	4	
RM_{10}	锌	≤60	2.5	2
		80～200	3	2.5
		>200	3.5	3
RL_1	铜、银	≤60	2.5	2
		80～100	3	2.5
RM_1	锌	10～350	2.5	2

对于供电距离远、功率较大的电动机，由于电动机启动时电缆上的电压损失较大，电动机实际启动电流要比额定启动电流小20%～30%，因此熔体额定电流的选择应按实际启动电流计算。

对于绕线式电动机，熔体额定电流按下式选择：

$$I_{re} \geqslant I_N \tag{4-2}$$

式中 I_N——绕线式电动机的额定电流，A。

当被保护的电动机启动电流不大时，可尽量使熔体的额定电流接近或等于电动机的额定电流，以便对电动机的过载起保护作用。

2. 电缆干线的保护

熔体额定电流的计算公式为

$$I_{re} \approx \frac{I_{qe}}{1.8 \sim 2.5} + \sum I_N \tag{4-3}$$

式中 I_{qe}——被保护干线中容量最大的一台笼型电动机的额定启动电流；对于干线中

有几台同时启动的电动机，若其总功率大于其他单台者，I_{qe}应取这几台电动机的额定启动电流之和，A；

$\sum I_N$——其余电动机的额定电流之和，A。

实际工作中由于电动机的启动电流常小于额定值，故式（4－3）计算结果偏大。在选择熔体时，宜取接近或小于计算的数值，或用电动机的实际启动电流进行计算。

3. 照明变压器和电钻变压器的保护

对照明变压器一次侧的保护，其熔体额定电流可按下式计算：

$$I_{re} \approx \frac{1.2 \sim 1.4}{K_T} I_N \tag{4-4}$$

式中 I_N——照明负荷的额定电流，A；

K_T——变压器的变比；当电压为380/133 V时，$K_T = 2.86$；当电压为660/133 V时，$K_T = 4.96$；

1.2～1.4——可靠系数。

对照明变压器二次侧的保护，其熔体额定电流按下式计算：

$$I_{re} \approx \sum I_N \tag{4-5}$$

式中 $\sum I_N$——照明负荷的额定电流之和，A。

对电钻变压器一次侧的保护，其熔体额定电流按下式计算：

$$I_{re} \approx \frac{1.2 \sim 1.4}{K_T} \left(\frac{I_{qe}}{1.8 \sim 2.5} + \sum I_N \right) \tag{4-6}$$

式中 I_{qe}——容量最大的电钻电动机额定启动电流，A；

$\sum I_N$——其余负荷的额定电流之和，A。

对电钻变压器二次侧保护，其熔体额定电流按下式计算：

$$I_{re} \approx \frac{I_{qe}}{1.8 \sim 2.5} + \sum I_N \tag{4-7}$$

（二）熔断器与电缆截面的匹配

1. 按最小两相短路电流进行校验

所选熔体可按下式校验：

$$\frac{I_{dmin}}{I_{re}} \geqslant 4 \sim 7 \tag{4-8}$$

式中 I_{dmin}——电动机接线端子上或保护线路最远点的最小两相短路电流，A；

I_{re}——所选熔体的额定电流，A；

4～7——保证熔体在短路故障出现时能及时熔断的系数，见表4－6。

如果短路电流校验不能满足要求，可根据实际情况采取下列措施，以提高短路电流的数值：

（1）加大支线或干线的电缆截面。

（2）减小电缆线路的长度。

（3）换用大容量变压器或采用变压器并联运行。

（4）对有分支的供电线路，可增设分段保护开关。

表4-6　熔断系数的选取

电压/V	熔体的额定电流/A	熔断系数
380	20、25、35、45、60、80、100	≥7
660	125	≥6.4
	160	≥5
	200	≥4
127	5～60	≥4
36		≥5

注：当熔体的额定电流超过160 A时，最好选用电流继电器。

2. 熔体与电缆截面的匹配

为了不使电缆在通过短路电流时过热损坏，要求熔体的额定电流应与其所保护的电缆截面相匹配，其匹配关系见表4-7。

表4-7　熔体额定电流与两相短路电流及电缆最小截面的匹配

额定电压	380 V或660 V				
熔体的额定电流/A	两相短路电流最小允许值/A	最小允许的电缆线芯截面/mm²		最大允许的长时负荷电流/A	
		橡套电缆	铜芯铠装电缆	橡套电缆	铜芯铠装电缆
20	140	2.5			
25	175	2.5			
35	245	4	2.5	36	30
60	420	6	4	46	40
80	560	10	6	64	52
100	700	16	10	85	70
125	800	25	16	113	95

额定电压	127 V		
熔体的额定电流/A	两相短路电流最小允许值/A	橡套电缆最小允许的电缆线芯截面/mm²	橡套电缆最大允许的长时负荷电流/A
6	25	2.5	25
10	40	2.5	25
15	60	2.5	25
20	80	2.5	25
25	100	2.5	25
35	140	4	36
60	240	6	46

3. 熔断器分断能力的校验

熔断器分断能力校验的目的，在于保证熔断器能够将其保护范围内的最大三相短路电流切断，并使电弧可靠熄灭。

熔断器的分断能力按下式进行校验：

$$I_{rf} \geqslant I_{dmax}^{(3)} \tag{4-9}$$

式中 I_{rf}——熔断器极限分断能力（表3-1），A；

$I_{dmax}^{(3)}$——熔断器保护范围内的最大三相短路电流，A。

由表3-1可见，熔断器的分断能力都比较大，特别是RT_0系列熔断器，即使在380 V电压下，它的极限分断电流也能达到50 kA；而井下低压电网的短路电流一般不会超过这个数值，故可不必进行校验。RM系列熔断器的分断能力比较小，若将它设在距变压器不远的地方，短路电流就有可能超过熔断器的分断电流而不能将电弧熄灭，故在使用时务必进行校验。

煤矿井下因短路、过负荷、单相断线引起的过电流多采用电子线路组成的综合保护装置，这种保护具有动作可靠、反应灵敏、切除故障迅速等特点，因此被广泛用于各类开关设备之中。

二、漏电保护

煤矿井下供电电网发生漏电不仅会引起人身触电，而且还可能导致瓦斯和煤尘爆炸，引发火灾等重大事故。因此，了解漏电的发生及危害，掌握切实可行的漏电保护措施，对于井下的安全供电是十分必要的。

（一）漏电的发生及危害

1. 漏电的发生

电网的漏电分为分散性漏电和集中性漏电两种。分散性漏电主要是由于电气设备和电缆绝缘老化、受潮，使整条线路或整个电网对地绝缘电阻下降而造成的漏电；集中性漏电则是由于电气设备和电缆某一处或某一点受到外界的砸、挤、压，或由于某种误操作使导电部分直接接地所造成的漏电。

造成漏电的原因很多，但对于井下主要有以下几种：

（1）电气设备或电缆使用时间过长，又得不到正常的维修，造成绝缘性能下降。

（2）电气设备长期工作在有淋水的环境，致使设备内部受潮而造成漏电。

（3）电缆与电缆或电缆与设备连接时误将火线与地线相连，造成直接漏电；或者接线连接不牢固，因外力将电缆碰掉而造成漏电。

（4）运行中的电缆被长期埋压或掉落浸泡于水中，使电缆绝缘层老化，或被井下水的酸性侵蚀而渗透、受潮产生漏电。

（5）因大气过电压沿下井电缆的入侵，使绝缘被击穿而发生漏电。

（6）电气设备检修质量较差，或有金属碎片及小零件忘记在设备内部，则可能因这些东西碰到电源线而产生漏电。

2. 漏电的危害

当电网漏电后，将可能导致以下危险：

（1）漏电电流若通过人身，将造成人身触电。

（2）漏电电流产生的火花可能引起瓦斯、煤尘爆炸。

（3）漏电电流在其通过的路径上要产生电位差，这个电位差也称为跨步电压。该电压也可使人身触电。更严重的是若电雷管两引线不慎与漏电电路上存在电位差的两点相接触，则会发生雷管先期引爆事故。

（4）电网漏电后，若不能及时排除漏电故障，漏电电流将会长时通过绝缘损坏处，造成绝缘材料发热着火，甚至烧毁电气设备而引起火灾。

（5）长期存在的漏电电流使漏电处的绝缘损坏，可能进一步恶化发展成短路故障，从而造成更大的电气事故，威胁矿井安全。

3. 预防漏电的技术措施

为了避免漏电给人身和设备带来的危害，首先要预防漏电事故的发生。为此，除合理选择和使用电气设备外，还必须加强对电气设备和电网线路的日常维修、运行监视，积极搞好预防性检修工作。其次，要在井下供电系统中采取如下技术措施：

（1）井下变压器及向井下供电的变压器或发电机中性点禁止接地。

（2）井下开关控制设备要装设过流保护装置。

（3）井下电网要装设漏电保护装置。

（4）井下供电系统要有保护接地装置。

（二）人身触电

当人身触及带电导体时，有部分电流流过人体，就可能造成触电事故。一般情况下，触电对人体的伤害大致可分为电击和电伤两种。电击是指触电后电流通过人身，使人体内部器官和神经系统受到损伤和破坏，多数情况下可能将人致死，所以是最危险的；电伤是指强电流瞬间通过人体的某一局部，或强大的电流产生的电弧烧伤人体，造成人体外部器官的破坏。

触电对人体的危害程度由许多因素决定，但流经人体电流的大小和电流持续时间的长短起着决定性的作用。表4－8列出了不同电流通过人体时对人体的危害程度。

表4－8 电流对人体的危害程度

通过人体的电流/mA	对人体的危害程度	
	50 Hz 交流电	直流电
0.6～1.5	开始有感觉，手指有麻刺感	没有感觉
2～3	手指有强烈麻刺感，颤抖	没有感觉
5～7	手部痉挛	感觉痒、刺痛、灼热
8～10	手部难以摆脱带电体，但还能摆脱；手指尖部到手腕剧痛	热感觉增强
20～25	手部迅速麻痹，不能摆脱带电体，剧痛，呼吸困难	热感觉增强较大，手部肌肉收缩
30～50	引起强烈痉挛，心脏跳动不规则，引起心颤	热感觉增强，手部肌肉收缩
50～80	呼吸麻痹，心房开始震颤	有强烈热感觉，手部肌肉收缩，痉挛，呼吸困难
90～100	呼吸麻痹；持续3 s以上，心脏停搏，心室颤动	呼吸麻痹
100～300	作用时间0.1 s以上，呼吸麻痹和心脏停搏，机体组织遭到电流的热破坏	

由表4－8可见，通过人体的交流电在20 mA以下、直流电在50 mA以下对人体伤害较轻。因此，煤矿井下人身触电电流安全极限值限制在30 mA以下。根据有关规定，将人身触电电流与触电时间的乘积限制在30 mA · s以下。

造成人身触电的原因很多，对于井下其主要原因是：电气设备和电缆线路漏电后，漏电电流触及人身；不遵守操作规程和安全规程，擅自操作电气设备，甚至带电检修和迁移电气设备、电缆等人为所致引起的触电。为了防止触电事故的发生，井下供电除采用可靠的井下三大保护装置外，还必须做到以下几点：

（1）井下带电导体必须封闭在坚固的外壳内，且外壳与盖子之间要有闭锁装置，保证不合上盖子接不通电源，接通电源打不开盖子。

（2）经常触及的电气设备应采用低于40 V的安全电压（在较潮湿而触电危险性较大的环境，其安全电压不应超过12 V）或加强绝缘，如井下控制回路的额定电压不得超过36 V，手持式电钻要加强绝缘。

（3）对于不能封闭在外壳内的裸露导体，如电机车的架空线，其架设高度应符合《煤矿安全规程》中的有关规定。

（4）工作人员在电气设备的操作和检修过程中必须遵照有关制度和规程，加强安全意识，做到文明生产。

（三）变压器中性点接地方式

变压器中性点接地方式对漏电和人体触电有很大影响。在三相交流供电系统中，根据变压器中性点的接地情况，供电系统有3种运行方式，即中性点不接地运行方式、中性点经消弧线圈接地运行方式和中性点直接接地运行方式。不同的运行方式将对单相接地故障产生不同的影响。

1. 中性点不接地运行方式

变压器中性点不接地运行方式如图4－3所示。供电系统的三相导线与地之间存在分布电容C_U、C_V、C_W，系统正常时，由于三相分布电容对称，流过三相分布电容的对地电流为零。

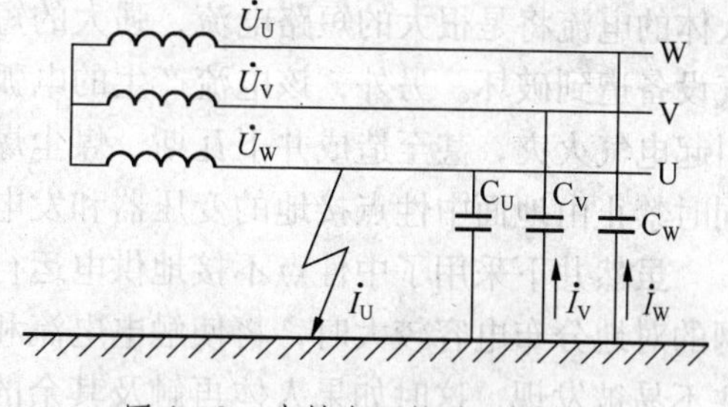

图4－3　中性点不接地运行方式

当发生单相接地故障时，如U相线路接地，则其他两相（V相、W相）对地电压将升高$\sqrt{3}$倍而变为线电压；同时有电流由U相电源经接地点、分布电容C_V、C_W回到V相、W相电源，形成容性接地电流。接地电流的大小正比于电源电压和供电线路的长度；但此时系统的线电压仍然对称。

这种接线方式发生单相接地故障时，由于系统线电压仍然对称，故不影响用电设备的正常运行，从而提高了供电系统的可靠性；但没有接地的两相对地电压升高了$\sqrt{3}$倍，容易击穿绝缘薄弱处而造成相间短路。特别是当接地电流超过某一数值时，将会在接地点产生断续电弧；断续电弧还会在系统的LC电路中产生谐振过电压，从而破坏系统绝缘。

这种运行方式多用于地面63 kV以下的高压电网，以减少因单相接地故障引起的停电次数，从而可提高供电的可靠性。煤矿井下低压供电系统也采用这种运行方式。

2. 中性点经消弧线圈接地运行方式

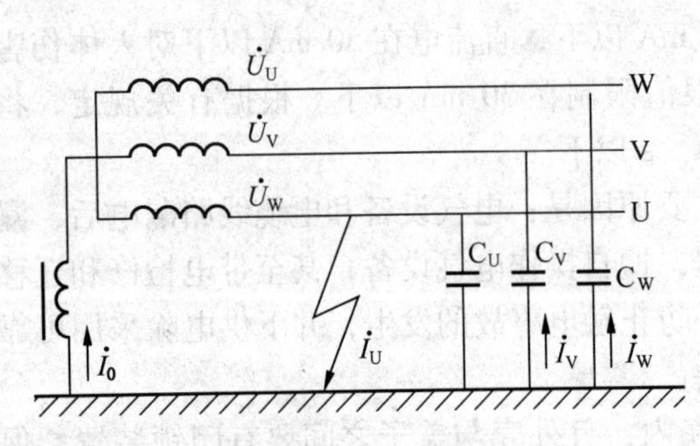

图 4－4　中性点经消弧线圈接地运行方式

这种方式是将变压器中性点通过消弧线圈接地（图 4－4）。由于消弧线圈对交流感抗很大，故电路正常时无电流流过线圈。当发生单相接地故障时，则其他两相对地电压也将升高$\sqrt{3}$倍而变为线电压；但此时接地点的电流由两部分组成，一部分是流过分布电容的容性电流 $\dot{I}_V$、$\dot{I}_W$，另一部分是流过消弧线圈的感性电流 $\dot{I}_0$。由于感性电流与容性电流相互补偿，所以流过短路点的电流将大大降低。如果消弧线圈电感量选择合适，接地点电流会降低到最小，从而会消除接地点的电弧。

这种接地运行方式用于煤矿井下高压供电系统，调节消弧线圈的电感量可实现对容性电流的补偿，以避免接地点电弧引起瓦斯、煤尘爆炸。

3. 中性点直接接地运行方式

这种运行方式是将变压器中性点通过导线直接接地。此时若发生导线接地故障，其他两相对地低压不会升高，仍为相电压，故系统中电气设备的对地绝缘水平要求较低。这对超高压系统具有很高的技术经济价值，因为绝缘要求的降低可大幅度减少电气设备的造价，所以在地面 110 kV 以上的电网中通常采用中性点直接接地运行方式。

在地面低压供电系统中常采用这种接地方式，并从中性点引出零线构成三相四线制供电系统，以获得 380 V 和 220 V 两种电压。

如果在井下采用这种接地方式，当发生单相接地或人身触及带电体时，流过接地点或人体的电流将是很大的短路电流，强大的短路电流不仅会致人死亡，而且还会使电缆和电气设备遭到破坏。另外，该电流产生的电弧还有可能将其他两相绝缘烧坏形成相间短路，引起电气火灾，甚至造成井下瓦斯、煤尘爆炸。因此，煤矿井下变压器禁止中性点接地，同时禁止由地面中性点接地的变压器和发电机直接向井下供电。

虽然井下采用了中性点不接地供电运行方式，但仍存在许多不安全因素。例如，当电网的对地分布电容较大时，将使触电电流和单相接地漏电流大大增加。电网一相接地时往往不易被发现，这时如果人体再触及其余的任何一相电源线，则人身便处于线电压之下，从而使触电电流猛增，其危险程度超过了中性点接地运行方式。另外，在一相接地后，另外两相非故障绝缘将长期承受较高的线电压，这就对设备的绝缘提出了较高的要求。为了解决这些问题，井下电网必须装设漏电保护装置。

（四）漏电保护装置

漏电保护装置的种类很多，按保护功能可分为无选择性漏电保护装置和选择性漏电保护装置，按漏电检测方式可分为附加直流电源式和零序电流、零序电压式。由于井下有的开关设备内置了漏电保护，本节仅介绍 JY82 型检漏继电器。这是一种附加直流电源式无选择性漏电保护装置。

漏电保护装置也称为漏电继电器或检漏继电器，JY82 型检漏继电器的主要作用是：

（1）可通过漏电保护装置上的欧姆表连续监视电网对地的绝缘状态，以便进行预防性维修。

（2）当电网对地绝缘电阻降低到危险程度、人身触及带电导体或电网一相接地时，漏电保护装置动作，通过开关设备自动切断电源，以防止事故扩大。

（3）可以补偿人体触电和一相接地时的容性电流，以降低人体触电的危险性，减小接地电流的危害。

1. 结构特点

这种检漏继电器由隔爆外壳及可拆除的电路芯子组成。外壳的前盖卡在电源操作手柄的机械闭锁上，以保证只有切断电源才能打开盖子。前盖上设有一个玻璃窗口和一个试验按钮，用于观察电网对地的绝缘电阻指示数值，并可通过试验按钮检查继电器是否能可靠工作。

2. 工作原理

为了使人体触电或电网一相接地时能很快切断电源，JY82 型检漏继电器采用了附加直流电源的方式进行漏电保护，其电路原理如图 4－5 所示。图中，G 为附加直流电源，K 为直流灵敏继电器，其常开触点串联在自动馈电开关 DW 的脱扣线圈 KV 回路中。

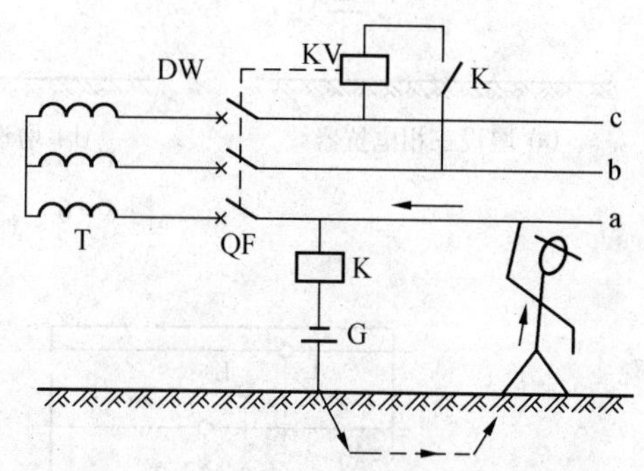

图 4－5 JY82 型检漏继电器电路原理

当未发生人身触电或电网漏电时，流过直流灵敏继电器的电流仅为直流电源施于电网绝缘电阻上形成的电流。电路正常时，由于该电流很小，不足以使继电器动作，故直流灵敏继电器 K 处于释放状态，电网正常运行。如果人体触及电网 a 相或 a 相电网绝缘损坏发生漏电时，则形成以下直流通路：G（＋）→大地→人体或 a 相绝缘损坏处→a 相电网→K→G（－）。这时，该回路直流电阻很小，故回路电流将使直流灵敏继电器动作，闭合其触点 K，自动馈电开关 DW 因脱扣线圈 KV 带电而切断电源，起到保护作用。

由于该电路仅对 a 相电网起到漏电保护作用，而其他两相同样可能发生触电和漏电事故，所以必须把直流电源同时接到三相电网上去。为了避免直接接入三相电网造成短路，故采用三相电抗器 L_S 来实现，如图 4－6a 所示。

为了补偿电网对地分布电容产生的容性电流，可在直流电路中串接一个高电抗线圈，使其产生的感性电流对电路进行补偿。由于这个高电抗线圈是接在三相电网的零点上，故称为零序电抗器 L_0，其电路如图 4－6b 所示。

为了减少更换电池的烦琐，直流电源由 4 个半导体二极管组成的附加电源整流器 UR 代替。为向整流电路供电，在三相电抗线圈的一相上再绕制一个二次线圈，形成一个小变压器 TC，如图 4－6c 所示。

为了使检漏继电器能随时反映电网对地的绝缘状况，并根据其作用特点，在图 4－6c 的基础上又增加了欧姆表、电容器、试验电路等，这样就形成了 JY82 型检漏继电器的完整电路，如图 4－7 所示。

3. 各元件的作用

Q——检漏继电器的隔离开关，用于接通和断开电源。其操作手柄装有机械闭锁，只有在隔离开关处于断开位置时，隔爆外壳才能打开。

(a) 增设三相电抗器　(b) 增设零序电抗器　(c) 增设整流电源

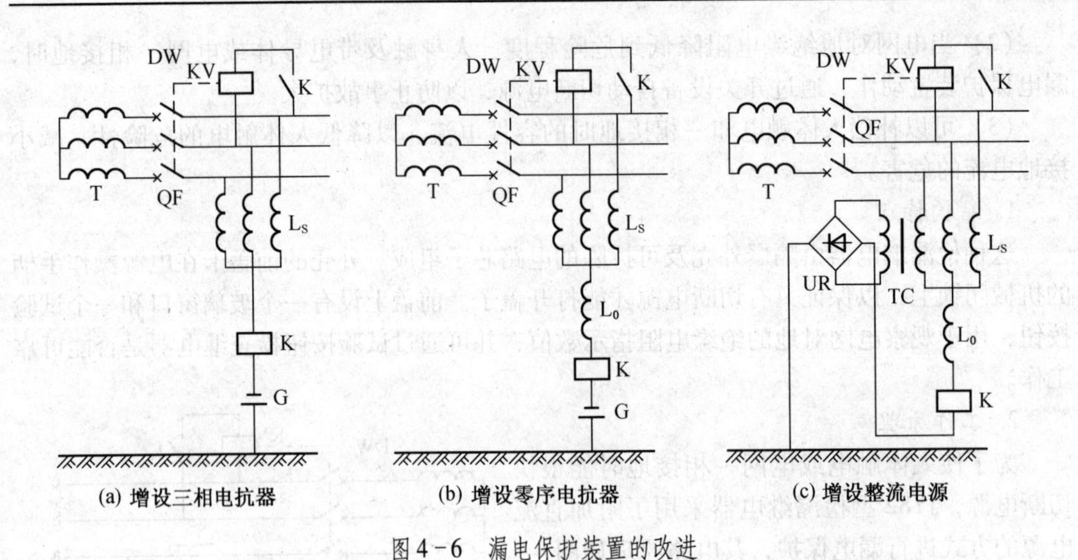

图 4-6　漏电保护装置的改进

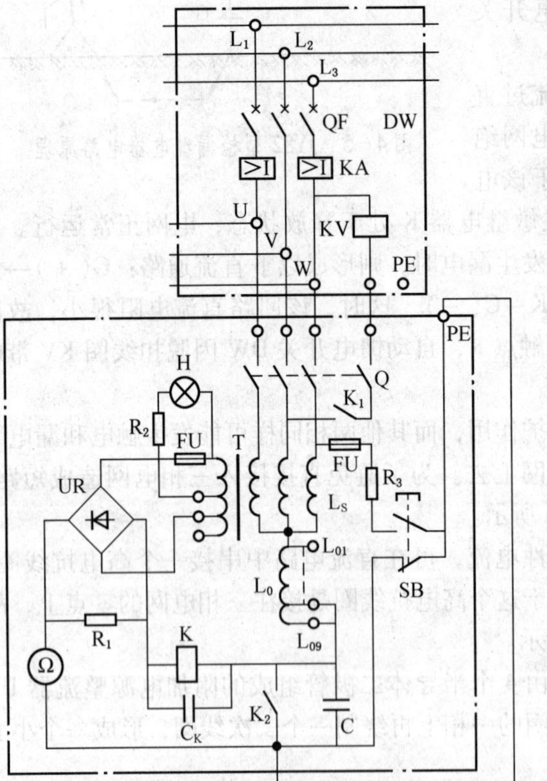

图 4-7　JY82 型检漏继电器电路原理

L_S——三相电抗器，是把直流系统和三相交流电网联系起来的元件，其中一相具有二次线圈，作为整流器 UR 和指示灯 H 的电源。二次线圈做成抽头式，以便调节附加直流电源的电压。

L_0——零序电抗器，本身具有 $1\times10^5\ \Omega$ 电抗值，正常工作时用于保证电网中性点对地的绝缘水平；在电网漏电或人身触电时，提供感性电流以补偿容性电流。

Ω——欧姆表，它是一个刻有欧姆数值的电流表，用于指示被保护电网对地的总绝缘电阻值。

UR——附加电源整流器，作为直流系统的供电电源。

K——直流灵敏继电器，它是检漏继电器的执行元件，其动作电流为 5 mA。它有两个常开触点：K_1 为跳闸触点，故障时可断开馈电开关的脱扣线圈 KV 回路，使开关跳闸，切断三相电源；K_2 为自保触点，K_2 比 K_1 先闭合，保证直流灵敏继电器 K 连续供电，以防止电网断续漏电时烧坏触点 K_1。

C——电容器，电容量为 2 μF，当电网发生漏电时给交流电提供通路，从而减少交流电对直流回路的干扰，并可避免直流灵敏继电器 K 的性能恶化。

C_K——延时电容器，用于防止继电器投入运行瞬间因电容器 C 的充电电流而可能使直流灵敏继电器 K 误动作。

H——指示灯，作为欧姆表照明用，并兼作检漏继电器电源信号灯。

R_1——平衡电阻，它是整流电路的稳定负载，在一定范围内可保证整流器输出电压的稳定。

R_2——降压电阻，380 V 用的 JY82 型检漏继电器不设此电阻。

R_3——接地试验电阻，作为检漏继电器的模拟整定电阻，对于 380 V 电网，R_3 = 3.5 kΩ；对于 660 V 电网，R_3 = 11 kΩ。

SB——试验按钮，可接通试验回路，用于检查检漏继电器动作是否可靠。

FU——熔断器，作为附加直流电源和试验回路的短路保护。

PE_Z——检漏继电器的主接地极。

PE_F——辅助接地极，试验时用。要求其与 PE_Z 的距离不小于 5 m。

4. 动作过程

1）监视电网绝缘水平

当检漏继电器接入电网后，便有下列检测回路：UR(+)→Ω→PE_Z 和 PE_F 并列→大地→电网对地绝缘电阻 r_a、r_b、r_c→电网→L_S→L_0→K→UR(−)。这时，有直流电流 I 通过欧姆表。该电流大小可由下式求出：

$$I=\frac{U}{R_D+R_\Sigma+r_\Sigma} \tag{4-10}$$

$$r_\Sigma=\frac{1}{\dfrac{1}{r_a+R_0}+\dfrac{1}{r_b+R_0}+\dfrac{1}{r_c+R_0}} \tag{4-11}$$

式中 U——整流器输出直流电压，检漏继电器调整好后 U 为定值，V；

R_D——接地电阻，kΩ；

R_Σ——欧姆表内阻、零序电抗器直流电阻、电流继电器电阻之和（对于一个正在使用的检漏继电器，R_Σ 为定值），kΩ；

r_Σ——三相电网对地绝缘电阻 r_a、r_b、r_c 与三相电抗器每相电阻 R_0 的总电阻，kΩ。

在实际中 R_0 远小于三相对地绝缘电阻 r_a、r_b、r_c，所以式（4-11）变为

$$r_\Sigma=\frac{1}{\dfrac{1}{r_a}+\dfrac{1}{r_b}+\dfrac{1}{r_c}} \tag{4-12}$$

由式（4-12）可见，r_Σ 相当于三相电网对地的总绝缘电阻。若一相（如 A 相）绝缘电阻降低为 r，而其余两相为正常值（相对 r 很大）时，$r_\Sigma \approx r_a = r$；若两相电阻同时降低，其余一相为正常值时，则 $r_\Sigma \approx \frac{r_a}{2}=\frac{r}{2}$；若三相绝缘电阻同时降低，如 $r_a=r_b=r_c=r$，则 $r_\Sigma \approx \frac{r}{3}$。

在式（4-10）中，除 R_D 很小可以忽略外，R_Σ 又为定值，所以回路电流 I 仅随 r_Σ 变化，即

$$I=\frac{U}{R_{\Sigma}+r_{\Sigma}} \tag{4-13}$$

因此，检测回路的电流反映了电网对地绝缘电阻的大小，即欧姆表（毫安表）可直接读出电网对地的绝缘电阻值。

对于380 V的JY82型检漏继电器，若$U=26$ V，$R_{\Sigma}=1.7$ kΩ，直流灵敏继电器K的动作电流$I=5$ mA，则由式（4-13）求得电网对地总绝缘电阻值为

$$r_{\Sigma}=\frac{U}{I}-R_{\Sigma}=\frac{26}{5}-1.7=3.5\ \text{k}\Omega$$

即当电网对地总绝缘电阻$r_{\Sigma}\leqslant 3.5$ kΩ时，直流灵敏继电器就要动作，故称$r_{\Sigma}=3.5$ kΩ为该检漏继电器的动作电阻值。

同理，对于660 V的JY82型检漏继电器，也可求得其动作电阻值$r_{\Sigma}=11$ kΩ。

2）人体触电或电网漏电

当人体触电或电网漏电时，直流电流将有以下通路：

UR(+)→Ω→PE_Z和PE_F并列→大地→{→人体电阻或电网漏电处→ ; →电网对地绝缘电阻→}→电网→L_S→L_0→K→UR(-)

此时，由于人体电阻或电网漏电处的电阻远小于直流灵敏继电器动作电阻，所以回路直流电流将大大超过5 mA而使直流灵敏继电器动作，并通过其触点K_1接通脱扣线圈回路，使自动馈电开关DW跳闸，实现保护。

在以上过程中，直流灵敏继电器触点K_2的闭合要先于触点K_1，使流过K的电流有了新的自保通路，即UR(+)→Ω→K_2→K→UR(-)。这就保证了当电路发生不稳定碰壳（接地）时，继电器能可靠动作。

3）检漏继电器的试验

试验检漏继电器是否能可靠动作时，可按下试验按钮SB，接通以下试验回路：UR(+)→Ω→PE_Z→大地→PE_F→SB→R_3→FU→L_S中的一相→L_0→K→UR(-)。回路直流电流大于5 mA而使直流灵敏继电器动作，闭合触点K_1、K_2，自动馈电开关跳闸，则说明检漏继电器能够可靠工作。

5. 容性电流的补偿

由于电网对地分布电容的存在，所以人体触电电流和电网电流都将随电容的增大而增大。为了对电容电流也进行补偿，JY82型检漏继电器采用了具有抽头的零序电抗器。

当电缆线路越长时，电网对地分布电容越大，其容抗$X_C=\frac{1}{\omega C}$越小，触电电流和漏电电流中的容性分量就要增大。为了得到最佳补偿，应使流过零序电抗器的感性电流也增大，即减小其感抗（$X_L=\omega L$），故要减少零序电抗器的匝数；反之，当电缆线路较短时，则应增加电抗器匝数。

改变零序电抗器匝数可通过调整其抽头实现，具体方法是：先经过瓦斯检查员的检查，并得到允许后，打开检漏继电器外壳，抽出芯体，在电源进线的任一相与地之间串接1只1 kΩ的电阻R和1只量程为0～500 mA的电流表（图4-8），然后接通电源，逐渐改变零序电抗器L_0的抽头，使电流表的读数达到最小，此时为电容电流的最佳补偿状态。

在补偿调试时，为了防止自动馈电开关 DW 跳闸，应先在直流灵敏继电器 K 的两个触点之间放上绝缘物。

此外，在调整过程中还应注意：当 $X_L > X_C$ 时，人身触电电流为容性的，称为欠补偿状态；当 $X_L < X_C$ 时，人身触电电流为感性的，称为过补偿状态；当 $X_L = X_C$ 时，人身触电电流为电阻性的，这时流过人体的电流最小，称为理想状态。但在实际工作中，由于井下电气设备和电缆线路的变化性较大，一般情况下很难调到理想状态。对于其他两种状态，经分析证明，在分布电容 C 和绝缘电阻 r 固定不变的情况下，若调至过补偿状态，人身触电电流将随着 X_L 的减小而急剧增大，这对人身安全极为不利。因此在进行补偿调整时，最好使零序电抗器的匝数多一些，不要将其调至过补偿状态。

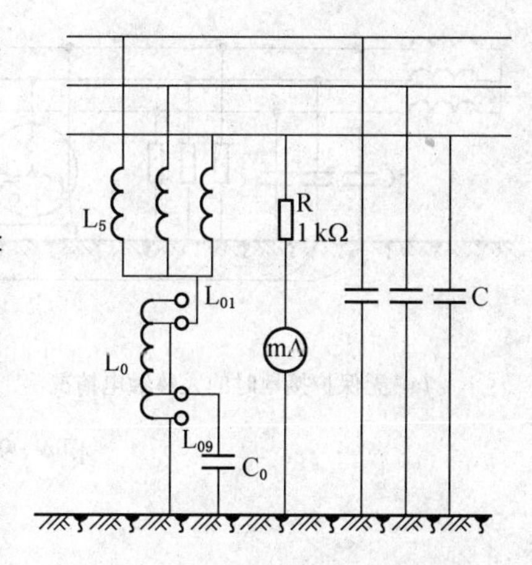

图 4-8　JY82 型检漏继电器电容电流补偿电路

三、保护接地

电气设备的某一部分与大地作良好的电气连接称为“接地”。接地时直接与大地深层土壤接触的导体称为“接地体”或“接地极”；连接电气设备与接地体的导线称为接地线；接地线与接地体构成了电力系统的接地装置。

根据接地装置的作用可分为工作接地、保护接地、保护接零、重复接地等。

为保证电力系统或电气设备能正常、稳定运行所装设的接地装置称为工作接地，如电源中性点直接接地或经消弧线圈接地、漏电保护的接地装置、电网绝缘监视的接地装置等。

为了保证人身安全，把电气设备正常时不带电、绝缘损坏时可能带电的金属部分（如电气设备的金属外壳、配电装置的金属构架等）构成的接地装置称为保护接地。

在中性点直接接地系统中，将电气设备的金属外壳等与电源的中性线（零线）相连，称为保护接零。

（一）保护接地的作用

人体触及电气设备外壳时，如果电气设备绝缘损坏，将会发生电源线碰壳事故。在检漏继电器失灵的情况下，电气设备的金属外壳将和该相电源具有相同的电位。此时，若被人体接触，流过人体的电流将大大超过安全极限值，产生严重的触电事故，如图 4-9a 所示。另外，如果在井下，一相漏电流产生的电火花还会引起瓦斯、煤尘爆炸。

当电网具有保护接地时，如有一相带电体碰壳，并被人体接触（图 4-9b），电流将通过人体电阻 R_h 和接地装置的接地电阻 R 形成的并联电路入地，再通过其他两相对地绝缘电阻 r 和分布电容 C 流回电源。由于接地装置的分流作用，通过人体的电流 I_h 就会大大减小。由电工学知识证明，这两个电流有如下关系：

$$\frac{I}{I_h'} = \frac{R_h}{R} \tag{4-14}$$

则通过人体的电流为

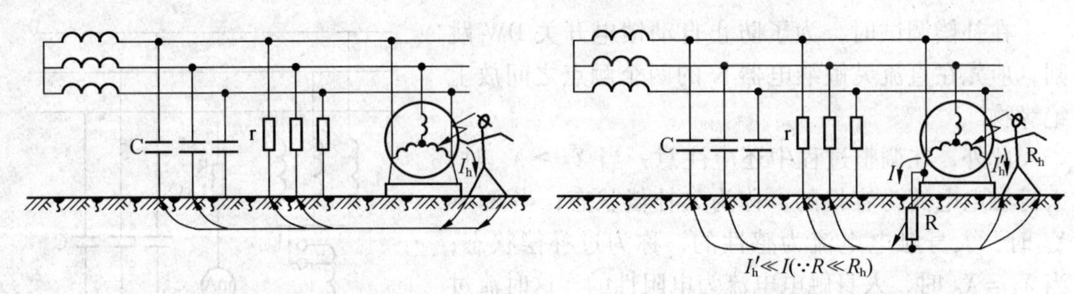

图4-9　保护接地的作用示意图

$$I'_h = I\frac{R}{R_h} \tag{4-15}$$

式中　I——流过接地极的电流；

R——接地极的接地电阻。

由式（4-15）可知，接地电阻越小，通过人体的电流就越小，而电流的大部分经接地极入地。所以只要将接地电阻的数值控制在有关规程规定的范围之内，就可将通过人体的电流限制在安全值之下。同理，在煤矿井下，当设置了接地装置以后，即使设备外壳触及一相电源，但由于接地装置的分流作用，漏电电流的大部分将经接地装置直接入地，故可大大减小电火花的能量，从而降低了引起瓦斯、煤尘爆炸的可能性。

接地电流经接地极入地后，将向地中做半球形扩散，形成地中电流。由于距接地极越近的地方电流通过土壤的导电面积越小，故电阻越大；距接地极越远的地方导电面积大，则电阻越小。试验证明，在距接地极 20 m 以外的地方，呈半球形的球面已经很大，其电阻差不多等于零，不再有电压降，则可认为该处的电位为“零”。这个电位为零的地方就称为电气上的“地”。接地回路中任何一点的对“地”电压，就是指该点到距接地极 20 m 以外的零电位之间的电位差。接地极附近土壤中的电位分布曲线如图4-10所示。

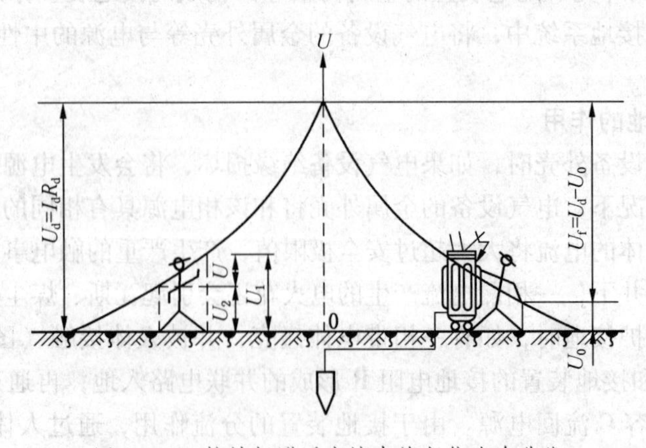

图4-10　接地极附近土壤中的电位分布曲线

接地极的对地电压与流过接地极的电流之比称为接地极的流散电阻。电气设备接地部分的对地电压与流过该点的接地电流之比称为接地装置的接地电阻（该电阻等于接地线的电阻与接地极的流散电阻之和)。在实际中，由于接地电阻很小，可略去不计，故认为接地电阻就等于流散电阻。

当人体接触到意外带电的金属外壳时，人体接触部分与站立点之间所形成的电位差称为接触电压 U_f。在图4－10中，右边一人的接触电压 U_f 就是该设备的对地电压 U_d 与人站立点到零电位的电压 U_0 之差。一般规定，设备的对地电压最大不超过40 V。

在图4－10中，左边一人的两脚站在带有不同电位的地面上，其两脚之间的电位差称为跨步电压 U。在实际计算中，一般取步距为0.8 m。图中，U_1、U_2 分别表示人跨步的两点对零电位之间的电压。由地面电位分布曲线可知，距接地极越近的地方，跨步电压越大；反之，跨步电压越小。

（二）井下保护接地系统

煤矿井下电气设备都装设单独的接地装置后，并不能完全消除电网漏电所造成的危险。如图4－11a所示的供电系统中，尽管两台电动机 M_1、M_2 都设置了接地装置，但当 M_1 的一相（如 L_1 相）绝缘损坏时，将使其外壳带电。如果电网没有装设漏电保护装置或漏电保护装置失灵，这一接地故障将会长期存在下去。此时，若电动机 M_2 的另一相（如 L_2 相）绝缘由于某种原因被损坏碰壳，电网就发生了两相对地短路。

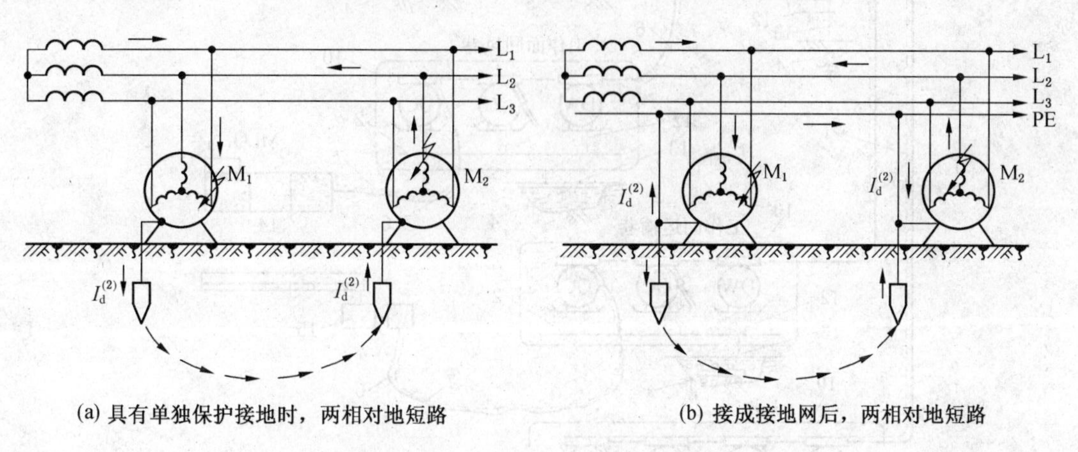

(a) 具有单独保护接地时，两相对地短路　　(b) 接成接地网后，两相对地短路

图4－11　电网两相对地短路示意图

由于这个两相短路电流要经过大地，则它的电流数值相对较小，可能不会使短路电流保护装置动作，故这个两相短路电流也会存在下去，这时电气设备的外壳将带有较高的电压。若两台电动机的接地电阻相等，则这两台电动机的对地电压各为电网线电压的一半，即在380 V供电时，其对地电压为190 V；660 V供电时，其对地电压为330 V。可见，如此高的电压随时威胁着人身和矿井的安全。

为了提高保护接地的安全性和可靠性，通常利用高低压供电电缆的接地线，把井下所有电气设备的金属外壳在电气上连接起来，构成一个井下保护接地系统（或称总接地网)。这样做不仅降低了接地电阻，而且也防止了上述两相对地短路电流所带来的危险。因为这时的两相对地短路电流将主要经接地网构成通路（图4－11b)，因而提高了两相对地短路电流的数值，以保证电网短路后保护装置能可靠动作。

用高低压铠装电缆的铅皮层、铠装外皮及橡套电缆的接地芯线将井下所有电气设备连接起来形成的总接地网如图4－12所示。对井下总接地网有下列要求。

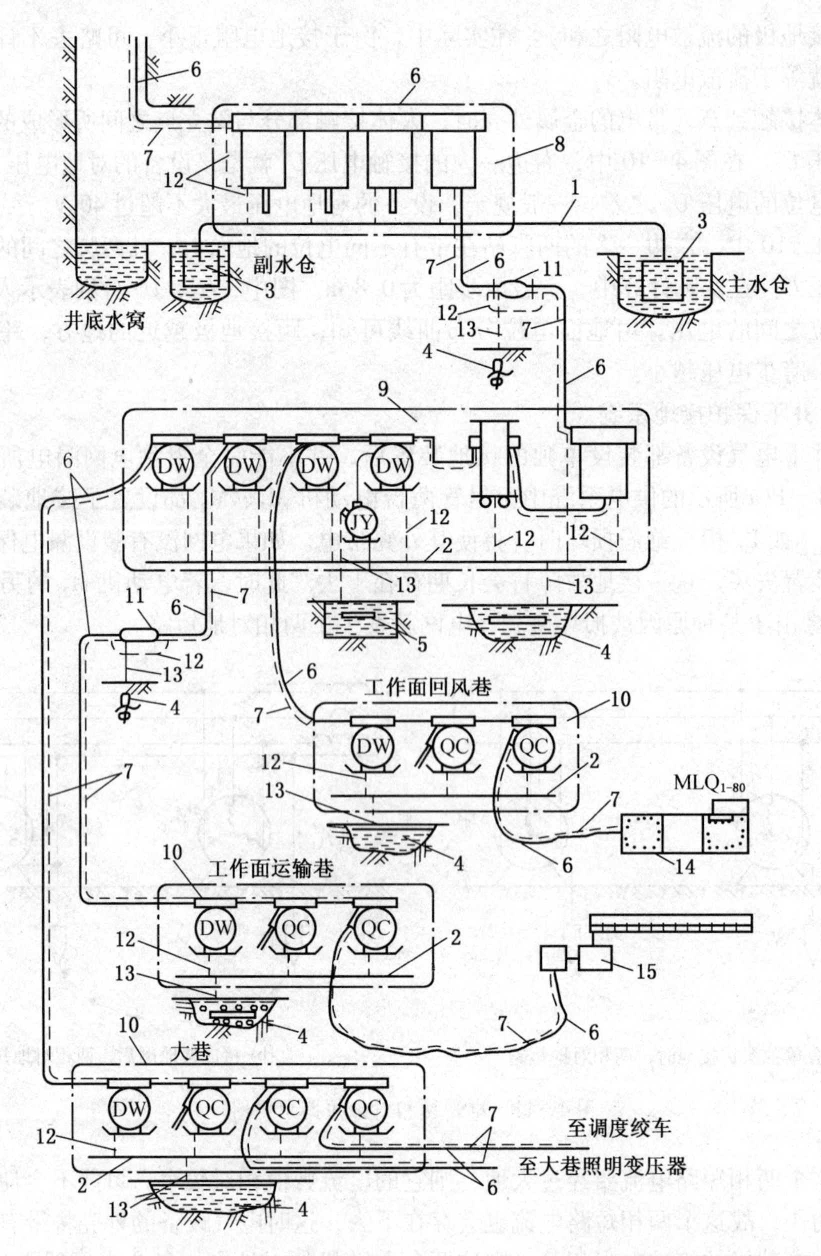

1—接地母线；2—辅助接地母线；3—主接地极；4—局部接地极；5—漏电保护辅助接地极；6—电缆；7—电缆接地线或接地层；8—中央变电所；9—采区变电所；10—配电点；11—电缆接线盒；12—连接导线；13—接地导线；14—采煤机组；15—输送机

图 4-12 井下保护接地系统示意图

1. 对主接地极的要求

主、副水仓或集水井必须各设 1 个主接地极，以保证 1 个水仓清理或检修接地极时，另 1 个主接地极起保护作用。矿井有几个水平时，各个水平都要设置主接地极。若该水平无水仓，不能设置主接地极时，则该水平的接地网必须与其他水平的主接地极相连。对于在钻孔中敷设的电缆，如果不能同主接地极相连，应单独形成一分区接地网，其分区主接地极应设在地面。

主接地极由面积不小于0.75 m²、厚度不小于5 mm的耐腐蚀钢板制成。如矿井水含酸性时，应视其腐蚀情况适当加大厚度或镀上耐酸金属。

设在水仓和水井中的主接地极，应保证接地极在工作中总是淹没在水中。

2. 对局部接地极的要求

在装有电气设备的地点独立埋设的接地极称为局部接地极。需要装设局部接地极的地点有：

（1）装有电气设备的硐室。

（2）单独装设的高压电气设备。

（3）连接动力铠装电缆的每个接线盒。

（4）每个低压配电点或装有3台以上电气设备的地点。如果采煤工作面的运输巷、回风巷、集中运输巷和掘进巷道内无低压配电点时，上述巷道内至少应分别设置一个局部接地极。局部接地极最好设置在巷道旁的水沟内，以减小接地电阻值；如不靠近水沟，应埋设在潮湿的地方。

在上述地方设置的局部接地极应采用面积不小于0.6 m²、厚度不小于3 mm的钢板或具有相同有效面积的钢管制成，并应平放于水沟深处。如矿井水含酸性，也应采取与主接地极相同的措施。

设置在其他地点的局部接地极，可用直径不小于35 mm、长度不小于1.5 m的钢管制成，管上至少钻20个直径不小于5 mm的透孔，并全部垂直埋入底板。局部接地极也可用直径不小于22 mm、长度为1 m的两根钢管制成，每根管上应钻10个直径不小于5 mm的透孔。两根钢管相距不得小于5 m，并联后垂直埋入底板，垂直埋深不得小于0.75 m。

3. 对接地母线和辅助接地母线的要求

井下主变电所和水泵房及装设主接地极的地方均应设置接地母线，采区变电所和有电气设备的硐室要设置辅助接地母线。接地母线和辅助接地母线应采用截面不小于50 mm²的铜线，或截面不小于100 mm²的镀锌铁线，或厚度不小于4 mm、截面不小于100 mm²的扁钢。

接地母线和主接地极、局部接地极的连接必须采用焊接，连接处应保证其接触良好，且不能使其承受较大拉力。

接地母线或辅助接地母线应用铁钩或卡子固定在接近地面的墙上。

4. 对连接导线和接地导线的要求

电气设备的外壳同接地母线或局部接地极的连接，以及电缆接线盒两头的铠装、铅片的连接，应采用截面不小于25 mm²的铜线，或截面不小于50 mm²的镀锌铁线，或厚度不小于4 mm、截面不小于50 mm²的扁钢。

对于移动式电气设备，应用橡套电缆的接地芯线连接。

接地导线和接地母线（或辅助接地母线）的连接最好采用焊接。无条件时，可用直径不小于10 mm的镀锌螺栓加防松装置（弹簧垫或双螺母）紧固，连接处还应镀锡或镀锌，以减小接地电阻。

连接导线、接地导线与接地母线（或辅助接地母线）之间的连接要有足够的机械强度，并满足有关接地电阻的要求。因此一般采用镀锌螺栓加防松装置紧固的方法或采用裸铜线绑扎法。

井下保护接地系统中，禁止采用铝导体作为接地极、接地母线、辅助接地母线、连接导线和接地导线，并禁止使用无接地芯线（或无其他可供接地用的铅皮、铜皮等护套）的橡套电缆或塑料电缆。

5. 其他要求

为了确保井下接地系统的可靠性，橡套电缆的接地芯线除用作监测接地回路外，不得兼作其他用途。对于接地系统的总接地电阻一般不进行计算，但必须定期测定。要求接地网上任一保护接地点测得的接地电阻值不得超过 2 Ω，每一台移动式和手持式电气设备同接地网之间的保护接地用的电缆芯线电阻值都不得超过 1 Ω。

复习思考题

1. 井下环境对电气设备有何影响？为了避免电气设备引爆瓦斯，应采取什么办法？
2. 为什么电气设备的隔爆外壳要有隔爆性和耐爆性？
3. 矿用电气设备可分为哪两类？各有何特点？
4. 常见的矿用防爆型电气设备有哪几种？各有何特点？
5. 《煤矿安全规程》对矿用电气设备有何要求？
6. 煤矿井下三大保护的内容是什么？
7. 过流保护装置在保护过程中应满足什么要求？
8. 选择熔体的原则是什么？
9. 井下采区漏电的主要原因有哪些？漏电将产生什么危害？
10. 变压器中性点接地有哪几种运行方式？各具有什么特点？
11. 井下为什么采用变压器中性点不接地运行方式？电网分布电容对人体触电电流有何影响？
12. 试述 JY82 型检漏继电器的工作原理。这种继电器如何进行容性电流补偿？
13. 什么叫保护接地？井下采用保护接地的作用是什么？
14. 电气上的“地”是指什么？什么是跨步电压？跨步电压是怎样形成的？
15. 井下对接地极、接地线有何要求？是否可用铝导体作为接地装置？

第五章　矿井变配电设备

煤矿井下环境条件与地面差异较大，因此所用电气设备必须适应井下的特殊条件，以保证井下供电系统的安全、可靠。随着煤炭生产机械化程度的迅速提高，井下生产设备的容量越来越大，供电电压不断升高，因而井下电气设备的种类、型号越来越多。本章主要介绍几种常用的高低压供电设备。

第一节　矿井高压变配电设备

矿井高压变配电设备包括高压配电箱和矿用变压器。根据设备应用场合的不同，高压变配电设备分为矿用一般型与矿用隔爆型两种。其中矿用一般型设备仅用于无瓦斯、煤尘喷出的矿井井底车场、中央变电所等，矿用隔爆型设备可用于有瓦斯、煤尘爆炸危险的矿井。

一、矿用一般型高压配电箱

矿用一般型高压配电箱用于控制和保护井下高压电缆线路、动力变压器和高压电动机，常用的型号有 KYGG、KYGC、GKFC 及 GKW 等。这种高压配电箱的结构及接线与地面高压开关柜相似，有固定式和手车式多种结构，但它是用角钢和钢板焊接成封闭式箱体，全部电气设备不外露，具有防水、防尘、防潮的特点。

这种配电箱也称为高压开关柜，具有各种防护功能，其一、二次回路有多种接线方案供用户选择。

矿用一般型高压配电箱的型号含义是：KY 表示矿用一般型，G 表示高压配电箱，C 表示手车式，G 表示固定式，F 表示负荷开关，Z 表示真空断路器。

KYGG－2Z 型高压配电箱的基本结构如图 5－1 所示，配电箱用角钢构成骨架，并用软钢板焊成封闭式结构，三相电源电缆从后侧引入。配电箱内装有油断路器、三相隔离开关、电流互感器、电压互感器及熔断器等，母线装在瓷瓶上。打开配电箱两侧上部的活盖，可把几台高压配电箱母线连接在一起，负荷电缆出线由箱底后侧引出。

配电箱上门内侧为仪表箱，所有继电器及二次回路布线均设置在箱内，箱体可转出门外，以方便检修；打开下门可对真空断路器进行检修和更换，打开小门可对断路器进行手动、电动操作。

KYGG－2Z 型高压配电箱的一次接线方案如图 5－2 所示。这种高压配电箱适用于双电源供电系统。当三相电源引入配电箱后，经上隔离开关 1QS、真空断路器 QF、下隔离开关 2QS 与负荷连接。采用两个隔离开关是为了防止在检修断路器时发生反送电而造成事故。

电路中的电流互感器 1TA、2TA 和电压互感器 TV 用于向各种仪表和保护装置提供相应的电流信号和电压信号；为了防止真空断路器断开时出现截流过电压，主电路采用压敏电阻 RV 保护电路。

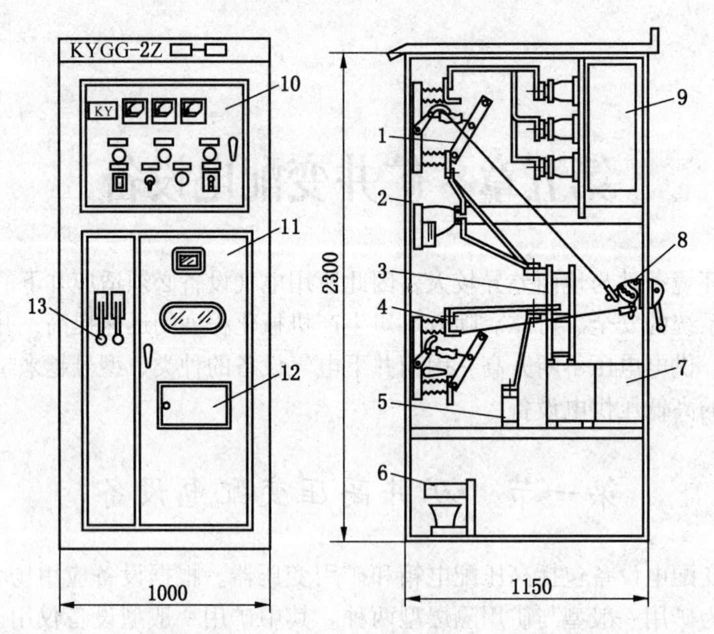

1—上隔离开关；2—电流互感器；3—真空断路器；4—下隔离开关；5—电压互感器；
6—压敏电阻；7—断路器操作机构室；8—隔离开关操作机构；9—继电器仪表室；
10—上门；11—下门；12—小门；13—隔离开关操作手柄

图5-1　KYGG-2Z型高压配电箱结构

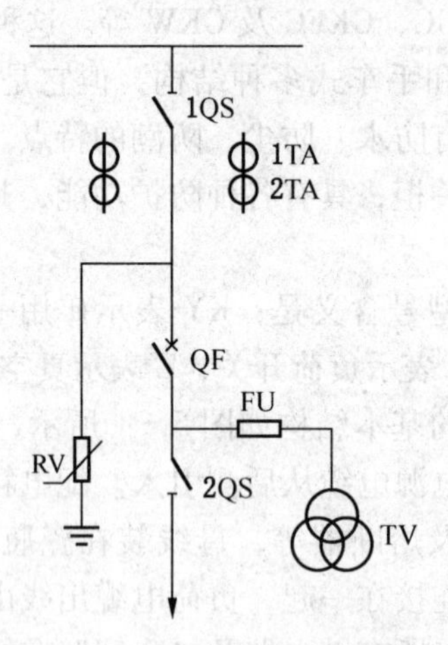

图5-2　KYGG-2Z型高压配电箱一次接线方案

KYGG-2Z型高压配电箱的技术数据见表5-1。

表5-1　KYGG-2Z型高压配电箱技术数据

额定电压/kV	6、10	额定开断电流（有效值）/kA	12、5
额定电流/A	400、600	额定动稳定电流/kA	31.5
额定频率/Hz	50	操作方式	手动、电动

二、矿用隔爆型高压配电箱

矿用隔爆型高压配电箱适用于所有采区变电所或有瓦斯喷出的井底车场变电所，作为配电开关或用来控制高压电动机，具有绝缘监视、接地、漏电、过载、短路、欠电压及过压等保护功能。常用矿用隔爆型高压配电箱有 BGP 系列、PBG 系列、PJG 系列等，本节主要介绍 BGP 系列隔爆型高压配电箱。这种配电箱种类较多，其保护装置的组成有模拟电子线路和数字电子线路之分。

矿用隔爆型高压配电箱的型号含义是：P 表示配电装置，B 表示隔爆型，G 表示高压，J 表示隔爆兼本质安全型。

（一）BGP6－6 型高压配电箱

BGP6－6 型高压配电箱外形结构如图 5－3 所示。它是一个长方形箱体，电源进线盒设在箱体后部上方，负载出线端设在箱体后部下方。箱体正面面板为铰链门，面板上设有各种指示仪表、试验按钮、开关分合指示等。断路器合闸操作机构设在箱体右侧（图中未画出）。

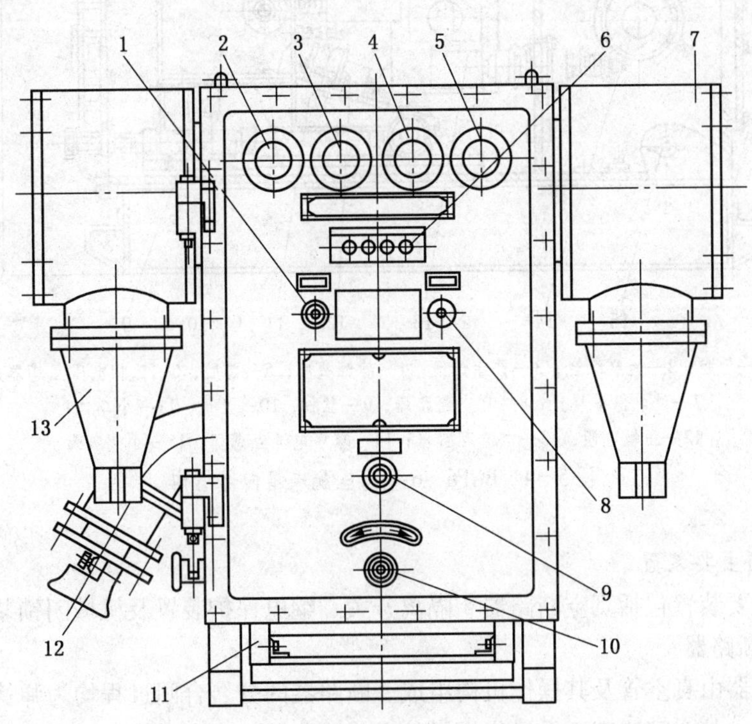

1—断路器分合指示；2—电度表；3—保护指示灯；4—电压表；5—电流表；6—试验、复位按钮；7—接线盒；8—断路器分闸按钮；9—隔离开关分合指示；10—隔离开关操作轴；11—辅助轨道；12—负荷线电缆头；13—电源线电缆头

图 5－3　BGP6－6 型高压配电箱外形结构

BGP6－6 型高压配电箱内部结构如图 5－4 所示。配电箱内部分前、后两腔，前腔为一机芯小车，真空断路器、三相电压互感器、母线式电流互感器、压敏电阻、继电保护装置、隔离开关触头等均安装在机芯小车上。箱体前、后腔的隔板上装有 6 个隔离插销静触

头座和1个穿墙式7芯线接线柱。后腔上部是3根导电杆，作为贯穿母线固定在箱体两侧的大绝缘台上；在负荷电缆引入装置的端口装有零序电流互感器。后腔右侧还设有一小喇叭嘴，用于引出控制线，实现远方控制。

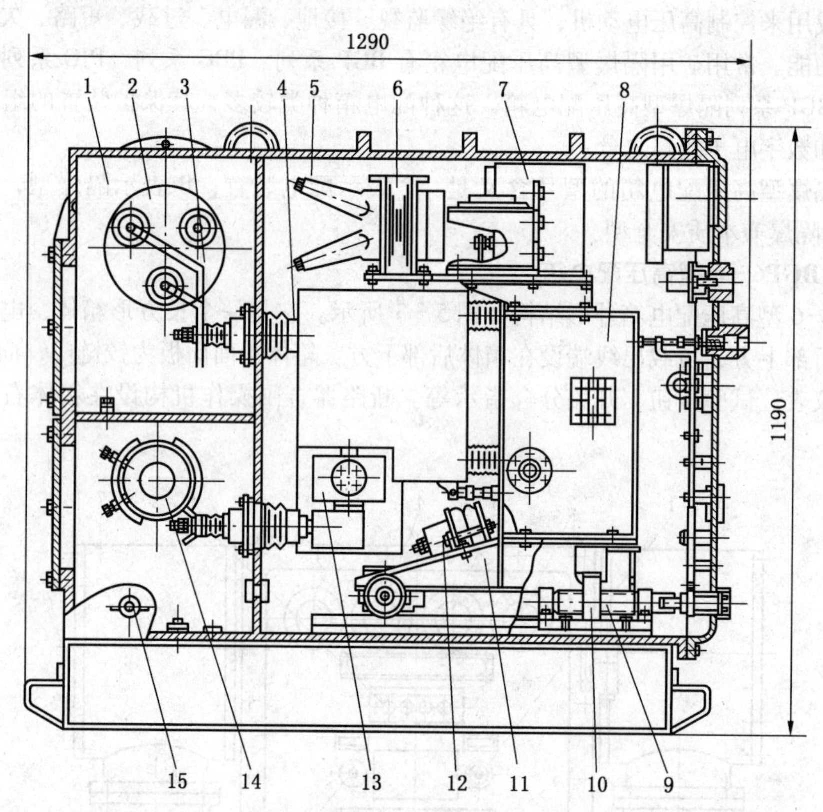

1—后腔；2—大绝缘台；3—贯穿母线；4—静触头座；5—前腔；6—三相电压互感器；
7—继电保护装置；8—真空断路器；9—丝杠；10—丝母；11—小车体；
12—压敏电阻；13—电流互感器；14—零序电流互感器；15—小喇叭嘴

图5-4 BGP6-6型高压配电箱内部结构

1. 配电箱主要装置

配电箱主要装置包括真空断路器、隔离开关、继电保护装置及机械闭锁装置等。

1）真空断路器

真空断路器由真空管及其操作机构组成。断路器的分、合闸过程均为弹簧储能式。合闸方式为手动，其合闸速度不受操作快慢的影响。分闸方式有手动、过流脱扣、失压脱扣及远方控制分闸。真空管内触头开距为(9±1)mm。为使触头能可靠闭合，触头闭合后设置了(3±1)mm的超行程。

2）隔离开关

隔离开关为插销式，6个静触头安装在箱体前、后腔的隔板上，上面3个为电源端，下面3个为负荷端。6个动触头用弹簧板固定在机芯小车中的断路器上。由于动触头与断路器之间为弹性连接，所以在合闸时有一定的导向作用，便于动、静触头的闭合。

隔离开关的分、合闸操作是通过丝杠、丝母传动，带动机芯小车在导轨上做前、后运动来实现。分、合闸时，将摇把插在操作轴上，顺时针或逆时针旋转即可完成合闸或分闸。

3）继电保护装置

高压配电箱中的继电保护装置由模拟电子线路组成，该装置包括电源部分、过流保护、绝缘监视、漏电保护，并设有专门的控制面板，面板上设有各种指示灯、试验按钮、转换开关和波段开关，用于调整和整定继电保护参数。该装置设在机芯小车上部，通过接线排插头、插座与外电路连接。

4）机械闭锁装置

（1）断路器在合闸位置时，隔离开关被闭锁而不能操作，以避免隔离开关分断较大的负荷电流。

（2）隔离开关在合闸位置时，箱门不能打开；箱门打开后隔离开关不能闭合，以保证人身安全。

这种配电箱结构简单，布局较合理，整个机芯装在小车上，特别是箱体底下装有辅助导轨，当导轨抽出后可以与箱体内的轨道对接。这样不需要拆线，整个机芯就可以随小车拉出，从而使设备检修极为方便、安全。

2. 电气工作原理

BGP6－6型高压配电箱电气工作原理如图5－5所示，由主电路、控制电路、过载及短路保护电路、漏电保护电路、监视电路等部分组成。

1）主电路

6 kV高压经插销式隔离开关QS_1送入高压配电箱，经真空断路器QF_Z、插销式隔离开关QS_2后，通过高压屏蔽电缆UGSP接至负载。6 kV高压在配电箱工作过程中受真空断路器QF_Z控制。

接在6 kV高压主电路上的电压互感器TV有两个二次绕组。开口三角形绕组的输出电压作为选择性漏电保护的电压取样信号。星形绕组由a、b、c端输出三相对称电压作为控制电路的电源，同时在三相对称电源上接有电压表PV和功率表Wh的电压线圈；另外，在a、b相之间经分闸按钮SB接有失压脱扣线圈KV_1。

为防止真空断路器分断电路时产生过电压，在主电路上接有三相压敏电阻R_V电路或三相RC吸收电路FV。

主电路上接有3组电流互感器，其作用分别为：TA_1向跳闸线圈KV_2提供备用电源；TA_2向保护电路提供过载信号和短路信号（在TA_2的二次绕组中还接有电流表PA和功率表Wh的电流线圈）；零序电流互感器TA_3作为选择性漏电保护的电流取样信号。

2）控制电路

电路的过载、短路、漏电、绝缘监视等保护电路的电源电压为±12 V，由电源插件供给。该电源是将电压互感器TV输出的a、b相送到变压器T。变压器T二次侧为两个相同的绕组，输出22 V交流电压。该电压经整流桥UR_6、UR_7整流，电容C_{18}～C_{23}滤波后送至集成三端稳压器N_{W1}、N_{W2}，稳压后获得±12V直流电压（该电压作为各个保护电路的工作电压）。图中二极管V_{D25}、V_{D26}的作用是防止负载电路出现反向过电压而损坏三端稳压器。

主电路跳闸线圈KV_2的电源由电压源和电流源并联组成。电压源由电压互感器TV输出电压经三相整流桥UR整流后提供。但当主回路负载侧发生相间短路故障时，6 kV电压将大幅度降低，导致三相整流桥 UR 输出电压过低而不能使跳闸线圈 KV_2 动作。故本电路为 KV_2 设置电流源，以作为跳闸线圈的备用电源。

当主电路发生短路，将会在电流互感器 TA_1 二次侧产生较大的电流，该电流经电流变换器 TB_1 和整流桥 UR_8 向跳闸线圈 KV_2 提供足够大的供电电压使其动作。电路中的 V_{D30} 和 V_{D31} 为隔离二极管，用于防止跳闸线圈断电时产生过电压而损坏整流桥。

3）过载及短路保护电路

过载及短路保护电路由取样电路、调整电路、放大执行电路组成。

主回路电流信号由电流互感器 TA_2 取得，经电流变换器 TB_2 变换，整流桥 UR_1 ~ UR_4 整流和 RC 组成的 Π 型滤波器滤波，在①、②端输出两个随负载电流大小变化的电压信号，分别控制过载时间和过载电流。

由②端输出的过载电流信号经 R_7、RP_1 和选择开关 SA_1 及电阻 R_8 ~ R_{18} 中任一个电阻分压后，通过 R_{19} 加在运算放大器 N_1 的同相输入端 3，并与反相输入端 2 的电压进行比较。当 $U_3 > U_2$ 时，N_1 输出端 6 变为高电位，二极管 V_{D3} 截止，使触发器 TR_1 的输出端 2 变为低电位，则三极管 V_{T1} 和二极管 V_{D4} 截止。

同时，由①端输出的过载信号经串联电阻 R_{106} ~ R_{115} 中的一段（由选择开关 SA_5 控制）和 R_{26} 向电容 C_5 充电，使得触发器 TR_2 输入端 7 的电位逐渐升高；当达到 TR_2 的门限电压时，TR_2 翻转，输出变为低电压，三极管 V_{T2}、V_{T3} 相继饱和导通，磁保持继电器 K_1 的线圈 K_{1A} 有电，执行回路的常开触点 K_{1A-1} 闭合，执行继电器 K_6 有电，其跳闸回路的触点 K_6 闭合，跳闸线圈 KV_2 有电，通过真空断路器 QF_Z 切断高压电源；同时信号回路的常开触点 K_{1A-2} 闭合，过载指示灯 V_{GL} 与 V'_{GL} 燃亮。

当 $U_3 < U_2$ 时，运算放大器 N_1 输出低电位，使触发器 TR_1 输出高电位，三极管 V_{T1} 饱和导通，二极管 V_{D4} 导通，将 TR_2 输入端钳制在低电位而不能使继电器 K_1 动作。

改变选择开关 SA_1 的位置，可改变运算放大器 N_1 同相输入电压 U_3 的大小，从而调整了（整定）过载倍数。电路设计可将过载动作电流整定在额定电流的 0.4 ~ 2 倍。

改变选择开关 SA_5 的位置，可改变电容 C_5 的充电时间，从而改变真空断路器的跳闸时间。在过载信号的作用下，电容 C_5 的延时作用使过载保护具有反时限特性，即过载电流越大，动作时限越小；过载电流越小，动作时限越大。选择开关 SA_5 的 11 个位置在同一整定电流下有 11 个时限，见表 5－2。

表 5－2　过载电流延时整定表　s

延时整定位置（SA_5 位置）/ 电流整定倍数	1	2	3	4	5	6	7	8	9	10	11
0.4	1.5	18	35	53	68	85	103	114	128	140	152
0.5	1.0	14	25	43	48	58	74	85	94	106	115
0.6	0.8	9.5	18	28	36	45	53	70	74	85	95
0.7	0.6	8.0	14	21	37	34	41	52	55	65	74
0.8	0.5	6.2	11	17	24	29	34	40	45	51	55
1.0	0.4	4.4	8.0	12	16	20	24	28	32	35	39

表5-2（续）

s

电流整定倍数 \ 延时整定位置（SA_5 位置）	1	2	3	4	5	6	7	8	9	10	11
1.2	0.3	4.2	7.0	10	13	16	19	21	25	28	31
1.4	0.3	4.0	5.0	8.0	11	13	15	18	21	23	26
1.6	0.2	3.0	4.0	6.0	8.0	11	13	15	17	19	22
1.8	0.2	2.2	3.5	5.0	6.5	9.0	11	13	15	17	19
2.0	0.2	1.8	3.3	4.0	5.5	7.0	9.0	11	13	15	19

短路保护电路与过载保护电路相比，除不需要延时外，其他部分基本相同，其工作原理不再赘述。但当主电路发生短路时电源电压剧降，短路保护电路可能因电压过低而不能正常工作，故在稳压电源之前设置了短路跳闸控制电路。正常时，三极管 V_{T16} 处于导通状态，执行继电器 K_7 有电吸合，跳闸回路的常闭触点 K_7 断开。短路故障时，由于电压剧降，三极管由导通变为截止，使触点 K_7 闭合，接通跳闸线圈 KV_2，从而使断路器可靠跳闸。

电路中的两组试验按钮 SB_{DL}、SB'_{DL} 分别装在配电箱正面面板上和箱内保护电路装置的面板上。当按下任意1个按钮时，可将12V直流电压通过 V_{D10} 直接加在保护电路的输入端，使继电器 K_{2A} 有电吸合，经执行继电器 K_6 使主回路跳闸断电；同时使相应的信号灯 V_{DL} 和 V'_{DL} 燃亮。

4）漏电保护电路

漏电保护电路由电压取样电路、电流取样电路、整形电路、门电路及放大执行电路等部分组成。

当负荷侧发生漏电故障时，在电压互感器二次侧开口三角形绕组两端输出零序电压 U_0，同时在零序电流互感器 TA_3 二次侧输出零序电流 I_0。由于在变压器不接地运行方式中，一相接地时的漏电电流为容性电流，故零序电压与零序电流的相位差为90°（理想状态）。

零序电压 U_0 经漏电试验按钮 SB_{LD} 常闭触点、电容 C_{11}、电阻 R_{72} 加在运算放大器 N_4 的同相输入端。在 U_0 正半周时，运算放大器 N_4 输出一个正方波。电路中的 C_{11}、R_{72} 组成移相电路，以保证 U_0 与 I_0 相位差为90°。

零序电流 I_0 经灵敏度调整电位器 RP_3 ~ RP_6 和选择开关 SA_3 加在运算放大器 N_3 的反相输入端。当 I_0 负半周时，N_3 输出正方波。该正方波经触发器 TR_4 整形、延时后，输出1个负方波。整形的作用是将输入信号中的谐波和各种干扰去掉；延时的作用是为了进一步保证 U_0 和 I_0 的相位差。负方波经 C_8、R_{62} 组成的微分电路变为两个尖脉冲，其中负脉冲被 V_{D14} 短路，正脉冲正好位于 N_4 输出电压的正方波之内。

在正方波和正脉冲的同时作用下，由三极管 V_{T6}、V_{T7} 组成的逻辑与门被打开，输出低电位，触发器 TR_5 翻转，使其2端变为高电位，电容 C_{10} 和电阻 R_{65} ~ R_{68} 组成的延时电路开始工作；经过设定的延时时间，触发器 TR_6 翻转，三极管 V_{T8}、V_{T9} 导通，磁保持继电器 K_{3A} 有电吸合，其在执行电路和信号电路的触点 K_{3A} 闭合，分别使断路器跳闸和漏电信号

灯 V_{LD}、V'_{LD}燃亮。

改变选择开关 SA_3 和 SA_4 的位置，可分别调整漏电保护的灵敏度和动作时间。

当漏电故障发生在零序电流互感器 TA_3 之前时，流过 TA_3 的漏电电流方向与漏电故障发生在 TA_3 之后时正好相反，则由该电流产生的正向尖脉冲将出现在零序电压 U_0 所产生的正方波之外，故与门不能打开，漏电保护不动作，这就是选择性漏电保护的基本电气工作原理。

按下试验按钮 SB_{LD}，将电压互感器二次 a 相电压和电流分别作为零序电压信号和电流信号直接加在运算放大器 N_3、N_4 的输入端，使保护电路动作。改变电流信号电路中的 R 和 C，可使电流产生的尖脉冲落在电压产生的正方波之中。

由以上分析可见，零序电流互感器是选择性漏电保护的关键元件，因而其二次线圈不可接反，否则零序电流产生的尖脉冲就不会落入电压正方波之内。另外，高压配电箱和高压电缆连接时，电缆中的屏蔽线和接地线不能穿过零序电流互感器，否则不能在互感器二次侧获取零序电流。

5）监视电路

监视电路用于监视高压屏蔽电缆中屏蔽线与接地芯线之间的绝缘电阻。当绝缘电阻下降到某一定值时，保护电路动作，超前切断高压电源，以避免高压漏电。监视电路由输入电路、整形放大电路、执行电路等部分组成。

电路的输入信号是保护装置 12 V 电压经 R_{80}、RP_7 在 R_{79}、终端电阻 R_A、绝缘电阻 r 三者并联后的压降。当绝缘电阻 r 因故降低时，总电阻 R（$=R_{79}//R_A//r$）下降。R 下降到动作值时，稳压管 V_{W4} 截止，引起三极管 V_{T11} 截止，二极管 V_{D21} 导通，使三极管 V_{T13} 和 V_{T12} 组成的触发器翻转，三极管 V_{T15} 饱和导通，继电器 K_4 有电吸合，其触点动作，通过执行回路、信号回路使断路器跳闸和监视信号灯 V_{JS} 燃亮。

当 UGSP 电缆中的监视芯线断线时，总电阻 R（$\approx R_{79}$）升高，稳压管 V_{W5} 导通，引起三极管 V_{T10} 和 V_{T12} 导通，二极管 V_{D22} 导通，同样会使继电器 K_4 动作，导致断路器跳闸，起到监视回路断线保护作用。

电路中的按钮 SB_1、SB_2、SB_{JS} 分别用于监视线的开路试验和短路试验（其中 SB_{JS} 装在配电箱正面面板上）。若在 SB_2 与地之间串接相应电阻，即可模拟绝缘电阻试验。

上述过载、短路、漏电保护电路中都采用了磁保持继电器，其特点是当保护电路分别使继电器 K_{1A}、K_{2A}、K_{3A} 有电吸合后，它们不能自动复位，这样不仅可使故障信号灯持续显示，而且还可避免断路器带故障送电。只有当相应的继电器 K_{1B}、K_{2B}、K_{3B} 短时送电，才能使 K_{1A}、K_{2A}、K_{3A} 分别复位，故电路设置了复位按钮 SB_{FW}、SB'_{FW}（这两个按钮分别装在配电箱正面面板上和保护装置面板上）。指示灯 V_{yx} 受断路器辅助触点 QF_{Z2} 控制，作为配电箱的运行显示。

BGP6－6 型高压配电箱的主要技术数据见表 5－3。

表 5－3 BGP6－6 型高压配电箱的主要技术数据

额定电压/kV	额定电流/A	断流容量/(MV·A)	额定开断电流/kA	2 s 热稳定电流/kA	分断时间/s	触头开距/mm
6	50、100、200、300、400	100	10	10	<0.15	9±1

（二）BGP_{9L}-10(6) 型高压配电箱

1. 结构

这种配电箱（图5-6）结构与BGP6-6型高压配电箱相似，其隔爆箱由壳体、箱门、后盖（两块）、接线腔、底架等主要部分组成，壳体也为长方体结构，中间有一隔板，将箱体分为前、后两腔。

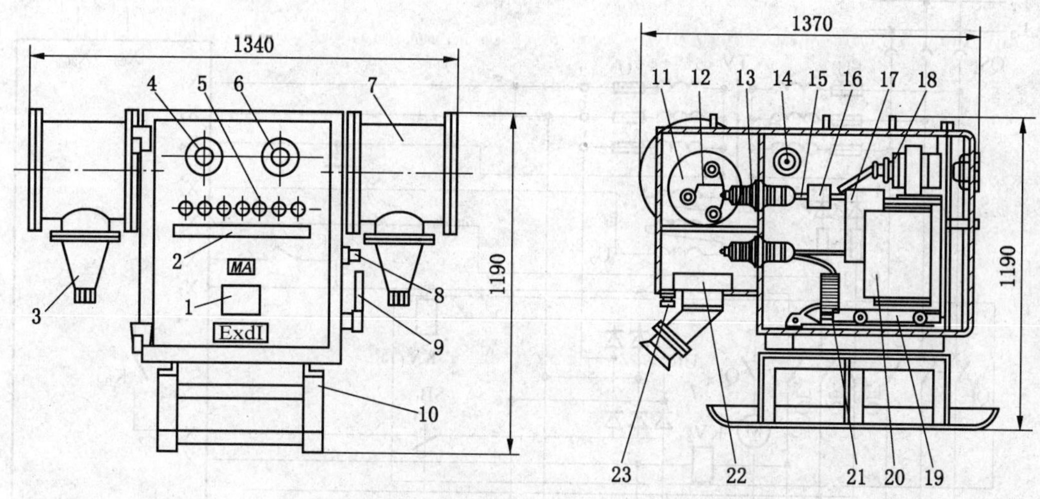

1—铭牌；2—按钮标志；3—进线装置；4—液晶显示窗；5—按钮；6—状态指示观察窗；7—接线盒；8—断路器传动轴；9—隔离开关传动轴与操作手柄；10—底座；11—绝缘台；12—贯穿母线；13—静触头座；14—隔离开关观察窗；15—动触头；16—电流互感器；17—真空断路器；18—电压互感器；19—机芯小车；20—综合保护装置；21—压敏电阻；22—零序电流互感器；23—控制线出线嘴

图5-6　BGP_{9L}-10(6) 型高压配电箱结构

前腔为机芯小车，车上装有真空断路器、三相电压互感器、母线式穿芯电流互感器、压敏电阻、电脑保护装置、隔离插销动触头等。在箱体中的隔板上装有6个插销静触头座和一个穿墙式九芯接线柱；后腔分为上、下两室（中间横隔板不起防爆作用），下室的高压电缆引入口内侧装有一个零序电流互感器。下室底板上还装有两个小出线嘴，用户可以引出控制线，实现远方控制。

配电箱门上装有液晶显示窗、状态指示观察窗及各种操作按钮。配电箱的门为快开结构，门的右侧设有机械闭锁。闭锁装置如图5-7所示，由两块连锁支座和两根闭锁杆组成，支座固定在箱体上，闭锁杆可在支座内轴向移动。只有当断路器、隔离开关都在分闸位置时箱体门才能打开，如图5-7a所示。只有当箱门关闭，隔离开关才能合闸；只有隔离开关合

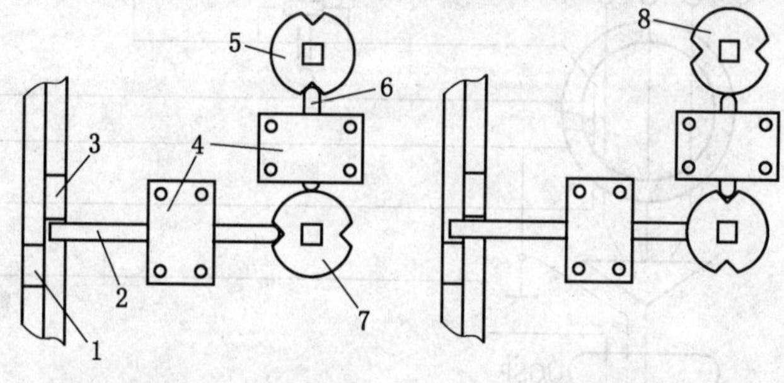

(a) 隔离开关在分闸位置　　(b) 隔离开关在合闸位置

1—门锁块；2、6—闭锁杆；3—箱锁块；4—连锁支座；5—断路器转轴（在分闸位置）；7—隔离开关转轴；8—断路器转轴（在合闸位置）

图5-7　闭锁装置示意图

闸，断路器才能操作，如图 5－7b 所示；只有断路器在分闸状态，才能操作隔离开关。

2. 电气工作原理

BGP_{9L}－10(6) 型高压配电箱电气工作原理如图 5－8 所示，由主电路与信号取样电路、真空接触器控制电路及综合保护装置等部分组成。

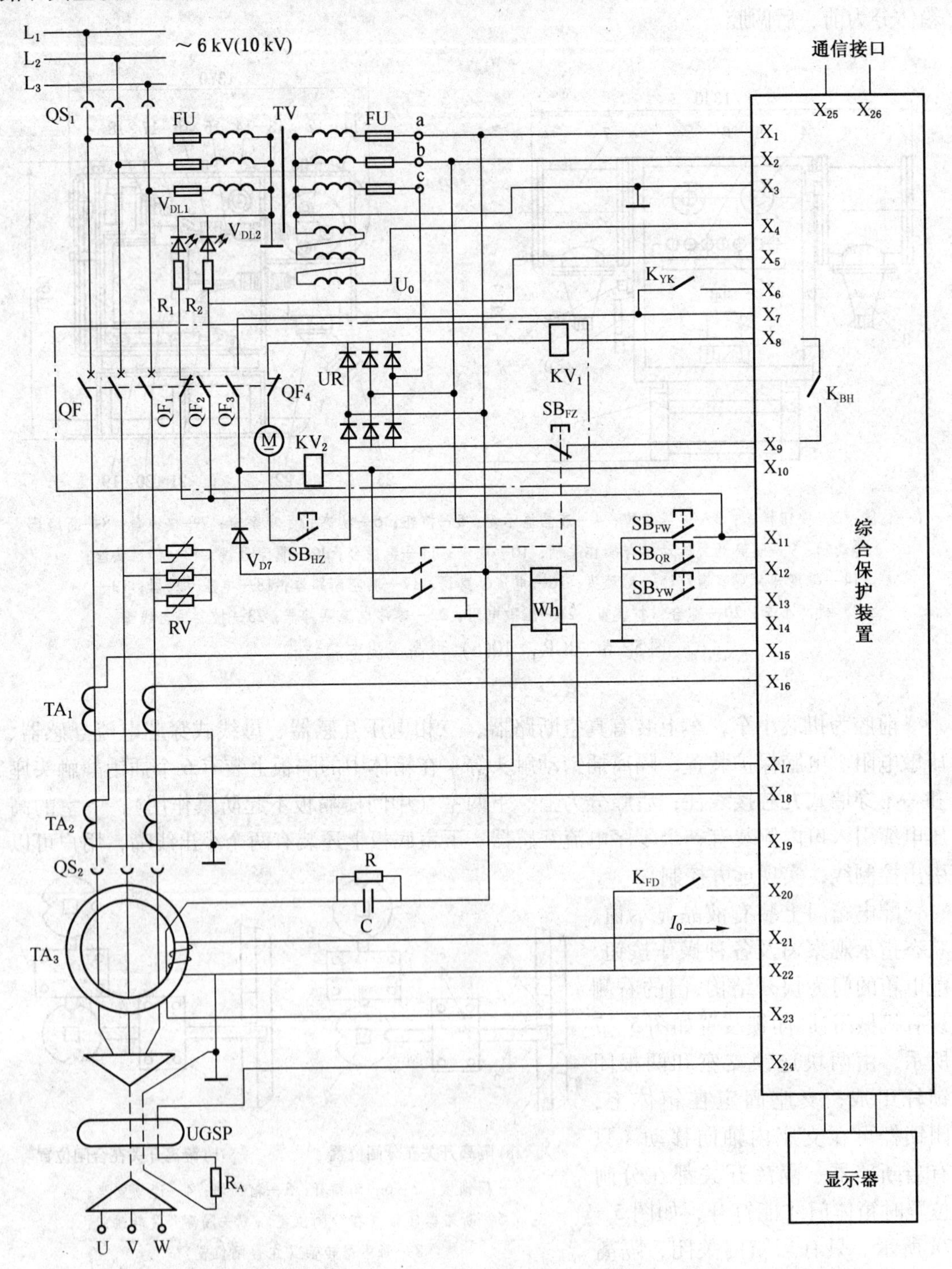

图 5－8 BGP_{9L}－10(6) 型高压配电箱电气工作原理

1）主电路与信号取样电路

由图5－9可见，本装置的主电路与BGP6－6型高压配电箱完全相同，电压互感器TV的两个二次绕组：一是向选择性漏电保护提供零序电压取样信号 U_0，由 X_4 端输入到保护装置；二是由a、b、c端输出三相对称电压作为真空接触器控制电路的电源，同时在三相对称电源上接有功率表Wh的电压线圈；另外，a、b相作为保护装置电源由 X_1、X_2 端输入。

电流互感器 TA_1 作为电流源向跳闸线圈 KV_2 提供备用电源，但电流的转换由保护装置完成；TA_2 向保护电路（装置）提供过载信号和短路信号（在 TA_2 的二次绕组中同样接功率表Wh的电流线圈）；零序电流互感器 TA_3 作为选择性漏电保护的电流取样信号。各种信号从相应的端子输入保护装置。

2）真空接触器控制电路

这种配电箱的分、合闸既能手动操作，又能电动控制，电动控制图见图5－8中点画线框内的电路，电动合闸时，按下合闸按钮 SB_{HZ}，有电流由整流桥UR的正极经真空接触器常闭触点 QF_4、直流电动机、SB_{HZ}，到整流桥负极，电动机启动运转（一般为3 s）通过传动机构合闸并储能；接触器合闸后常闭触点 QF_4 断开，自动切断电动机电源。同时相应的LED指示灯 V_{DL1}、V_{DL2} 转换；触点 QF_2 通过端口 X_5 将接触器状态输入保护装置。

配电箱的电动分闸有按钮分闸、故障分闸和失压（低电压）分闸。按下分闸按钮 SB_{FZ} 时，断开失压脱扣线圈 KV_1 回路（保护装置内的触点 K_{BH} 在系统无故障时为闭合状态），使接触器分闸。同时接通分闸脱扣线圈 KV_2，进一步保证接触器分闸；当电网电压不足时，失压脱扣线圈 KV_1 断电，接触器跳闸；当被保护电路发生过载、短路、漏电等故障时，保护装置由端口 X_7、X_{10} 输出直流电压，使分闸脱扣线圈 KV_2 经触点 QF_3 有电，接触器跳闸断电，同时保护装置触点 K_{BH} 断开，双重保护确保接触器跳闸。

3）综合保护装置

综合保护装置采用数字电子线路，其核心部分是CPU，其工作原理框图如图5－9所示。这种装置属自动化微型计算机保护装置，具有强大的数据采集和处理功能，特别是对互感器二次电流信号，能直接进行高速采样、实时测算和连续化处理，以获得与实际信号相同的真实信息。所采集的信号经抗干扰处理后，通过A/D转换，再由电脑进行分析、运算、处理，从相应的接口电路输出。

这种综合保护装置具有以下功能：

（1）利用远方控制触点实现远距离分闸。

（2）对短路故障进行速断保护，对持续过载进行反时限保护并报警。

（3）对漏电故障具有选择性保护，并对双屏蔽电缆实行绝缘监视和报警。

（4）对电网进行过压、欠压保护和断相保护。

（5）记忆配电箱的跳闸时间、原

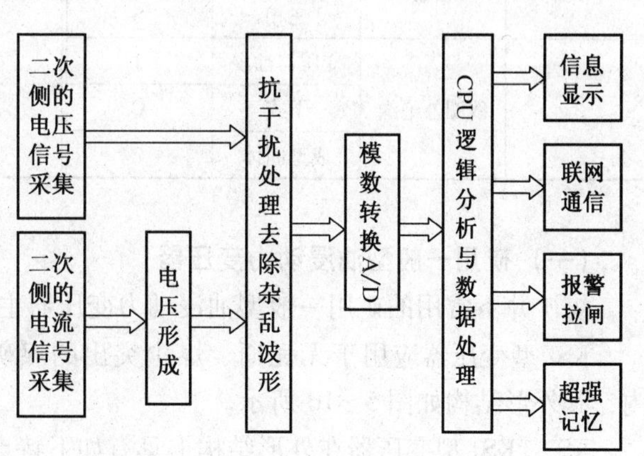

图5－9　综合保护装置工作原理框图

因，并能累计合闸次数和工作时间。

（6）具有模拟故障试验和自检功能，保证不带故障运行。

（7）具有风电闭锁功能，当瓦斯超限时通过瓦斯检测装置使风电闭锁触点 K_{FD} 动作，配电箱断电并显示瓦斯超限。

（8）利用复位按钮 SB_{FW}、确认按钮 SB_{QR}、移位按钮 SB_{YW} 可进行参数设定、密码设置及漏电、过载、短路等各种试验。

（9）具有联网通信功能，通过保护装置的 RS485 接口，利用相应的通信协议，可向上级站传输实时的用电度数、电网电压、负载电流、零序电压、零序电流、绝缘电阻、分合闸情况、状态报警、故障跳闸原因、参数的整定情况等；也可通过上位机实现远程控制，如参数整定、分机号设定、过流试验、漏电试验、监视试验、复位试验、电动合闸等。

这种保护装置采用全中文汉字显示，通过配电箱的按钮就可实现各种操作，用户不用打开高压配电箱门就可以完成高压配电箱参数整定、数据查询及短路、过载、漏电等试验。其操作方法就如同操作个人电脑和手机一样方便、直观。

不同型号的综合保护装置，其参数设定要求和操作方法略有不同，用户可查看相应产品的说明书进行操作。

三、矿用变压器

矿用变压器是用于煤矿井下的变电装置，它可将矿井地面 10 kV 或 6 kV 电压变换成井下设备用的 1200 V、690 V 或 400 V 电压，或者把 1140 V、660 V 电压变换成所需电压向负载供电。常用的矿用变压器分为两大类：一类是矿用一般型油浸动力变压器；另一类是矿用隔爆型干式变压器。矿用变压器产品型号字母排列顺序及含义见表 5-4。

表 5-4　矿用变压器产品型号字母排列顺序及含义

序号	分类	含义	代号	序号	分类	含义	代号
1	用途	矿用	K	4	线圈材料	铜线	不表示
2	相数	单相	D			铝线	L
		三相	S	5	结构特征	单台	不表示
3	线圈外绝缘	变压器油浸	J			组合结构	Z
		干式	G	6	装置种类	固定式	不表示
		成型固体	C			移动式	Y

（一）矿用一般型油浸动力变压器

煤矿井下常用的矿用一般型油浸动力变压器主要为 KS_7、KS_9 等新型节能型产品。

KS_7 型变压器应用于无瓦斯、煤尘突出的煤矿井下中央变电所、采区变电所等硐室内，其外形结构如图 5-10 所示。

KS_7、KS_9 型变压器在外形结构上具有如下特点：

（1）油箱采用低碳钢板，构造坚固，能承受 0.1 MPa 的内压力。

(2) 不设储油柜（油枕），以防在矿井内碰撞而发生事故。这样既减小了变压器的高度，又可避免因油箱与油枕间连接管堵塞造成油箱爆炸事故。但要注意，由于无油枕的缓冲作用，故油箱不能注满油。另外，设有防冷凝水的措施，即在箱盖内装有隔潮纸板，以防进入箱内潮气的冷凝水滴入芯体。

(3) 油箱两侧装有密封式高低压电缆接线瓷套盒，盒下设有供电缆进出线用的喇叭口，低压出线盒旁有无载分接开关，供变换高压线圈的分接头调整电压用。

(4) 油箱盖上设有注油用的注油塞，塞上有通气孔，用于排出热空气及油中分解出的甲烷等产物。

(5) 油箱下面设有拖橇及带边缘的滚轮，允许在35°以下的倾斜巷道内运输。

KS_7、KS_9 型变压器技术数据见表5-5。

KS_9 型变压器与 KS_7 型变压器相比，由于其铁芯结构有较大改变，铁芯材料采用更加优质的冷轧硅钢片，所以使变压器的空载损耗、负载损耗更低。

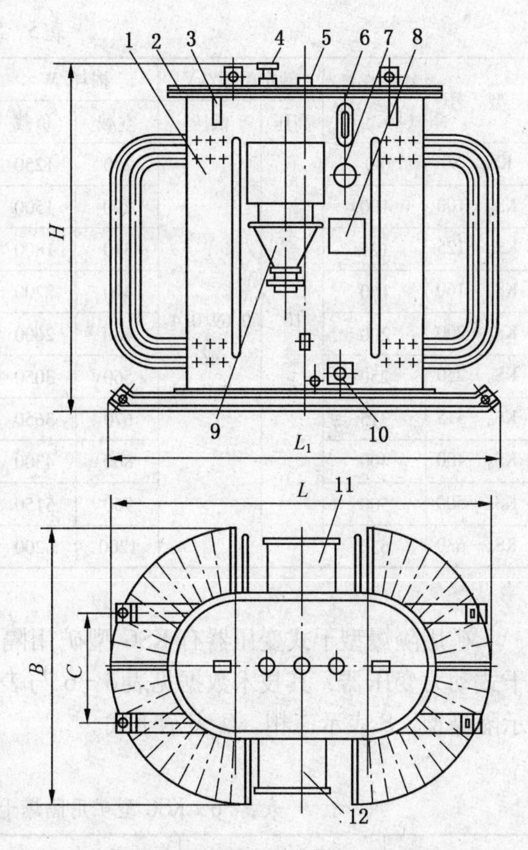

1—箱体；2—箱盖；3—吊环；4—油温度计座；5—注油栓；6—油位指示器；7—调压开关；8—铭牌；9—电缆接线盒；10—排油栓；11—高压瓷套盒；12—低压瓷套盒

图5-10 KS_7 型变压器外形结构

(二) 矿用隔爆型干式变压器

与油浸动力变压器相比，干式变压器具有以下明显优点：没有火灾和爆炸危险；不存在变压器油的老化问题，因而维修工作量小；附属部件简单，没有储油柜、安全气道和油门等部件的密封问题，体积小，质量小。

表5-5 KS_7、KS_9 型变压器技术数据

型号	额定容量/(kV·A)	额定电压/kV		损耗/W		阻抗电压/%	空载电流/%	外形尺寸（长×宽×高）/(mm×mm×mm)	连接组
		高压	低压	空载	负载				
KS_7-50	50	10 或 6	0.69/0.4 或 1.2/0.69	190	1150	4.0	2.8	1380×900×1100	Y，y0/ Y，d11
KS_7-100	100			320	2000	4.0	2.6	1500×950×1200	
KS_7-200	200			540	3400	4.0	2.4	1700×1050×1300	
KS_7-315	315			760	4800	4.0	2.3	1800×1150×1400	
KS_7-400	400			920	5800	4.0	2.3	1850×1250×1450	
KS_7-500	500			1080	6900	4.0	2.1	1950×1300×1500	
KS_7-630	630			1300	8100	4.5	2.0	2000×1500×1700	
KS_9-50	50			170	870	4.0	2.0	1150×730×970	

表5-5（续）

型　号	额定容量/（kV·A）	额定电压/kV		损耗/W		阻抗电压/%	空载电流/%	外形尺寸（长×宽×高）/（mm×mm×mm）	连接组
		高压	低压	空载	负载				
KS_9-80	80	10或6	0.69/0.4或1.2/0.69	250	1250	4.0	1.8	1260×760×1010	Y，y0/Y，d11
KS_9-100	100			290	1500	4.0	1.6	1340×780×1040	
KS_9-125	125			340	1800	4.0	1.5	1260×790×1060	
KS_9-160	160			400	2200	4.0	1.4	1350×800×1090	
KS_9-200	200			480	2600	4.0	1.3	1450×820×1110	
KS_9-250	250			560	3050	4.0	1.2	1600×850×1140	
KS_9-315	315			670	3650	4.0	1.1	1610×900×1190	
KS_9-400	400			800	4300	4.0	1.0	1660×880×1230	
KS_9-500	500			960	5150	4.0	1.0	1860×980×1260	
KS_9-630	630			1200	6200	4.5	0.9	1970×1100×1300	

矿用隔爆型干式变压器有KSG型矿用隔爆干式照明电钻变压器和KBSG型矿用隔爆干式动力变压器，其技术数据见表5-6与表5-7。变压器型号含义：K表示矿用，B表示隔爆型，S表示三相，G表示干式。

表5-6　KSG型矿用隔爆干式照明电钻变压器技术数据

型　号	额定电压/V		额定电流/A		损耗/W		空载电流/%	阻抗电压/%
	高压	低压	高压	低压	空载	短路		
2.5	380	127	3.80	11.38	45	81	10	4
	660	133	2.19	10.85				
4	380	127	6.06	18.18	55	125	10	4
	660	133	3.50	17.35				
	1140	127	2.03	18.18	55	115	12	4

1. KSG型矿用隔爆干式照明电钻变压器

这种变压器用于易燃或有爆炸危险的矿井中，使用B级绝缘，可长期在各部分温升为80 ℃以下的条件下运行。它可将380 V、660 V或1140 V电压降为127 V，作为井下照明、信号或手持电钻的电源变压器。

这种变压器的结构特点是绕组防潮性能好，壳内无油，与相应的保护装置组合在一起装在防爆外壳内，构成煤电钻和照明综合保护装置。

2. KSGB型矿用隔爆干式动力变压器

这种变压器是千伏级移动变电站的主变压器，也可作独立变压器用，适用于有瓦斯、煤尘爆炸危险的矿井，它可将6 kV（或10 kV）电压降为1.2 kV或0.69 kV。其结构外形近似长方体，箱壳由高强度瓦楞钢板焊接而成，机械强度好，散热面积大。箱壳焊接在拖橇上，拖橇下设有滚轮，移动方便。根据容量不同，有大盖在外壳两端和大盖在上部两种不同结构。变压器两端设有两个独立的高低压隔爆接线腔，腔内装有高低压套管，供相应的电缆引线用。接线腔分别通过隔爆法兰面与高低压开关连接。

表5-7　KBSG型矿用隔爆干式动力变压器技术数据

容量/（kV·A）	二次额定电压/V	连接组标号	一次额定电压6 kV				一次额定电压10 kV			
			空载损耗/W	负载损耗/W	空载电流/%	阻抗电压/%	空载损耗/W	负载损耗/W	空载电流/%	阻抗电压/%
50			350	550			390	680		
80			450	780	2.5		490	880	2.5	
100			520	920			560	1050		
125	693/400		600	1080			650	1300		
160			700	1300			800	1500		
200		Y，y0	820	1550	2		950	1800	2	4
250		Y，d11	950	1800			1100	2100		
315			1100	2150	1.8	4	1300	2500	1.8	
400			1300	2600			1500	3000		
500	1200/693		1500	3100	1.5		1750	3500	1.5	
630			1800	3680			2000	4100		
800			2050	4500			2300	5100	1.2	
1000	3450	Y，yn0	2350	5400	1.0		2600	6100		4.5
1250	1200	Y，y0	2750	6500			3100	7400	1.0	
1600			3350	8000	0.8		3800	8500		5
2000			3800	9500		4.5	4500	9700		
2500	3450	Y，yn0	4500	10600	0.6	5	5200	10800	0.7	5.5
3150			5300	12500		5.5	6100	12800		
4000			6100	14000		6	7000	15000		6

注：1. 负载损耗和短路阻抗为H级绝缘材料、参考温度145 ℃时的值。
2. 本表数据执行GB 8286—2005标准。

变压器铁芯装配由铁芯、夹件、绝缘件等组成。铁芯采用优质冷轧硅钢片、多级步进式全斜接缝叠片结构，以降低空载损耗和空载电流；铁芯片切口涂防锈液，铁芯柱及下铁轭表面涂耐高温防锈防潮漆。夹件采用槽钢，上下拉紧采用拉螺杆结构，并采取措施防止铁芯和夹件产生相对位移，以免影响产品质量。铁芯绝缘件采用国产优质H级绝缘材料。

在额定条件下，变压器各部分的温升限制在125 ℃内（200 kV·A容量的为B级绝缘材料，温升限制在80 ℃）。若运行中温升超过上述限值，装设在中间铁芯柱上的温度继电器触点将闭合，发出报警信号。

变压器高压侧绕组设有±5%额定电压的调压分接抽头，以便将低压侧调为适当值。调压时首先断开高压电源，然后改变分接盒中连接片的位置，即可实现电压的调整。

四、矿用隔爆型移动变电站

KBSGZY 型矿用隔爆型移动变电站的主要作用是将井下主变电所或采区变电所 6 kV 或 10 kV 高压变为 1140 V 或 660 V 电压直接送到工作面，向采区电器供电。由于这种设备采用隔爆结构，故可用于有瓦斯及煤尘爆炸危险的场所。其型号含义是：K 表示矿用，B 表示隔爆型，S 表示三相，G 表示干式，Z 表示组合结构，Y 表示移动式。

隔爆型移动变电站由隔爆干式变压器和隔爆型高低压开关组合而成。当高压侧为负荷开关时，低压侧为真空断路器开关；当高压侧为真空断路器开关时，低压侧一般只装设保护箱。KBSGZY 型矿用隔爆型移动变电站外形结构如图 5－11 所示。3 个部分之间用法兰隔爆面和紧固螺栓连成一个整体，安装在拖橇上。拖橇下面装有直径为 220 mm 的有边滚轮，可在轨距为600 mm 或900 mm 的轨道上滚动，以便随工作面的推进而不断移动。

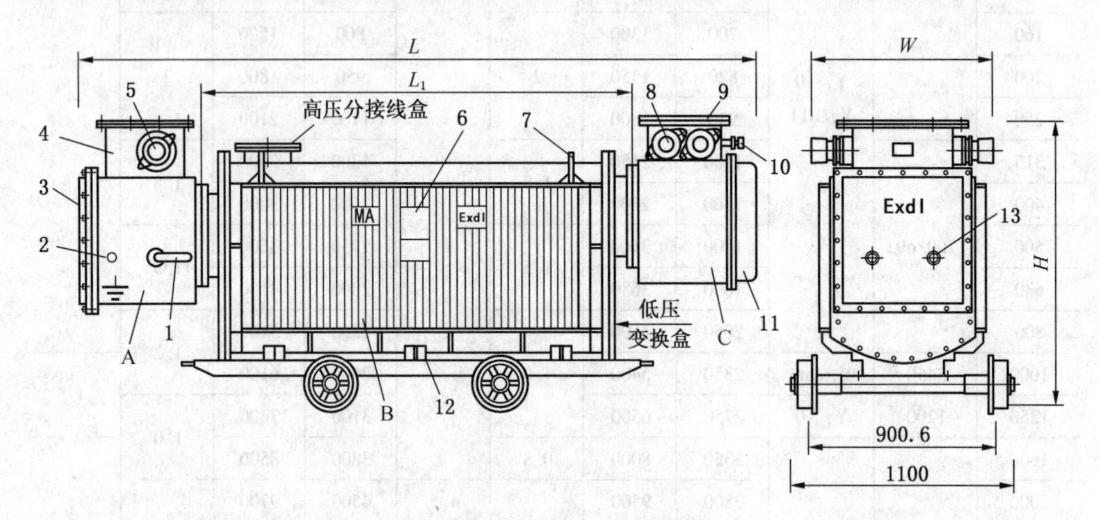

A—高压侧隔爆开关箱；B—隔爆干式变压器；C—低压侧隔爆开关箱；1—高压操作手柄；2—急停按钮；3—高压箱端盖；4—高压接线盒；5—高压电缆接线嘴；6—铭牌；7—吊环；8—低压电缆接线嘴；9—低压接线盒；10—控制电缆接线嘴；11—低压箱端盖；12—外部接地螺栓；13—观察窗

图 5－11　KBSGZY 型矿用隔爆型移动变电站外形结构

移动变电站选用不同型号的变压器时，其长度 L_1 和宽度 W 不同；选用不同型号的高低压开关箱时，其总长度 L 和高度 H 不同。

1. 高压负荷开关控制的移动变电站

移动变电站高压侧装设负荷开关时，可使用操作手柄进行手动合闸或分闸，用于切断和接通变压器的空载电流或负荷电流。与其配套的低压馈电开关上设有复位、自检、试验、电动合闸、手动分闸等按钮和电压表、电流表等指示器件。

高压侧装设负荷开关的移动变电站电气系统如图 5－12 所示。高压侧的电阻 R_A、二极管 V_D 和按钮开关 SB_2、SB_3 等组成高压电缆监视电路。其中 SB_2 可作为紧急跳闸按钮，当按下 SB_2 时，可使高压电缆中的监视线与地线短接，造成变电所中相应的高压配电箱跳闸。按钮 SB_3 为闭锁按钮，当隔爆箱盖未盖上或盖不严时，SB_3 为闭合状态，直接短接电阻 R_A，使变电所高压配电箱不能合闸。

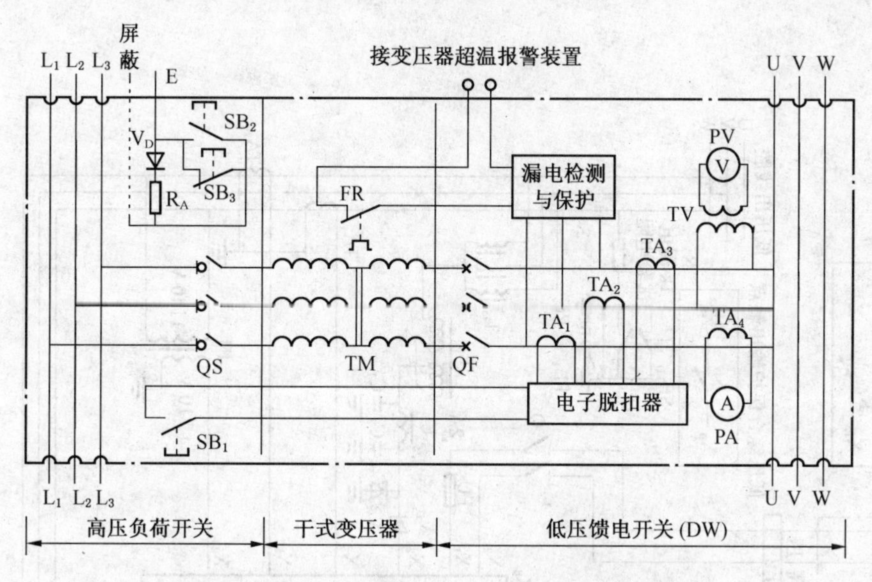

图 5-12 高压侧装设负荷开关的移动变电站电气系统

高压侧的按钮 SB_1 用于高压负荷开关 QS 和低压自动馈电开关 DW 的连锁，以保证在断开高压负荷开关 QS 之前先切断低压自动馈电开关，从而保证负荷开关仅用于切断变压器空载电流。

负荷开关操作手柄平时放在高压开关箱正面，正好压住按钮 SB_1，其触点闭合；当取下手柄操作负荷开关 QS 时，SB_1 断开，使低压自动馈电开关中的无压释放线圈断电，从而使低压自动馈电开关 DW 在操作高压负荷开关前首先断电。

移动变电站低压侧的馈电开关 DW 采用相应的隔爆自动开关，具有过载、短路、欠压、漏电等保护功能。

2. 高压断路器控制的移动变电站

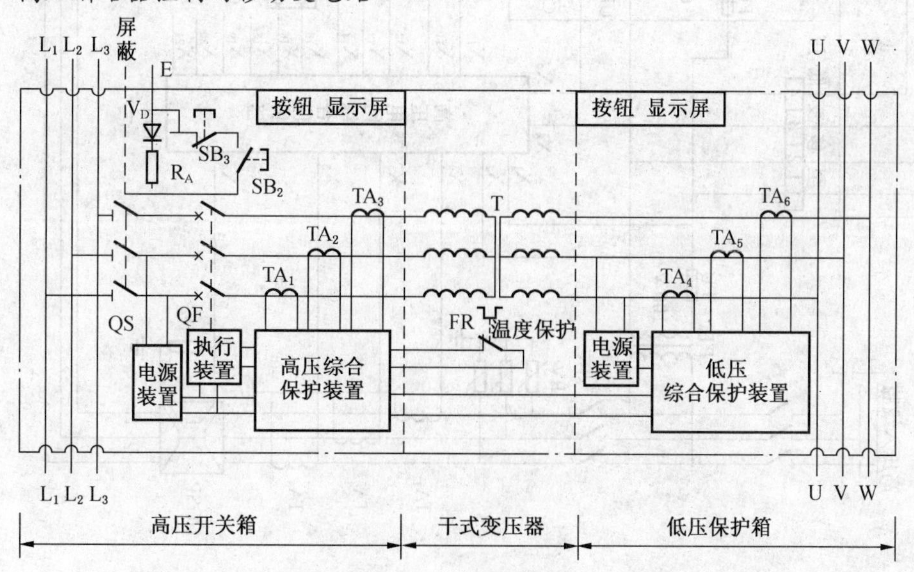

图 5-13 高压侧装设真空断路器的移动变电站电气系统

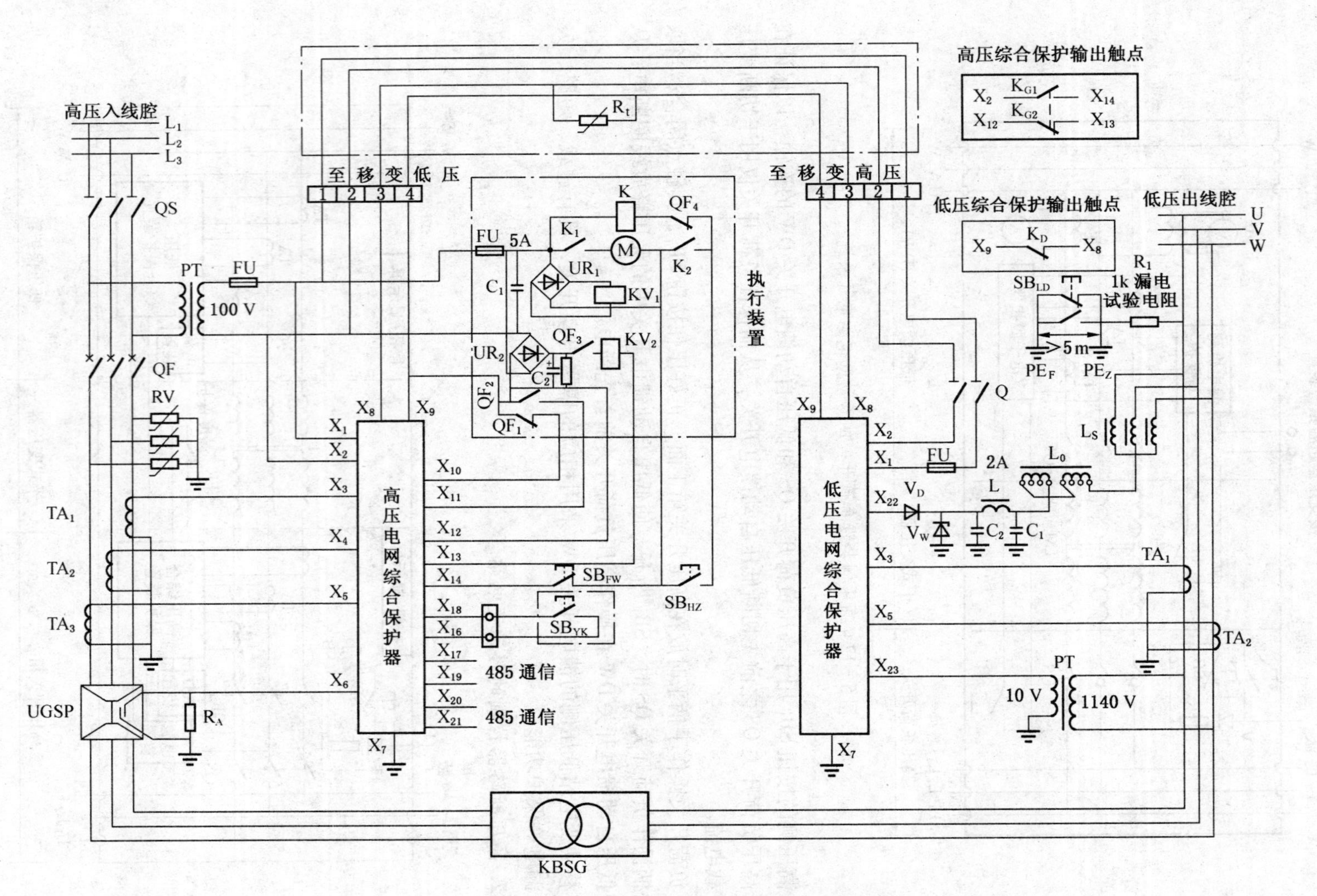

图 5-14 高压侧装设真空断路器的移动变电站控制电路

高压侧装设真空断路器的移动变电站电气系统如图5-13所示。高压侧装设隔离开关和真空断路器，真空断路器同时具有电动合闸和手动合闸，面板上有复位、自检、试验、分闸、合闸等按钮和液晶显示屏。与其配套的低压保护箱内部不设断路器，但有复位、自检、试验等按钮和液晶显示屏，将低压运行状态反馈到高压开关上实现保护。

这种变电站的控制电路如图5-14所示。该电路与BGP_{9L}-10(6)型高压配电箱的电气控制原理基本相同。在真空接触器控制电路（执行装置）中，为了提高合闸电动机触点容量，增加了中间继电器K；高压电网综合保护装置输出两组触点K_{G1}、K_{G2}控制接触器的分闸。

当高压隔离开关合闸后，若电路正常，输出触点K_{G1}闭合，按下合闸按钮SB_{HZ}，合闸电动机M通过中间继电器K启动并自保，电动机带动合闸装置合闸到位后，常闭触点QF_4断开，电动机断电完成电动合闸过程。同时失压脱扣线圈KV_1有电吸合；当电路发生短路、过载等故障时，输出触点K_{G2}闭合，使脱扣线圈KV_2有电吸合，真空接触器跳闸断电，起到保护作用。

移动变电站的低压侧也采用CPU保护装置，这种装置具有漏电、短路、过载、过压、欠压等保护功能。当低压侧发生某种故障时，可通过输出触点K_D向高压保护装置传递故障信息，使真空接触器跳闸断电，同时发出报警信号。

低压保护装置端口X_1、X_2为电源输入端，X_3、X_5为负载电流信号输入端，X_{23}为电压信号输入端，X_{22}为漏电检测电压输出端。另外，按钮SB_{LD}用于漏电试验。

高、低侧之间所接电阻R_t作为测量变压器温度的传感元件,可通过两侧保护器上的显示器显示变压器的实时温度,当温度超过整定值时,保护器将发出报警信号或切断电源。

这种高、低压侧的保护装置均可通过箱体上的各种按钮(图5-14中未画出)进行参数整定,不同型号的保护装置,其操作方法略有不同,用户可查看相应产品的说明书进行操作。

KBSGZY型矿用隔爆型移动变电站主要技术数据见表5-8。

表5-8 KBSGZY型矿用隔爆型移动变电站主要技术数据

容量/(kV·A)	干式变压器额定电流/A						高压开关额定电流/A	低压开关额定电流/A			
	一次侧		二次侧					额定电压	额定电压	额定电压	额定电压
	6 kV	10 kV	400 V	693 V	1200 V	3450 V		380 V	660 V	1140 V	3300 V
50	4.8	2.9	72.2	46.7				200	200		
80	7.7	4.6	115.4	66.7				200	200		
100	9.6	5.8	144.3	83.3				200	200		
125	12.0	7.2	180.4	104.2				200	200		
160	15.4	9.2	230.9	133.3				200	200		
200	19.3	11.6	288.6	166.6			100	400	400		
250	24.1	14.4	360.8	208.3				400	400		
315	30.3	18.2		262.5	151.6				400	400	
400	38.5	23.1		333.3	192.5				400	400	
500	48.1	28.9		416.7	240.6				500	500	
630	60.6	36.4		525	303.1				500	500	

表5－8（续）

容量/（kV·A）	干式变压器额定电流/A						高压开关额定电流/A	低压开关额定电流/A			
	一次侧		二次侧					额定电压	额定电压	额定电压	额定电压
	6 kV	10 kV	400 V	693 V	1200 V	3450 V		380 V	660 V	1140 V	3300 V
800	77.0	46.2		666.5	385	133.9			800	500	200
1000	96.2	57.7		833	481	167.4			1000	630	200
1250	120.3	72.2			601.4	209.2	200			630	400
1600	154.0	92.4			769.8	267.8				800	400
2000	192.5	115.5				334.7					400
2500	240.6	144.3				418.4					500
3150	303	181.9				527.2	400				630
4000	385	231				669.4					800

第二节 矿用低压馈电开关

馈电开关的作用相当于一个三相刀闸开关，主要用于线路的接通和分断。但由于馈电开关控制的电流很大，通断电流时将产生较大的电弧，所以馈电开关分断电流要用具有较强灭弧能力的断路器。

隔爆型馈电开关是带有自动跳闸装置的供电开关，对线路具有过载、短路、欠压、漏电等保护作用，主要用于煤矿井下低压配电线路中。由于这种开关用于干线电路中配送电能，故称“馈电”开关；同时，开关内具有脱扣装置，即自动跳闸，也称自动馈电开关。

一、DW 型馈电开关

简单的 DW 型馈电开关电气工作原理如图5－15所示，其电气工作原理与地面的空气开关电路原理基本相同，只是在本电路中每相都装设一个电流脱扣线圈 KA。电路中的电压脱扣线圈 KV 用于漏电保护和绝缘监视的脱扣控制，电压脱扣线圈 KV 的一端接在断路器 QF 下面的中间一相，另一端通过接线端子接到检漏继电器中的一个常开触点上，然后再接电源的另一相。当馈电线路发生漏电或绝缘水平下降到一定程度时，检漏继电器动作，通过电压脱扣线圈 KV 使开关跳闸断电。

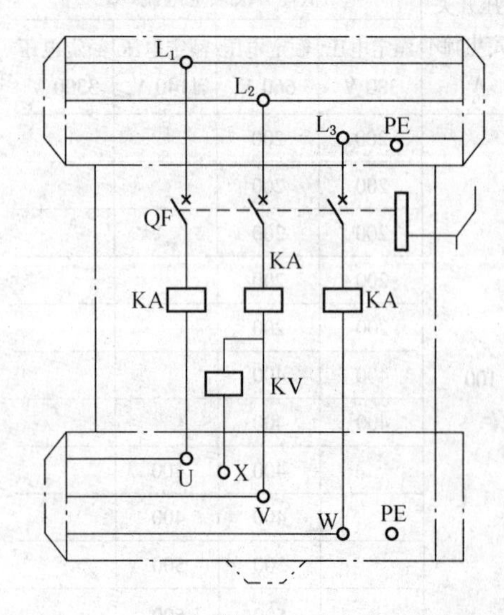

图5－15 DW 型馈电开关电气工作原理

二、BKD－630 型矿用隔爆真空馈电开关

这种馈电开关用于有爆炸性气体、煤尘的矿井中，可作为移动变电站低压总开关，也可作为低压供电系统总开关或分路开关。其型号含义是：B 表示矿用隔爆，K 表示馈电开关，D 表示低压真空，

630 表示开关额定电流。

馈电开关的隔爆外壳呈方形，分为上、下两腔，其中上腔为接线腔，下腔为主腔。接线腔设有进出动力线的大喇叭口和控制线的小喇叭口。主腔内装有真空断路器、互感器、控制电路板等电气元件。主腔的正面面板为铰链门，门上设有按钮和液晶显示观察窗，用于开关的各种操作和观察开关的运行状态；主腔侧面装有操作开关，操作开关与前门之间设有机械闭锁。其外形如图 5－16a 所示。

BKD－630 型矿用隔爆真空馈电开关由主电路、分闸连锁电路、合闸及漏电延时控制电路、综合保护电路等部分组成，其电气工作原理如图 5－16b 所示。

三相电源由进线端子 L_1、L_2、L_3 接入开关，经真空断路器 QF 由出线端子 U、V、W 接开关的负荷。主电路经转换开关 SA 接控制电路电源变压器 TC；为防止真空断路器分断电路时产生过电压，在主电路上接有三相压敏电阻 R_V 电路或三相 RC 吸收电路 FV。

变压器 TC 作为控制电路的电源，其中二次电压 u_1 为分闸线圈电源；u_2 为合闸线圈电源；u_3、u_4 为合闸、延时控制电路电源；u_5、u_6 为综合保护装置电源。

主电路上接有两组电流互感器，其中 TA_1 向保护电路提供过载信号和短路信号，零序电流互感器 TA_2 的输出电流作为漏电保护信号。

开关接通电源后，闭合 SA，控制电路有电，QF_5 为闭合态，合闸、漏电延时控制电路使漏电继电器 K_{LD} 有电吸合，其触点 K_{LD1} 闭合。综合保护装置经 W 相检测电网绝缘情况，若电网绝缘正常，通过其出口触点 KP_1、KP_2 允许电路合闸。随后（延时 1 s）漏电继电器断电，其触点断开，切断检测电路。

合闸时按下合闸按钮 SB_H，中间继电器 K 有电吸合，触点 K_1、K_2 闭合，接通合闸线圈 KV_H，真空触头 QF 闭合，负荷侧有电；触点 K_3 断开，保证合闸期间漏电检测回路不能接通，以避免高压损坏综合保护装置。

真空触头闭合后，QF_1 闭合为接通分闸线圈做准备，QF_2 断开漏电检测回路，QF_3 闭合用于合闸状态下的漏电试验，QF_4、QF_5 的状态作为延时控制电路的输入信号，QF_6 用于开关参数设定（只有在分闸状态下才能设定）。

当 QF_4 闭合、QF_5 断开时，延时控制电路经 300 ms 后使中间继电器 K、合闸线圈 KV_H 相继断电，以避免 KV_H 长时带电而损坏。

分闸时按下分闸按钮 SB_F，分闸线圈 KV_F 有电，主触头 QF 断开，开关分闸；辅助触点 QF_1 断开，使分闸线圈断电；QF_4 断开、QF_5 闭合，此时延时控制电路使漏电继电器 K_{LD} 延时 10 s 后有电吸合，其触点接通检测回路进行漏电检测。

当被保护电路发生过流、短路、漏电等故障时，综合保护装置出口触点 KP_1 转换接通分闸线圈；同时使闭锁继电器 KV_{BS}、欠压继电器 KV_{QY} 断电导致主触头 QF 脱扣断电；出口触点 KP_2 断开，禁止合闸线圈通电。

接线端子 X_1、X_2 用于远方分闸控制；端子 X_3、X_4、X_5 用于馈电开关之间的连锁或风电闭锁，即控制端子 X_3、X_4、X_5 短接，继电器 KV_{BS}、KV_{QY} 有电吸合才能使 QF 合闸。

综合保护装置上的分闸按钮 SB_F 在分闸状态下可作为试验按钮，每按下一次，以过流、短路、过压、欠压的顺序循环进行试验，每项试验有相应的信号显示。每试验一次，系统将被闭锁，按下复位按钮方可进行下一个试验。另外，上翻、下翻、设置按钮用于过载电流、短路电流、绝缘电阻动作值等参数的设置。通信接口可用于系统联网控制。

(a) 外形

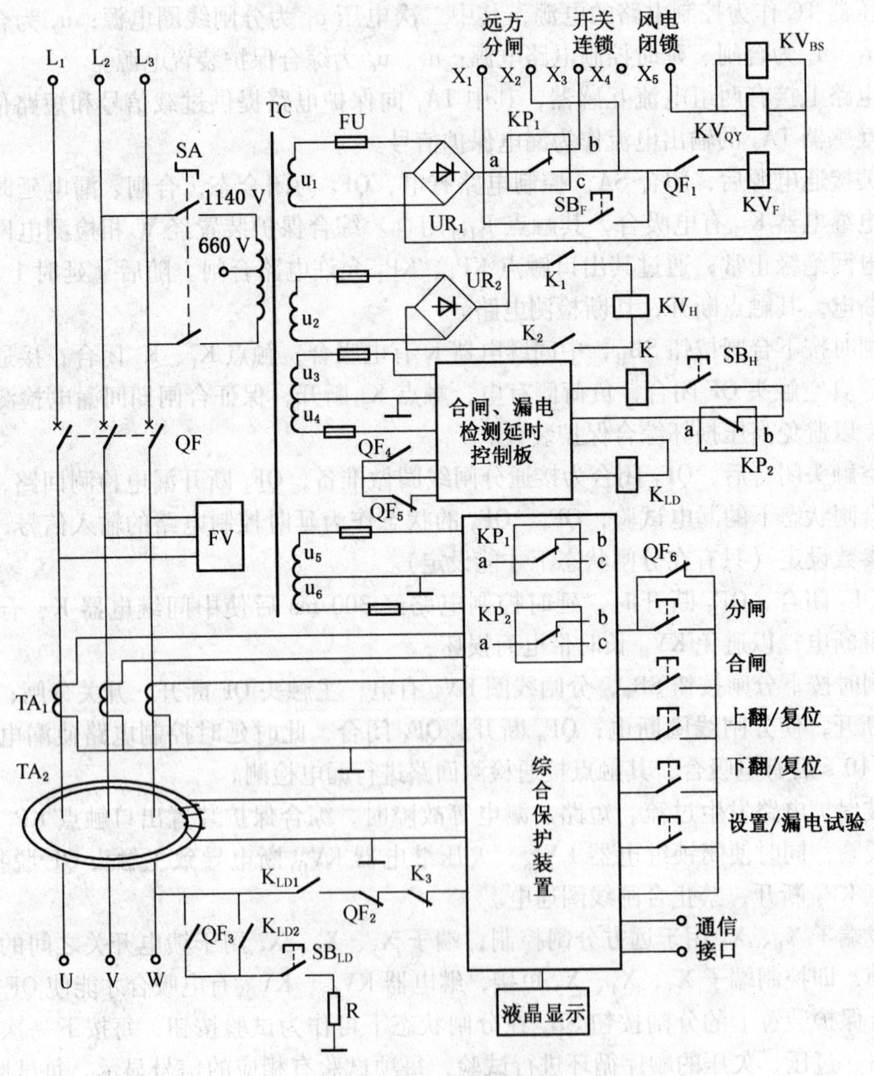

(b) 电气工作原理

图 5-16　BKD-630 型矿用隔爆真空馈电开关

三、KBZ-400(200)/1140(660) 型矿用隔爆真空馈电开关

KBZ-400(200)/1140(660) 型矿用隔爆真空馈电开关适用于煤矿井下和周围介质中含有爆炸性气体的环境中，用于交流电压 1140 V 或 660 V 的中性点不接地电网中，作为低压电网的配电总开关或分支开关。其型号含义是：K 表示馈电开关，B 表示矿用隔爆，Z 表示真空，400(200) 表示开关额定电流，1140/660 表示开关额定电压。

这种开关具有欠压、过载、短路、漏电闭锁、漏电保护、选择性漏电保护等功能，可外接远方分励按钮，并有风电、瓦斯闭锁、超温报警及电度计量等功能。电路采用 CPU 控制的综合保护装置，具有 RS485 或 CAN 通信接口。

1. 结构

馈电开关的隔爆外壳呈方形，内部分隔为接线腔与主腔。接线腔位于主腔上方，内部装有连接主回路与控制回路的接线端子。接线腔两侧各有两个主回路进出电缆的喇叭口和一个连接控制电缆的喇叭口，如图 5-17a 所示。

主腔门为提升铰链门结构，只有先将铰链门提起，方能绕铰链转动开门。铰链门与外壳右侧的分合闸操作手柄之间设有机械闭锁，当操作手柄置于合闸位置时，闭锁螺栓被顶在铰链门的缺口内，阻止铰链门的提升而不能打开；只有当操作手柄置于分闸位置，闭锁螺栓退出缺口，铰链门才能提升打开。

主腔接线端子通过导线和插头与芯体连接，芯体包括隔离开关、真空断路器、电流互感器、控制变压器及熔断器等元件，芯体安装在一个导轨上，芯体可沿导轨整体抽出，以便检修。主腔门的背面装有综合保护装置及相关器件，腔门正面有液晶显示器的观察窗、操作按钮组件等。

2. 电路组成

KBZ-400(200)/1140(660) 型矿用隔爆真空馈电开关的电气工作原理如图 5-17b 所示，由主电路、信号取样电路、真空接触器控制电路及综合保护装置等部分组成。

这种电路的主电路和信号取样电路与 BKD-630 型矿用隔爆真空馈电开关基本相同，所不同的是：用于电流采样的互感器 TA_1 有两组二次线圈，其中一组向综合保护装置提供电流信号，另一组通过保护装置内部触点接在交流电源 u_d 上，用于短路试验。另外，这种电路的三相电抗器 L_S 和零序电抗器 L_0 除用作漏电保护和绝缘监测外，零序电抗器的二次绕组还向保护装置提供零序电压 u_0，三相电抗器的二次绕组向保护装置提供三相电压信号，用于电能的高精度测量。

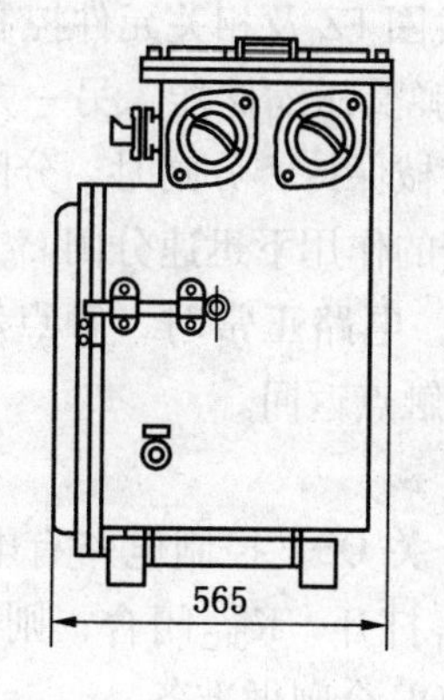

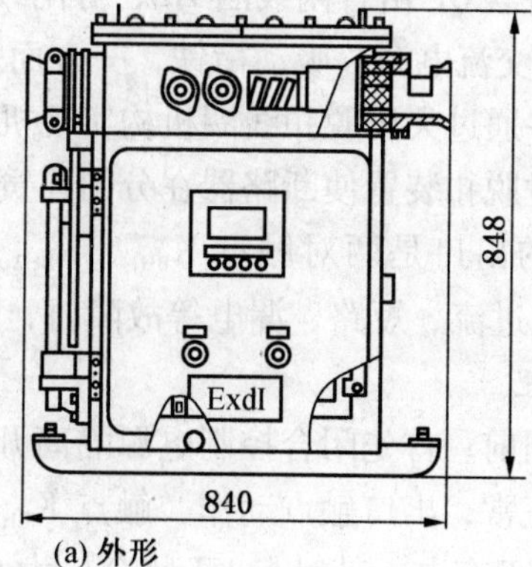

(a) 外形

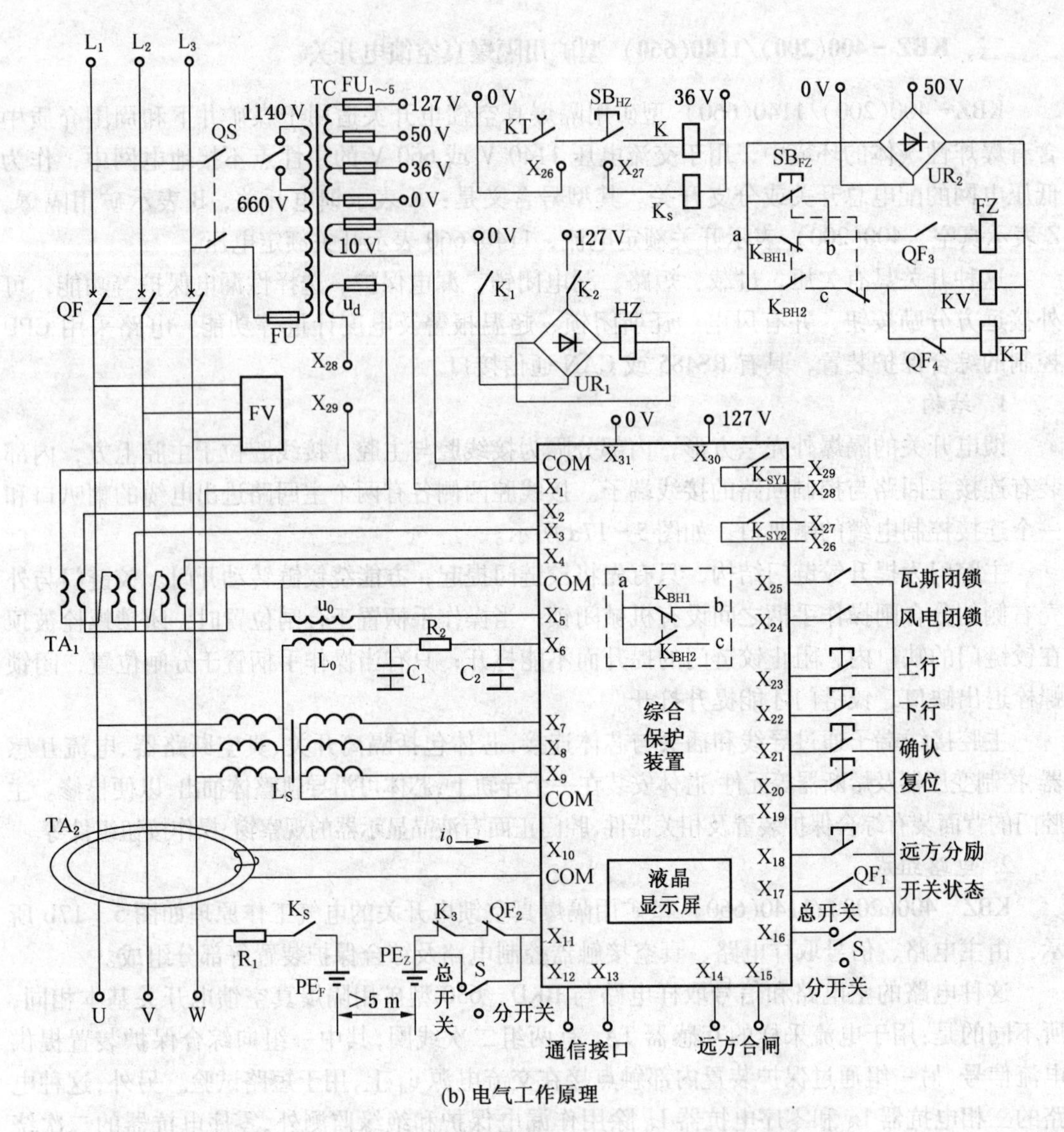

(b) 电气工作原理

图 5-17　KBZ-400(200)/1140(660) 型矿用隔爆真空馈电开关

电路的真空断路器 QF 由合闸线圈 HZ、分闸线圈 FZ 及相关元件控制。合闸时，合闸线圈 HZ 接通 127 V 交流电源，吸动衔铁，一方面弹簧压缩储能，另一方面通过传动装置使真空开关合闸，并通过失压脱扣线圈机构实现机械保持；分闸时，分闸线圈通电，失压脱扣线圈断电，通过脱扣装置使断路器在分闸弹簧的作用下迅速分闸。

综合保护装置的出口是两对触点 K_{BH1}、K_{BH2}，电路正常时，触点动作使 K_{BH1} 打开、K_{BH2} 闭合；电路发生过流、短路、漏电等故障时，触点返回。

3. 电气工作原理

真空断路器合闸前，首先闭合控制电源隔离开关 QS，控制电路有电。综合保护装置开始自检，若电路正常，出口触点动作，触点 K_{BH1} 打开、K_{BH2} 闭合，则失压脱扣线圈 KV 吸合、时间继电器 KT 有电，其触点 KT 闭合，为 QF 合闸做准备。

真空断路器合闸时，按下合闸按钮 SB_{HZ}，中间继电器 K 有电吸合，其触点 K_1、K_2 闭合，接通合闸线圈 HZ 电源，断路器合闸并通过机械保持。同时触点 QF_1 闭合，向保护装置提供馈电开关的工作状态；触点 QF_2 断开，避免在合闸状态下进行漏电试验；触点 QF_3 闭合，为断路器分闸做准备；触点 QF_4 断开，时间继电器 KT 断电，经延时后通过中间继电器 K 断开合闸线圈 HZ 电源，以避免合闸线圈长期通电。

真空断路器分闸时，可通过按钮手动分闸或故障自动分闸，按下分闸按钮 SB_{FZ}，分闸线圈 FZ 有电，同时失压脱扣线圈 KV 断电，断路器分闸断电；故障时，保护装置出口触点 K_{BH1}、K_{BH2} 返回，同样会使断路器分闸断电。

4. 保护与试验

1）漏电闭锁

当隔离开关 QS 合闸后，保护装置将输出直流电压通过以下路径检测电网绝缘水平：端子 X_6→R_2→L_0→L_S→三相电网→绝缘电阻→主接地极 PE_Z→端子 X_{11}。

若系统绝缘电阻低于整定值，保护装置闭锁（出口触点不动作），断路器不能合闸，当电网绝缘水平上升到整定值的 1.5 倍时，保护装置的闭锁自动解除。

2）漏电保护

转换开关 S 打至“总开关”位置时，馈电开关通过以上检测路径，实现无选择性漏电保护。当电网电阻小于整定值时，保护装置出口触点 K_{BH1}、K_{BH2} 返回，真空断路器跳闸断电。整定范围为 0～200 kΩ，步长为 0.1 kΩ；整定时间为 0～99.9 s，步长为 0.1 s。

转换开关打至“分开关”位置时，保护装置根据端子 X_5、X_{10} 输入的零序电压 u_0 和零序电流之间的相位和大小进行选择性漏电保护。整定范围：零序电流为 0～100 mA，步长为 0.1 mA；零序电压为 0.1～99.9 V，步长为 0.1 V；动作时限为 0～99.9 s，步长为 0.1 s。

3）过流保护

对开关负载侧任一相出现的过流时，保护装置都会通过电流互感器 TA_1 提供的信号进行保护。电路过载时，保护装置采用反时限保护，过载倍数与动作时间见表 5－9。过载整定范围为 0～9999 A，步长为 1 A。

表 5－9　保护装置的过载倍数与动作时间

电流过载倍数	动作时限范围	典型动作时限
1.05	＞2 h	2 h
1.20	0.2～1 h	0.4 h
1.50	90～180 s	135 s
2.00	45～90 s	66 s
4.00	14～45 s	29 s
6.00	8～14 s	10 s

电路短路时，短路电流的整定倍数为 1～8 倍，动作时限为 0～99.9 s，步长为 0.1 s。

4）电压保护

馈电开关除采用失压脱扣线圈进行失压保护外，还可利用保护装置进行过压和欠压保护。整定范围：过压保护100%～130%，欠压保护50%～99%，步长均为1%；时间整定均为0～240 s，步长为1 s。

这种馈电开关的综合保护装置除以上保护外，还有两个输入触点 K_{BS1}、K_{BS2}，可实现瓦斯闭锁和风电闭锁等保护。

5）参数整定与试验

由于这种保护装置采用了CPU高速数据处理模块，并采用液晶屏显示、菜单式操作，故通过馈电开关腔门上的按钮（上行、下行、确认、复位）就可实现参数整定、数据查询及短路、过载、漏电等试验。其操作方法就如同操作个人电脑和手机一样方便、直观。

参数整定时，利用上行、下行、确认按钮打开“参数设置”菜单，然后分别进入短路、过载、过压、欠压、漏电等子菜单进行参数整定。

短路试验时，打开“短路试验”菜单，按下确认按钮后，保护装置输出触点 K_{SY1} 自动闭合，将交流电压 u_d 加在电流互感器绕组上，由于绕组阻抗很小，相当于短路电流，故可模拟短路试验。

漏电试验时，打开“漏电试验”菜单，保护装置输出触点 K_{SY2} 自动闭合，通过继电器 K_S 触点，将电网一相（如W相）经模拟电阻接在辅助接地极上，进行漏电试验。

复习思考题

1. 矿用一般型高压配电箱有何作用和特点？

2. BGP6－6型高压配电箱有哪些保护？说明配电箱电流保护装置的基本电气工作原理和漏电监视保护的基本电气工作原理。

3. 说明 BGP_{9L}－10(6) 型高压配电箱的启动原理和微机保护装置具有的功能。

4. 为了适应井下环境，KS_7 型变电器有哪些特点？

5. 高压负荷开关控制的移动变电站和高压断路器控制的移动变电站各有何特点？

6. 说明图5－14所示移动变电站控制电路的电气工作原理。

7. 说明BKD－630型矿用隔爆真空馈电开关的作用、结构特点与电气工作原理。

8. 说明KBZ－400(200)/1140(660) 型矿用隔爆真空馈电开关的结构特点和电气工作原理。

第六章　电力拖动基本知识

电力拖动是以电力为原动力，通过电气设备（如电动机等）带动生产机械来完成一定的生产任务。矿山生产常用的生产机械，如提升机、采煤机、掘进机、输送机、水泵、绞车等都是采用电动机拖动的。采用电力拖动具有以下优点：

（1）电能输送方便、经济，便于分配。

（2）可满足不同类型生产机械的需要，并且拖动效率高。

（3）拖动性能好，能达到生产工艺要求的最佳工作状态。

（4）能进行远距离监视、测量和控制，便于集中管理，容易实现生产过程的自动化。

第一节　电力拖动系统

随着现代科学技术的发展、创新，电力拖动系统将会发生突飞猛进的变化。特别是新型控制元件的开发和电力半导体、微电子技术、微型计算机的应用，使拖动系统的自动化程度日益提高，工作性能进一步完善。

一、电力拖动系统的组成及运动方程式

1. 电力拖动系统的组成

电力拖动系统由电源、电动机、生产机械、控制设备组成，如图6-1所示。

1）电源

电源用于向拖动系统提供能源。主要由变压器、各种高低压开关和继电保护装置及各类仪表、仪器等组成，以便向电动机及控制设备合理配电。

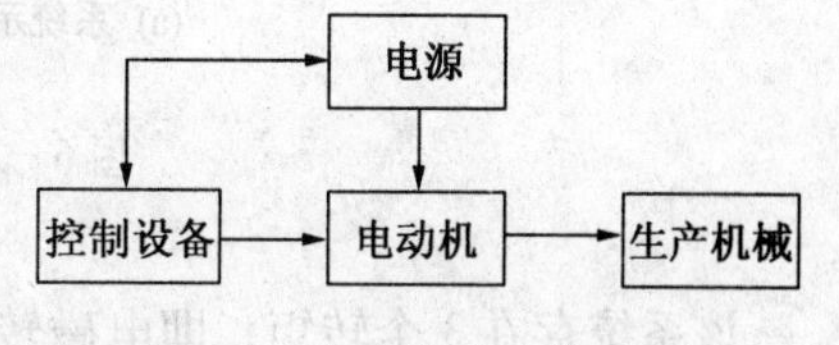

图6-1　电力拖动系统示意图

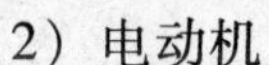
2）电动机

电动机是生产机械的原动机，其作用是将电能转变为机械能，带动生产机械工作。

根据电动机的分类，电力拖动分为交流拖动系统和直流拖动系统。用交流异步电动机和交流同步电动机拖动生产机械的系统称为交流拖动系统，用直流电动机拖动生产机械的系统称为直流拖动系统。

交流电动机具有结构简单、操作方便、造价低、易维护等优点，但它的启动电流大，调速性能差，所以交流拖动多用于不要求调速的系统，如水泵、采掘机械等；而同步电动机用于压风、通风等大功率恒速系统。随着变频技术的发展，交流电动机的调速性能有了很大的改善，从而广泛用于各个领域。

直流电动机具有调速性能好的特点，但成本高，维护工作量大，并需要专门的直流电源，多用于调速性能要求较高的系统中。随着电力半导体器件的开发和控制理论的发展，

直流拖动系统被逐步应用于各种生产机械。

根据系统中电动机的数量，电力拖动又分为单机拖动和多机拖动。单机拖动结构简单，应用较广；多机拖动常用于大功率和有特殊控制要求的系统中。

3）生产机械

生产机械是电动机拖动的对象，如提升机、通风机、水泵等。有时生产机械需要改变运行方式传递动力，电动机将通过传动装置拖动生产机械。

4）控制设备

控制设备是按照生产机械的要求去控制电动机的启动、调速、制动等运行过程。控制设备由各种控制电器和控制电动机组成。随着电子技术的发展和微型计算机的应用，控制设备将逐步成为一个完善的智能型自动化系统。

2. 拖动系统的运动方程式

在拖动系统中，电动机将电能转换为机械能，并通过一定的传动方式带动生产机械按照要求实现生产工艺过程。如提升系统，电动机通过减速器带动卷筒按生产要求提升重物，如图6－2所示。

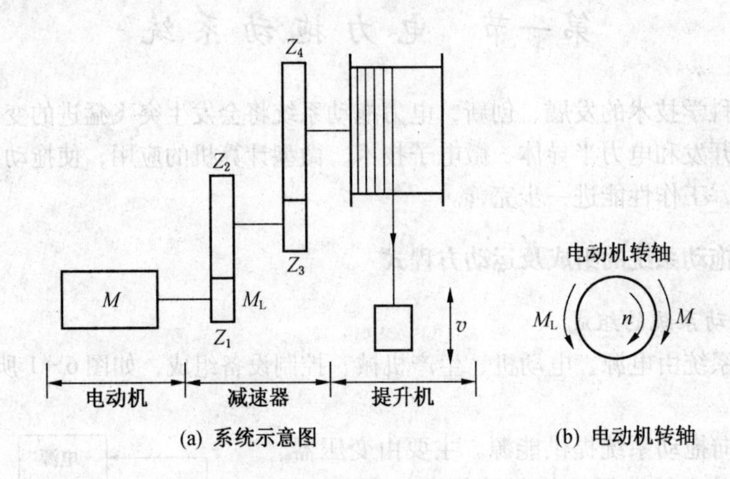

图6－2　提升机传动系统示意图

该系统存在3个转矩，即电磁转矩 M、负载转矩 M_L、惯性转矩 M_β。电磁转矩 M 由电动机将电能转化而来，也称为拖动转矩。负载转矩 M_L 包括重物的重力和系统摩擦阻力产生的转矩，也称为静阻转矩。惯性转矩 M_β 由提升速度 v 变化而产生。

根据动力学定律，该系统运动方程的一般形式为

$$M - M_L = M_\beta \tag{6-1}$$

$$M_\beta = J\frac{\Delta\omega}{\Delta t} \tag{6-2}$$

$$\frac{\Delta\omega}{\Delta t} = \frac{\omega_2 - \omega_1}{t_2 - t_1}$$

式中　J——系统转动惯量，$\mathrm{kg \cdot m^2}$；

$\frac{\Delta\omega}{\Delta t}$——角速度变化的快慢，$\mathrm{rad/s^2}$；

ω_1、ω_2——时间 t_1、t_2 对应的角速度，rad/s。

式（6-2）表明当系统转速发生变化时，转速变化的快慢（也称为变化率）与动态转矩成正比。在实际工程中，转速 n 常用每分钟的转数(r/min）表示,则角速度可表示为

$$\omega=\frac{2\pi n}{60}=\frac{n}{9.55} \tag{6-3}$$

将式（6-3）代入式（6-1）和式（6-2）得到用转速 n 表示的系统运动方程式为

$$M\quad M_{\mathrm{L}}=\frac{J}{9.55}\cdot\frac{\Delta n}{\Delta t} \tag{6-4}$$

式（6-4）说明系统在运行过程中，当$\frac{\Delta n}{\Delta t}=0$时，表示速度没有变化，系统处于匀速运动的稳定状态，这时 $M=M_{\mathrm{L}}$，说明电动机的拖动转矩用于平衡静阻转矩，如图 6-2b 所示。当$\frac{\Delta n}{\Delta t}>0$时，表示系统为加速运动状态，这时 $M>M_{\mathrm{L}}$，说明电动机的拖动转矩有一部分用于系统的加速。当$\frac{\Delta n}{\Delta t}<0$时，表示系统为减速运动状态，这时 $M<M_{\mathrm{L}}$，说明惯性转矩的一部分用来平衡静阻转矩。

二、机械特性

由于拖动系统中转矩改变时将导致系统速度的变化，它们之间的关系称为系统的转矩-转速特性，也称为机械特性。在实际工作中，只有将电动机的机械特性和生产机械的机械特性适当配合，才能实现电力拖动系统的正常运行。

（一）电动机的机械特性

电动机的机械特性是指电动机的电磁转矩 M 与转速 n 之间的关系，即

$$n=f(M) \tag{6-5}$$

电动机的机械特性可用特性方程式或特性曲线表示，它是生产机械选配电动机和分析拖动系统的重要依据。

不同类型的电动机在不同的运行条件下具有不同的机械特性，矿井常用电动机的机械特性曲线如图 6-3 所示。

为了描述电动机的性能，可用机械特性的硬度来说明电动机具有的特性。机械特性的硬度是指电动机转矩的改变引起转速变化的程度。硬度用字母 β 表示，其定义为

$$\beta=\frac{\Delta M}{\Delta n} \tag{6-6}$$

即特性曲线上转矩的变化量 ΔM 与对应对转速的变化量 Δn 之比。

不同的电动机其硬度不同。根据 β 的大小，电动机的机械特性可分为 3 种类型：

（1）绝对硬特性。当转矩变化时，电动机的转速恒定不变，其 $\beta\to\infty$，这是同步电动机具有的机械特性，如图 6-3 中曲线 1 所示。

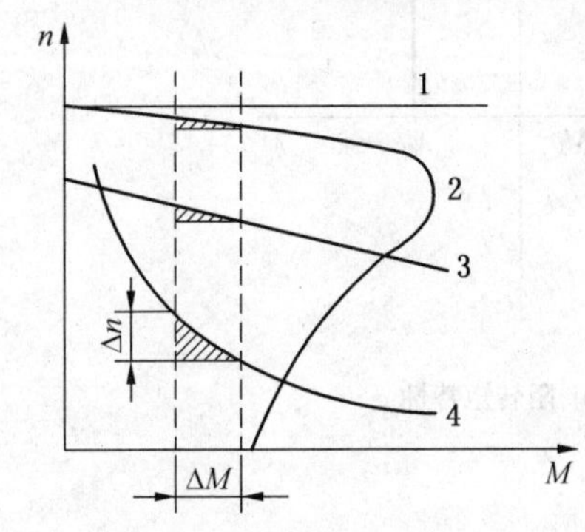

1—同步电动机；2—异步电动机；3—直流他励电动机；4—直流串励电动机

图 6-3　常用电动机的机械特性曲线

（2）硬特性。当转矩变化时，电动机的转速变化不大，由于特性曲线是下降的，即随着转矩的增加转速降低，故β为负值，一般$\beta=-(40\sim10)$。异步电动机机械特性曲线的平直部分和直流他励电动机具有这种特性，如图6-3中曲线2、3所示。

（3）软特性。当转矩变化时，电动机的转速变化很大，一般$\beta=-(5\sim1)$。直流串励电动机具有这种特性，如图6-3中曲线4所示。

硬特性的电动机具有转速比较稳定、受负载变化影响较小的特点，适用于采煤机、输送机、绞车和水泵等机械设备的电力拖动。软特性的电动机具有转矩增加转速自动降低的特点，适用于电机车等要求平稳启动的机械。

实际生产中为了满足生产机械运行的要求，可以人为地改变电动机的机械特性。所以，按电动机的运行条件，机械特性又可分为固有机械特性和人为机械特性。

（1）固有机械特性。固有机械特性也称自然特性，是在电动机额定电压、额定频率（交流电动机）、额定励磁电流（直流电动机）的条件下，电动机回路无附加电阻或电抗时得到的机械特性。

（2）人为机械特性。人为机械特性也称人工特性，是通过改变电动机的电压、频率、励磁电流及串接电阻、电抗的方法而得到的机械特性。利用人为机械特性可以满足不同生产工艺过程的需要。

（二）生产机械的机械特性

电力拖动系统中的生产机械泛指电动机带动运转的对象，如水泵、采煤机、输送机等。这些机械的转矩M_L与转速n之间的关系称为生产机械的机械特性，可表示为

$$n=f(M_L) \tag{6-7}$$

不同类型的生产机械具有不同的特性。矿山常用机械的机械特性可分为以下3类。

1. 恒转矩特性

恒转矩特性是指转速改变时转矩不发生变化，即负载转矩保持定值，如图6-4所示。属于这类负载的生产机械很多，如提升机、带式输送机、采煤机等。

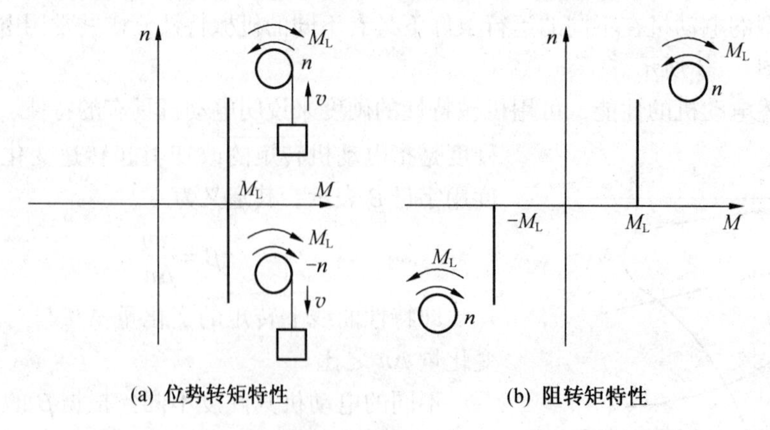

图6-4 恒转矩特性

恒转矩特性又分为位势转矩特性和阻转矩特性。

位势转矩特性的转矩方向与转速方向无关，即负载转矩的作用方向始终保持不变，负

载具有储能特性。如提升机提升负载过程中，当提升载荷时，负载转矩方向与转速方向相反，电动机对负载做功，负载获得位能；当下放载荷时，负载转矩方向不变，转速方向改变与转矩方向相同，负载的位能转化为动能，其特性如图6－4a所示。由于负载转矩的方向不随转向变化，故特性位于第一及第四象限。

阻转矩特性的特点是当转速方向改变时，负载转矩方向将随之改变；并且负载转矩的方向始终与转向相反，起阻碍运动的作用。显然这种转矩是由物体运动中的摩擦阻力产生的，故也称摩擦转矩。其特性如图6－4b所示，位于第一及第三象限。

2. 变转矩特性

变转矩特性的特点是负载转矩的大小与转速的平方近似成正比，如图6－5所示。当转速较低时，转矩很小；随着转速的升高，转矩很快增大。通风机、水泵具有这种特性，故这种特性也称通风机特性。

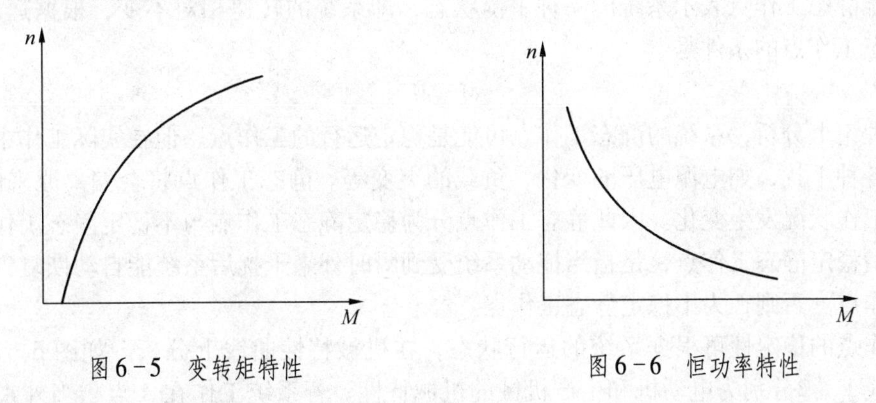

图6－5　变转矩特性　　　　图6－6　恒功率特性

3. 恒功率特性

恒功率特性的特点是负载转矩的大小与转速成反比。由于负载功率为

$$P_{\mathrm{L}} = M_{\mathrm{L}}\omega = M_{\mathrm{L}}\frac{2n\pi}{60} = \frac{nM_{\mathrm{L}}}{9.55} \tag{6-8}$$

当功率恒定时，转矩 M_{L} 与转速 n 成反比，其特性如图6－6所示。

属于这类负载的机械有采煤机及切削车床等。当车床在粗加工时，由于切削量大，切削负载转矩大，车床转速低；在精加工时，切削量小，切削负载转矩小，车床高速运行，从而保持功率恒定。

三、拖动系统的稳定工作点

当电动机拖动生产机械运行时，尽管电动机和生产机械都有自己的机械特性，但生产机械产生的负载转矩会通过一定的传动方式作用在电动机轴上。也就是说，拖动系统的机械特性是由电动机的机械特性和生产机械的机械特性共同组成。所以可将两个特性画在同一 $M-n$ 坐标图上来分析系统的运行状况。

图6－7为某电动机拖动一恒转矩负载在特定条件下运行的状况。由图6－7可见，系统会以 n_{A} 的转速稳定运转。这时转速 n_{A} 与负载转矩 M_{L} 就形成系统的静态工作点 A。也就是说，系统的静态工作点是由两条特性曲线的交点构成，表示电动机以何种转速带动生产机械稳定运行。

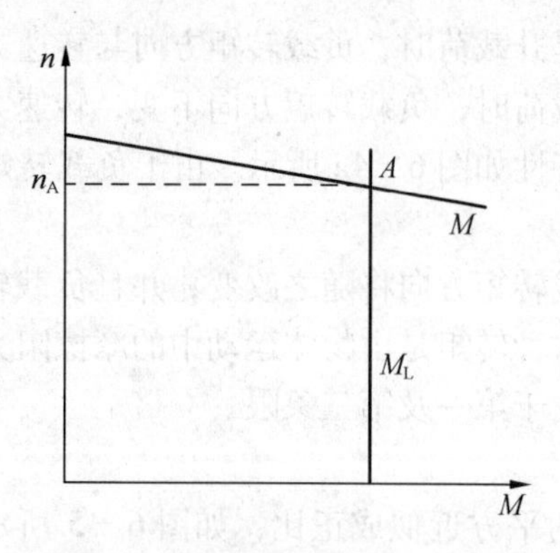

图6-7　拖动系统的静态工作点

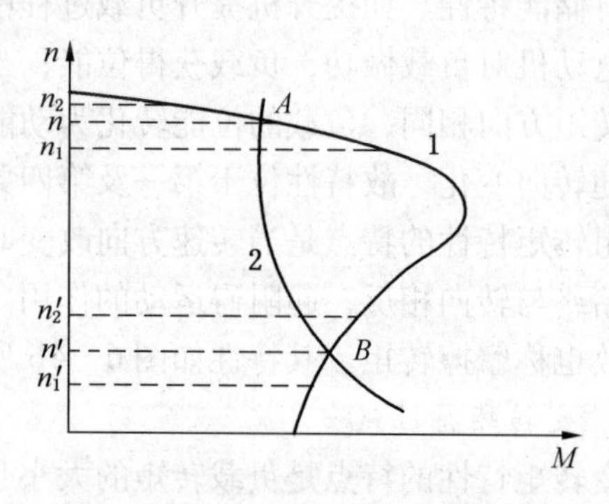

图6-8　拖动系统的工作点分析

由于静态工作点表示系统的一种平衡状态，即系统的转速相对不变，根据运动方程，确定静态工作点的条件是

$$M = M_L \tag{6-9}$$

从理论上分析，系统的静态工作点可能是稳定运行的工作点。但在实际工作中，系统会受到各种干扰，如电源电压的变化、负载的突变等。静态工作点将会偏离原来的位置，使系统工作状况发生变化。因此静态工作点分为稳定静态工作点与不稳定静态工作点。

所谓稳定静态工作点，是指当拖动系统受到瞬时外来干扰后系统能自动恢复到原来的静态工作点。否则，为不稳定静态工作点。

工作点的稳定性可根据系统的运行状态，在机械特性曲线上分析。如图6-8所示，图中曲线1、2分别为电动机和生产机械的机械特性。若系统工作在A点，当外来干扰使系统的转速由n降低到n_1，这时电动机的电磁转矩M大于负载转矩M_L，由式（6-4）可知，$\frac{\Delta n}{\Delta t}>0$时系统将加速，当干扰消失后转速将趋向$A$点。同理，当干扰使转速由$n$升高到$n_2$时，$M<M_L$，$\frac{\Delta n}{\Delta t}<0$，系统将减速，干扰消失后转速趋向$A$点。故$A$点为系统的稳定静态工作点。

当系统工作在B点时，若外来干扰使转速n'降低到n'_1，由图6-8可见，这时$M_L>M$，由运动方程可知，$\frac{\Delta n}{\Delta t}<0$，系统将进一步减速而远离工作点$B$；若外来干扰使$n'$升高到$n'_2$，则$M>M_L$，$\frac{\Delta n}{\Delta t}>0$，系统将进一步加速而远离工作点$B$。故$B$点为不稳定静态工作点。

由以上分析可知，当系统由于外来干扰使转速降低时，若$M>M_L$，则$\frac{\Delta n}{\Delta t}>0$，或当系统由干扰引起转速升高时，若$M<M_L$，则$\frac{\Delta n}{\Delta t}<0$。这种情况下的工作点都能回到原来的位置，属于稳定静态工作点，否则就为不稳定静态工作点。

工作点的稳定性是由电动机的机械特性和生产机械的机械特性之间的配合关系所决定的。对于同一类型的生产机械，选择不同的电动机可使系统的工作点稳定或不稳定。如图

6-9所示，工作点 P 对于电动机 M_1 是稳定的，对于 M_2 是不稳定。同样，对于同一台电动机，所拖动的生产机械不同，也可能使系统的工作点稳定或不稳定。如图6-10所示，工作点 P 对生产机械 M_{L1} 是稳定的，对 M_{L2} 是不稳的。

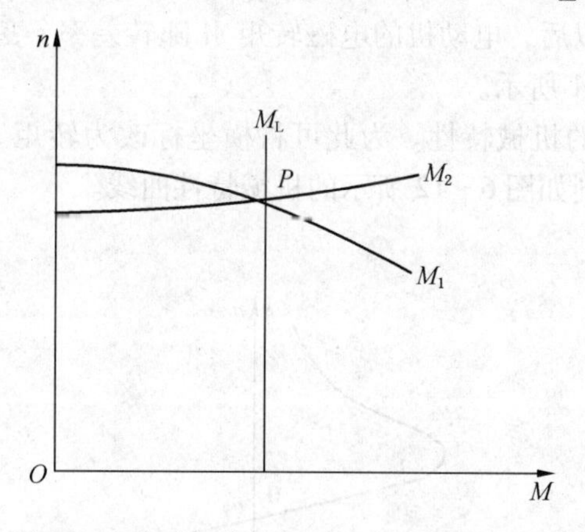

图6-9　电动机特性与工作点稳定性的关系

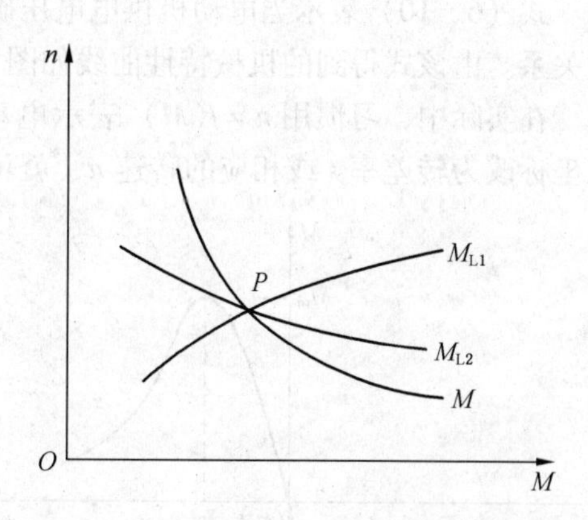

图6-10　负载特性与工作点稳定性的关系

第二节　交流异步电动机的电力拖动

交流异步电动机也称感应电动机。由于这种电动机要将交流电能转换为机械能，所以电动机采用正弦交流电源供电。异步电动机的结构主要包括转子和定子两部分。按转子结构的不同，异步电动机可分为笼型和绕线式两种。笼型异步电动机具有结构简单、使用方便、价格低、运行中不产生火花等优点；而绕线式异步电动机的转子绕组通过滑环引出，可外接附加电阻，用于改善电动机的调速性能。

一、交流异步电动机的机械特性

（一）机械特性方程式

由电动机原理得到其参数方程式为

$$M=\frac{mpU^2\frac{r_2'}{s}}{2\pi f\left[\left(r_1+\frac{r_2'}{s}\right)^2+(X_1+X_2')^2\right]} \tag{6-10}$$

$$s=\frac{n_0-n}{n_0} \tag{6-11}$$

$$n_0=\frac{60f}{p} \tag{6-12}$$

式中　m——电源相数；

f——电源频率，s^{-1}；

U——电源电压，V；

r_1、X_1——定子绕组每相电阻和电抗，Ω；

r_2'、X_2'——转子绕组每相电阻和电抗的折合值，Ω；

s——电动机的转差率；

n_0——电动机同步转速，r/min；

p——电动机磁极对数。

式（6-10）表示当电动机供电电压确定以后，电动机的电磁转矩 M 随转差率 s 变化的关系。由该式得到的机械特性曲线如图6-11所示。

在实际中，习惯用 $n=f(M)$ 表示电动机的机械特性。为此可将横坐标改为转矩 M，纵坐标改为转差率 s 或相应的转速 n，就可得到如图6-12所示的机械特性曲线。

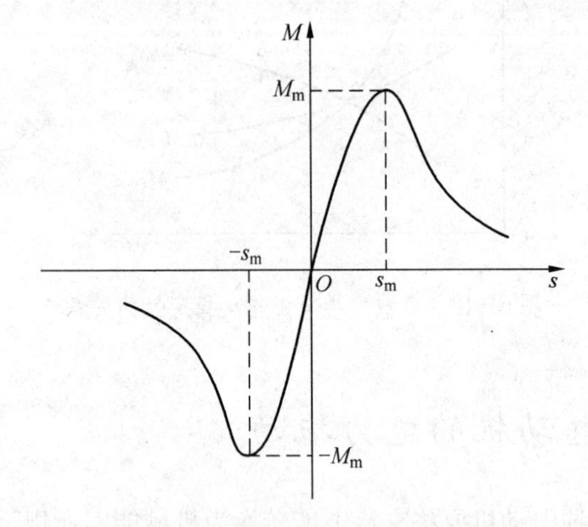

图6-11 异步电动机的机械特性曲线

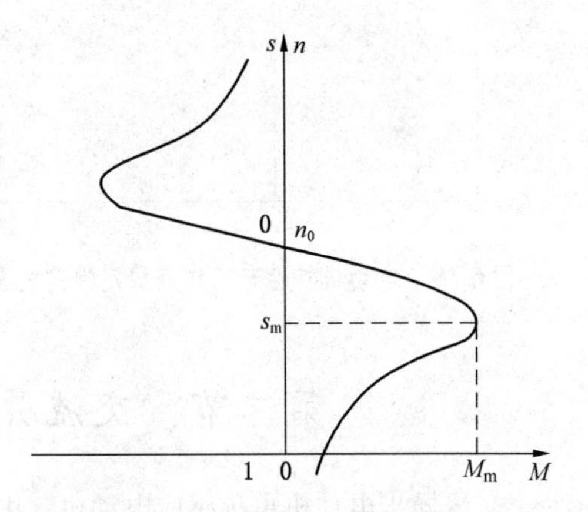

图6-12 异步电动机 $n=f(M)$ 曲线

由机械特性曲线可见，当转差率 $s=s_m$ 时，转矩会出现一个最大值 M_m，称为电动机的最大转矩。对应的转差率 s_m 称为临界转差率，由电动机原理可知，s_m、M_m 分别为

$$s_m=\frac{r'_2}{\sqrt{r_1^2+(X_1+X'_2)^2}} \tag{6-13}$$

$$M_m=\frac{mp}{2\pi f}\frac{U^2}{2[r_1+\sqrt{r_1^2+(X_1+X'_2)^2}]} \tag{6-14}$$

对于实际的电动机，由于 $r_1\ll(X_1+X'_2)$，故 r_1 可忽略，则上式可变为

$$s_m\approx\frac{r'_2}{X_1+X'_2} \tag{6-15}$$

$$M_m\approx\frac{mp}{2\pi f}\frac{U^2}{2(X_1+X'_2)} \tag{6-16}$$

在实用中若负载转矩大于 M_m，电动机因过载而停转，所以电动机的额定转矩 M_N 都要小于最大转矩 M_m。为了防止电动机过载，定义 M_m 与 M_N 之比为电动机的过载倍数 λ，即

$$\lambda=\frac{M_m}{M_N} \tag{6-17}$$

一般电动机的 λ 取1.6~2.2。过载倍数也称为过载能力，它反映电动机在额定转矩时的过载极限。

式（6-10）是电动机的机械参数方程式，在实际中，应用式（6-10）分析、计算电动机的转矩与转速时比较复杂，且电动机的参数也不易得到，所以常采用下式所示的电动机机械特性实用公式：

$$M=\frac{2M_{\mathrm{m}}}{\frac{s_{\mathrm{m}}}{s}+\frac{s}{s_{\mathrm{m}}}} \tag{6-18}$$

实用公式有一定误差，但简单适用。当 s 较小时精度较高，s 越大时误差越大。在额定转矩 M_{N} 时，上式变为

$$\frac{M_{\mathrm{N}}}{M_{\mathrm{m}}}=\frac{2}{\frac{s_{\mathrm{m}}}{s_{\mathrm{N}}}+\frac{s_{\mathrm{N}}}{s_{\mathrm{m}}}}=\frac{1}{\lambda} \tag{6-19}$$

解式（6-19）可求得临界转差率 s_{m} 为

$$s_{\mathrm{m}}=s_{\mathrm{N}}(\lambda+\sqrt{\lambda^{2}-1}) \tag{6-20}$$

可见，在已知电动机额定功率、额定转速和过载倍数的情况下，很容易求得电动机的机械特性方程。

异步电动机在额定负载下运行时，由于其转差率 s 很小，则 $\frac{s}{s_{\mathrm{m}}}\ll\frac{s_{\mathrm{m}}}{s}$，式（6-18）可进一步简化为

$$M=\frac{2M_{\mathrm{m}}}{s_{\mathrm{m}}}s \tag{6-21}$$

可见，电动机的 M 与 s 成正比，其机械特性为一直线。

由以上分析可知，异步电动机的机械特性可分为两部分：当电动机的转差率小于临界转差率 s_{m} 时，机械特性近似为直线，称为电动机的工作部分，电动机无论带任何种类的负载都能稳定运行；当 $s\geqslant s_{\mathrm{m}}$ 时，机械特性为一曲线，它对恒转矩负载不能稳定运行，在实际工作中应加以注意。

（二）固有机械特性

固有机械特性是指异步电动机在额定电压、额定频率条件下定子绕组按规定方法接线，转子回路不接电阻、电抗时所获得的机械特性。其特性方程为式（6-10）或式（6-18），其 $n=f(M)$ 曲线如图6-13所示。在电动机运行过程中，其特性曲线上有4个特殊点。

1. *启动点 A*

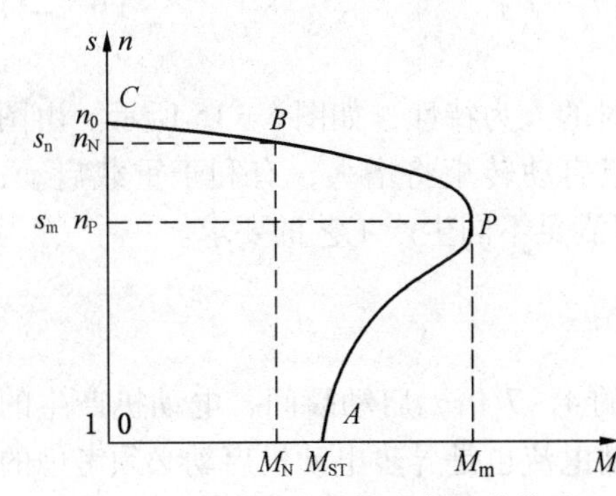

图6-13　异步电动机固有机械特性曲线

启动瞬间 $n=0$，转差率 $s=1$，此时特性曲线对应的转矩称为启动转矩。将 $s=1$ 代入式（6-10）得到启动转矩 M_{ST} 为

$$M_{\mathrm{ST}}=\frac{mp}{2\pi f}\frac{U^{2}r'_{2}}{(r_{1}+r'_{2})^{2}+(X_{1}+X'_{2})^{2}} \tag{6-22}$$

可见，启动转矩的大小与电源电压的平方成正比。

2. *额定工作点 B*

B 为额定负载下的工作点，其特点是 $n = n_N$，$s = s_N$，$M = M_N$。

3. 同步点 C

同步点 C 的电磁转矩 $M = 0$，对应的转速称为同步转速 n_0。C 点是电动机工作在电动状态与发电状态的转折点。

4. 临界点 P

临界点 P 的电磁转矩出现最大值 M_m，对应临界转差率 s_m。由式（6－14）可知，M_m 正比于电源电压的平方。

（三）人为特性

由式（6－10）可见，人为改变电源电压 U、频率 f、电阻 r 和 r'_2、电抗 x_1 和 x'_2 的值，即可得到不同的人为特性。

1. 降低电源电压的人为特性

当降低电源电压时，由式（6－14）和式（6－22）可知，电动机的最大转矩 M_m 和启动转矩 M_{ST} 与电源电压 U^2 成正比地降低，电动机的临界转差率 s_m 与 U 无关而保持不变，电动机的同步转速 $n_0 = \frac{60f}{p}$ 与 U 无关亦不变。

根据以上特点，即可得到降低电源电压的人为特性，其特性曲线如图6－14所示。由图6－14可见，这时的人为特性不仅 M_m、M_{ST} 降低，而且工作部分的特性变软。

2. 转子回路串接附加电阻的人为特性

在绕线式异步电动机转子回路串接对称附加电阻 R_A，则由式（6－13）、式（6－22）可得到

$$s_m = \frac{r'_2 + R'_A}{\sqrt{r_1^2 + (X_1 + X'_2)^2}} \tag{6-23}$$

$$M_{ST} = \frac{mp}{2\pi f} \frac{U^2 (r'_2 + R'_A)}{[r_1 + (r'_2 + R'_A)]^2 + (X_1 + X'_2)^2} \tag{6-24}$$

式中　R'_A——转子回路串接对称附加电阻的折合值，Ω。

可见，临界转差率 s_m 将随 R_A 的增大而增大，启动转矩 M_{ST} 将随 R_A 的变化而变化，而 n_0、M_m 因与转子回路串接对称附加电阻无关而不变，所以当 R_A 较小时，M_{ST} 随 R_A 增大而增大（分子比分母增大得快）；当 R_A 增大到 $s_m = 1$ 时，启动转矩 M_{ST} 为最大转矩 M_m。这时对应的附加电阻 R'_A 可由式（6－23）求得，即为

$$R'_A = \sqrt{r_1^2 + (X_1 + X'_2)^2} - r'_2 \tag{6-25}$$

当 R_A 继续增大时，M_{ST} 开始下降。

由以上分析可得到转子回路串接对称附加电阻时的人为特性，如图6－15所示。由图6－15可见，随着附加电阻 R_A 的增大特性变软，但启动转矩将增大，有利于重载启动；并且还可以通过改变 R_A 的大小来调整启动转矩，以满足不同生产工艺的要求。

二、交流异步电动机的启动

由于异步电动机的启动电流可达额定工作电流的4～7倍，启动瞬间，电动机产生的冲击电流将会影响电网的正常运行。因此，限制启动电流也是异步电动机启动必须考虑的问题。

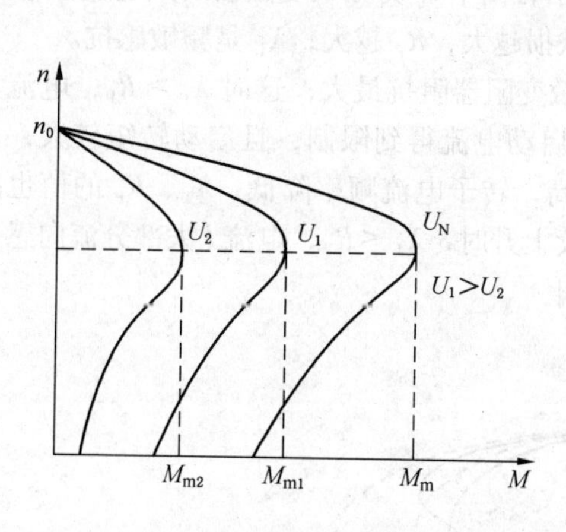

图 6-14　降低电源电压的人为特性

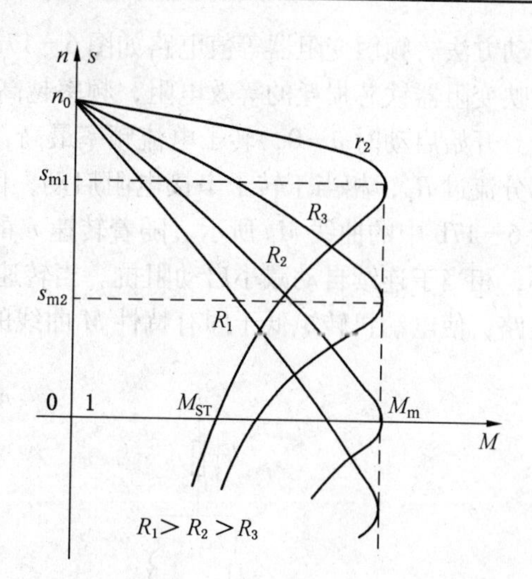

图 6-15　转子回路串接对称附加电阻的人为特性

异步电动机常用的启动方法有直接启动、降压启动和转子回路串接电阻启动。直接启动和降压启动常用于笼型电动机；转子回路串电阻或阻抗启动用于绕线式电动机。

1. 直接启动

直接启动也称全压启动，是一种最简单的启动方法。启动时将额定电压直接加在定子绕组上使电动机启动。这种方法对容量较大的电动机将会产生很大的启动电流，所以要求电网要有足够大的容量。否则，直接启动只能用于小容量异步电动机。

2. 降压启动

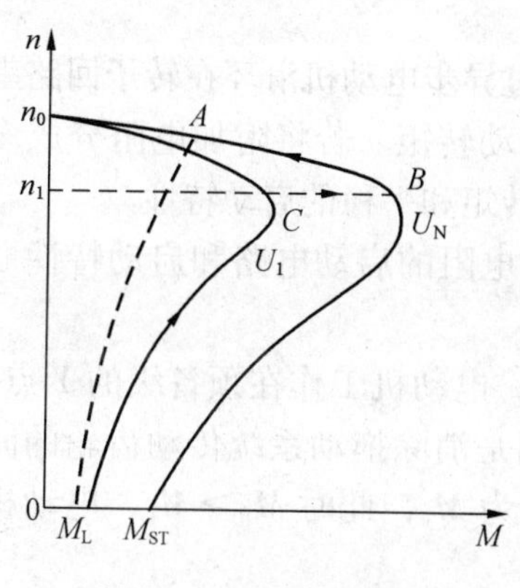

图 6-16　异步电动机降压启动机械特性

降压启动是在启动瞬间采用不同的方式将加在电动机定子绕组上的电压降低，使电动机在低于额定电压的条件下启动，从而减小启动电流。当转速升高到一定程度后再投入全压使电动机在额定电压下正常运行。常用的降压启动方式有定子串接电阻或电抗降压启动、用自耦变压器降压启动、星形-三角形变换降压启动、延边三角形降压启动等。

采用降压启动的机械特性曲线如图 6-16 所示。启动时电动机的启动转矩 M_{ST} 要大于负载转矩 M_L（如通风机负载），工作点沿 U_1 特性曲线上升，当 $n=n_1$ 时投入全压，工作点由 C 点移到 B 点（转速不能突变）后，又沿固有特性上升到额定工作点 A 稳定运行。

这种启动方法在一定范围内限制了启动电流，但由于降低定子电压后将造成转矩成平方规律下降，所以采用降压启动应考虑降压后的转矩必须大于负载转矩，否则电动机将不能启动。

3. 转子回路串接频敏电阻器启动

由于频敏变阻器可等效成电阻与感抗并联的电路，所以这是一种转子绕组串接阻抗的启动方法。频敏变阻器等值电路如图6－17a所示，图中r_b为频敏变阻器线圈电阻；R_P是反映变阻器铁芯损耗的等效电阻，频率越高，铁损越大，R_P越大；X_L是频敏感抗。

开始启动时$n=0$，转子电流频率最高，频敏变阻器阻抗最大；这时$X_L>R_P$，电流大部分流过R_P，相当于转子串接电阻启动，因而启动电流得到限制，且启动转矩较大，如图6－17b中的曲线M_P所示。随着转速n的升高，转子电流频率降低，X_L、R_P的值也减小，相当于连续自动减小启动阻抗。当转速继续上升时，$X_L<R_P$，电流I大部分流向感抗支路，使电动机转矩低于固有特性M曲线的转矩。

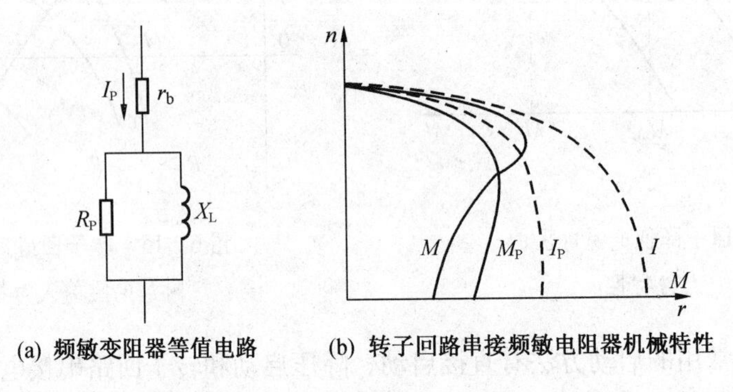

(a) 频敏变阻器等值电路　　(b) 转子回路串接频敏电阻器机械特性

图6－17　频敏变阻器及其启动特性曲线

若频敏变阻器选得合适，可得到恒转矩特性。由于转子串接频敏变阻器后电动机机械特性变软，故启动完毕应将频敏变阻器短接，使电动机恢复到固有特性曲线上运行。图6－17b中的电流I_P、I曲线（虚线）分别为电动机串接频敏变阻器和不串接频敏变阻器时的电流变化情况。

4. 转子回路串接附加电阻启动

绕线式异步电动机转子回路串接附加电阻启动，是通过异步电动机滑环在转子回路串入附加电阻，这样既可限制启动电流，又可获得较高的启动转矩。若将附加电阻分成多段，随转速升高逐段切除附加电阻，还能获得恒定的启动转矩和平稳的启动特性。

图6－18所示为绕线式异步电动机转子回路串接附加电阻的启动电路和启动特性曲线。该启动电路由一级预备级和四级加速级组成。

启动时，电动机定子加额定电压，转子串入全部电阻，电动机工作在预备级的Y点，这时的转矩M_Y小于负载转矩M_L，转子不动。其主要作用是消除拖动系统传动齿轮的间隙和紧绳等；当切除第一段电阻后，电动机的电磁转矩变为M_1，此时$M_1>M_L$，电动机的工作点由A点并沿R_1特性曲线上升（加速）。

当电动机速度上升到B点（对应的$M=M_2$、$n=n_2$）时，切除第二段电阻，工作点由B点平移到C点（转速不能突变），然后沿R_2特性曲线上升（继续加速）。

当电动机速度上升到D点（对应的$M=M_2$、$n=n_3$）时，切除第三段电阻，工作点由D点平移到E点后又沿R_3特性曲线上升。如此一段一段地切除电阻，电动机就在不同的特性曲线上加速，最后将所有附加电阻切除，电动机过渡到固有特性曲线上的额定工作点N，从而完成启动过程。

由整个启动过程可见，启动转矩始终在M_1和M_2之间波动，即启动转矩的变化值恒

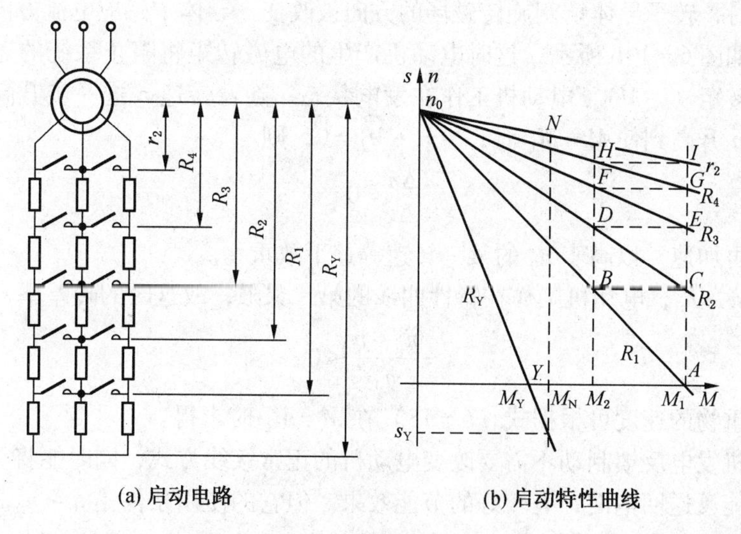

(a) 启动电路　(b) 启动特性曲线

图6-18　绕线式异步电动机转子回路串接附加电阻的启动电路和启动特性曲线

等于 $M_1 - M_2$。M_1 称为启动转矩上限或最大启动转矩，M_2 称为启动转矩下限或切换转矩。

可见，绕线式异步电动机转子回路串接附加电阻的启动方法具有启动平稳、启动转矩大等特点，被广泛用于需要经常启动、调速和启动转矩大的生产机械，如矿井提升机、大型带式输送机等。

三、交流异步电动机的制动

异步电动机的制动有两种工作状态，即电动状态和发电状态。

电动状态的特点是异步电动机的电磁转矩 M 与其转速 n 的方向相同，工作在机械特性曲线的第一象限和第三象限。第一象限表示电动机正转运行，第三象限表示电动机反转运行。工作在电动状态的电动机是将电能转换为机械能。

发电状态的特点是异步电动机的电磁转矩 M 与转速 n 方向相反，工作在机械特性曲线的第二象限和第四象限。这时电动机产生的电磁转矩将阻止拖动系统的运动，故称为制动转矩。

异步电动机的制动方式有发电反馈制动、反接制动和动力制动。

（一）发电反馈制动

正在运行的异步电动机在生产机械的作用下超过同步转速 n_0 时，电动机的转矩方向与其转速方向相反，此时电动机工作在发电状态，将负载的机械能转换为电能反送回电网，这种运行状态称为发电反馈制动。可见，这种制动运行的条件是 $n > n_0$。

显然，这种制动方式用于限速制动。图6-19是提升机下放重物的例子，当 $n < n_0$ 时电动机工作在电动状态，电磁转矩 M 与负载转矩 M_L 作用方向一致，拖动系统在 M 和 M_L 的共同作用下加速，如图6-19a所示。加速过程由系统运行方程所决定，即

$$M + M_L = \frac{J}{9.55} \cdot \frac{\Delta n}{\Delta t} \tag{6-26}$$

当加速到 $n = n_0$ 时，电磁转矩 $M = 0$，电动机在负载作用下运转；当电动机在负载作

用下使 $n>n_0$ 时，转子导体切割旋转磁场的方向被改变，导体中感应电流方向及导体所受的电磁力方向如图 6－19b 所示，这时电动机产生的电磁转矩将阻止系统的运动，故电磁转矩成为制动转矩（$-M$），电动机工作在发电状态。随着转速 n 进一步升高，制动转矩增大，当转速 n 升高到使 $M=M_L$ 时，$-M+M_L=0$，则

$$\frac{\Delta n}{\Delta t}=0 \tag{6-27}$$

电动机不再加速，以高于 n_0 的某一转速等速下放重物。

由于转速 $n>n_0$，电动机工作在特性曲线的第二象限，故这时的转差率 s 为

$$s=\frac{n_0-n}{n_0}<0 \tag{6-28}$$

系统下放重物的速度可根据式（6－18）在 $M=M_L$ 时求得。

异步电动机发电反馈制动不需要改变电动机的正常接线方式，同时能将重物下放时的位能转换为电能反送回电网，有较好的节能效果。但它的使用条件是 $n>n_0$。当转子绕组串入电阻 R_A 后，下放速度将更高，如图 6－19c 中 r_2+R_A 特性曲线的 A''点。因此，这种制动方法用于高速下放重物的拖动系统中。

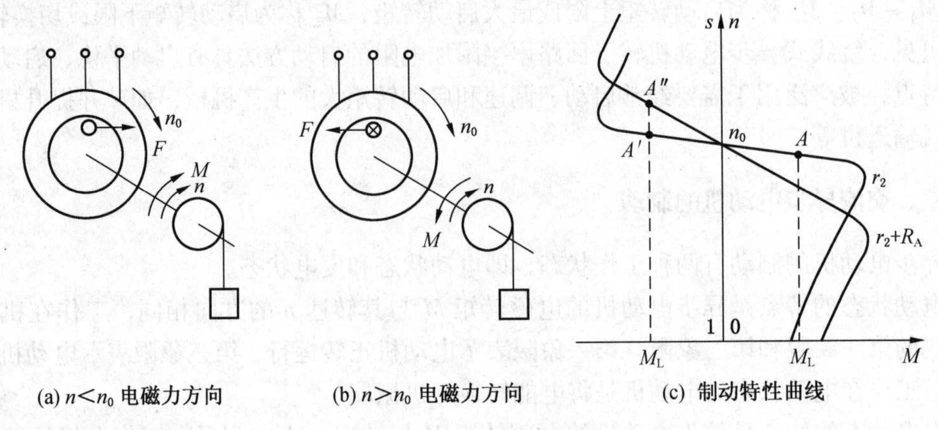

图 6－19　异步电动机发电反馈制动原理与特性

（二）反接制动

异步电动机的反接制动也可用两种方法实现，即定子两相电源反接和电动机转速反向。

1. 定子两相电源反接的反接制动

运行中的异步电动机，若将定子三相电源任意调换两相（改变电源相序），同时在转子回路串入三相平衡的附加电阻，即可实现反接制动，如图 6－20a 所示。

电源反接后，定子中的旋转磁场方向改变。由于电动机转向在生产机械拖动下不变，故电动机工作在发电状态而产生阻止系统运动的制动转矩。

电源反接使电动机工作在反转状态，并且转子回路串入电阻，其机械特性曲线仍可由实用方程求得，其转差率 $s=\frac{n_0-n}{n_0}$。

可见，在电动机减速过程中，转速由 n 降到零，其转差率的变化范围为

$$0<s\leqslant 1 \tag{6-29}$$

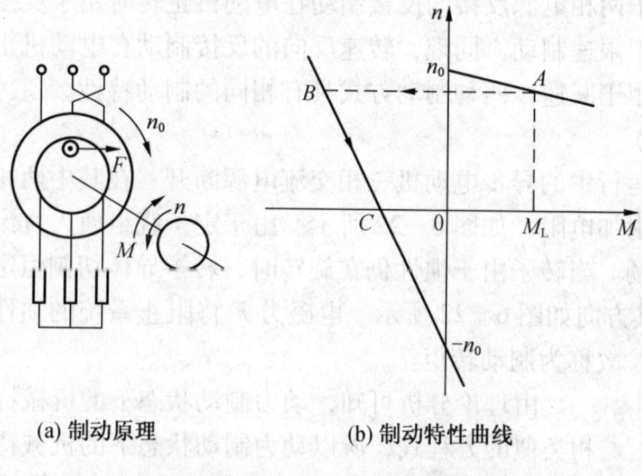

图 6－20　定子两相电源反接的反接制动

故其制动特性是过（0，$-n_0$）点的曲线，工作在第二象限，如图 6－20b 所示。转子回路串入不同阻值的电阻，可得到斜率不同的制动特性。制动时，由于转速不能突变，电动机的工作点由 A 点移至 B 点，然后沿制动特性减速，当工作点移至 C 点时 $n=0$，应断电抱闸停车，否则电动机将进入反向电动状态而反向运行，这种制动可用于减速制动。

2. 电动机转速反向的反接制动

电动机转速反向的反接制动用于下放位能负载的限速制动，制动时转子回路串入附加电阻，在位能负载的作用下，电动机虽然仍产生向上的转矩，但由于特性变软，电动机的电磁转矩 M 小于负载转矩 M_L，所以电动机在负载的作用下反向转动，导致转子导体切割磁场的方向改变，其感应电流和电磁力方向如图 6－21a 所示。

这种制动和定子两相电源反接一样，故也称反接制动。其机械特性方程中的 $s=\frac{n_0-n}{n_0}$ 在转速 n 反向后 $s>1$，所以特性曲线是过（0，n_0）点的直线，且工作在第四象限，如图 6－21b 所示。改变附加电阻的阻值可改变制动特性曲线的斜率，从而得到不同的下放速度。

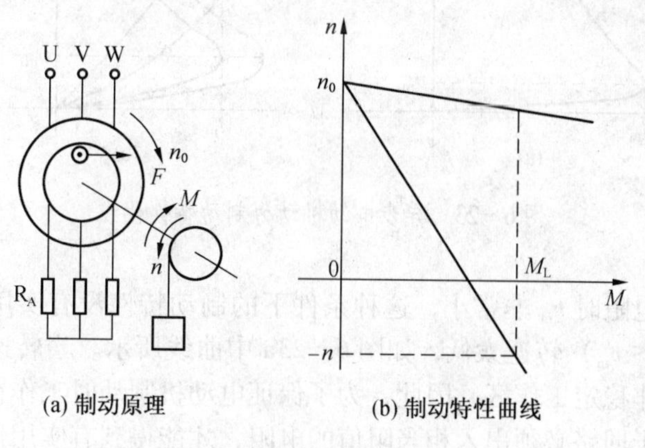

图 6－21　电动机转速反向的反接制动

异步电动机定子两相电源反接的反接制动在电动机正转时用于反接减速制动，但在电动机反转时就可用于限速制动。同理，转速反向的反接制动在电动机正转时用于限速，在电动机反转时就可用于减速。两种制动方式具有相同的制动特性。

（三）动力制动

动力制动是将运行中的异步电动机三相交流电源断开，在其中两相接入直流电源，同时在转子回路串入附加电阻，如图6－22所示。由于定子绕组通入直流电源，所以在定子内形成一个恒定磁场。当转子由于惯性仍在旋转时，转子导体切割恒定磁场而产生励磁电流 I 和电磁力 F，其方向如图6－22所示。电磁力 F 将阻止系统的惯性运动。F 形成的转矩与系统转向相反，故称为制动转矩。

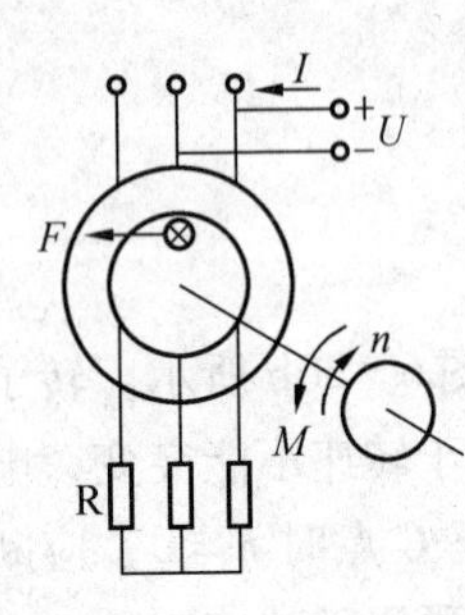

图6－22 异步电动机动力制动原理

由理论分析可知，动力制动状态下的机械特性具有同电动状态相类似的方程式，所以动力制动状态下的机械特性曲线与电动状态的形状也相似，如图6－23a所示。从零转速开始，随着转速的升高，制动转矩逐渐增大，当达到某一转速时，制动转矩出现最大值 M_m；转速继续升高，制动转矩又逐渐减小。这个临界转速对应的转差率称为动力制动临界转差率，用字母 v_m 表示。v_m 将特性曲线分为两部分：低于 v_m 的部分是制动特性的稳定工作区，高于 v_m 的部分是制动特性的非稳定工作区。

由图6－23可见，当改变励磁电流 I 时，特性的最大制动转矩 M_m 将随之改变，而临界转差率 v_m 保持不变，如图6－23b中曲线1、2所示；当转子回路电阻 R 改变时，临界转差率 v_m 随之变化，而最大制动转矩 M_m 保持不变，如图6－23b中曲线1、3、4所示。

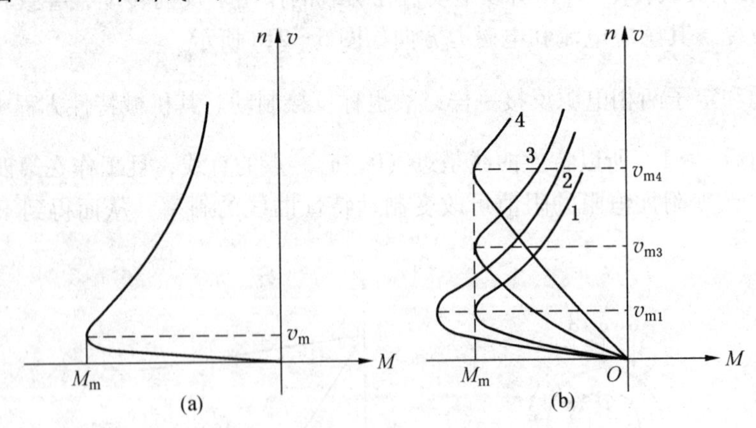

图6－23 异步电动机动力制动特性曲线

转子回路不串电阻时 v_m 非常小，这种条件下的制动特性没有实用价值，因为它的稳定工作部分（$0<v<v_m$）转速太低，如图6－23a中曲线所示。当转速较高时，电动机又过渡到制动特性的非稳定工作区。因此，为了保证电动机制动时工作在稳定区，并具有较大的制动转矩，转子回路必须串入相当阻值的电阻，才能得到有实用价值的制动特性，如图6－23b中曲线3、4所示。

当动力制动用于减速时，为了缩短制动时间，通常采用逐段切除转子回路电阻的方法，以不断提高制动转矩，其特性曲线如图6－24所示。制动时，电动机工作点由A点过渡到制动特性的1点，沿特性曲线B减速到坐标原点停车。若在制动过程中需增大制动转矩，实现快速停车时，可逐渐分段切除转子回路电阻，工作点将由A点→1→2→3→4→5→6→7→坐标原点。

动力制动不仅能用于减速制动，也可以用于限速制动，其特性曲线如图6－25所示。下放重物时，电动机定子绕组通入直流电。松闸后，在负载转矩M_L的作用下，电动机工作点由坐标原点沿特性曲线1逐渐加速，当$M_L=M$时以速度n_1稳定下放重物。若需要提高下放速度，可在转子回路串入电阻，这时工作点将由A点移到B点，沿附加电阻特性曲线2加速，当$M_L=M$时，重物以速度n_2稳定下放。可见，转子回路串入不同的电阻，即可得到不同的下放速度。

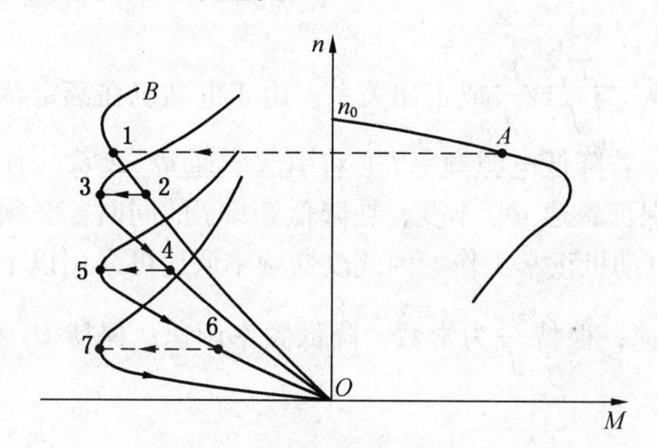

图6－24　逐段切除转子回路电阻的特性曲线

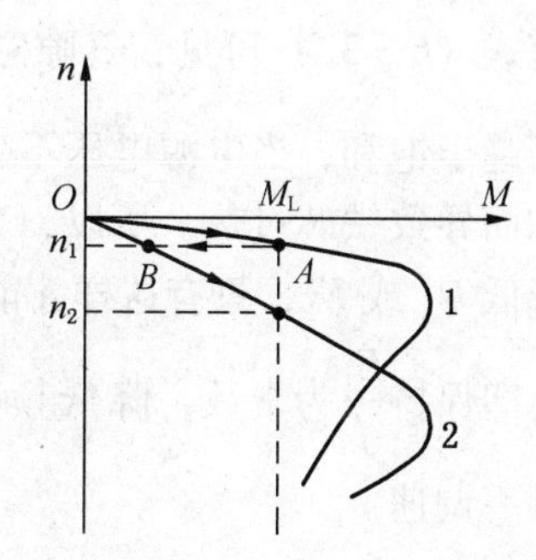

图6－25　动力制动用于限速时的特性曲线

由以上分析可见，动力制动用于限速时，可以较方便地得到不同的下放速度；用于减速制动时，当电动机转速降为零，其制动转矩也同时降为零，所以这种制动方法能使生产机械准确停车，被广泛应用于提升系统中。

四、交流异步电动机的调速

异步电动机与直流电动机相比调速性能较差，但由于直流电动机采用机械式换向器，因此其工作火花大，不宜在有粉尘、有爆炸危险及较恶劣的环境工作，并且不易制成高电压、大功率、高转速的电动机。而交流异步电动机结构简单，维修方便，无换向器，单机容量大，转速高，电压高，并可用于有粉尘和有爆炸危险的地方。

根据异步电动机转速公式

$$n=n_0(1-s)=\frac{60f}{p}(1-s) \tag{6-30}$$

改变异步电动机转速的方法有以下几种：①改变电源频率f调速；②改变异步电动机磁极对数p调速；③改变异步电动机的转差率s调速。

除以上几种方法外，还有转子回路串阻调速、串级调速等其他调速方法。

1. 变频调速

由式（6－30）可知，改变电动机电源频率f将会改变旋转磁场的同步转速n_0，以达到调速的目的。这种方法主要用于笼型异步电动机。

根据电动机原理，异步电动机定子电压 U_1 与电源频率 f 和气隙磁通 Φ_m 之间的关系是

$$U_1 \approx E_1 = 4.44fN_1 K_1 \Phi_m \tag{6-31}$$

即

$$\frac{U_1}{f} \approx \frac{E_1}{f} = 4.44N_1 K_{N1} \Phi_m = C_N \Phi_m \tag{6-32}$$

式中 K_{N1}——定子绕组系数；

N_1——定子绕组匝数；

E_1——定子绕组感应电动势，V；

C_N——定子绕组常数。

由式（6-32）可见，气隙磁通 Φ_m 与$\frac{U_1}{f}$或$\frac{E_1}{f}$成正比关系。由于电动机在额定状态下磁路已趋于饱和，当电源电压不变时，若降低电源频率 f 必将引起磁通 Φ_m 增大，使磁路过饱和而导致铁芯过热。所以，为了保证磁通 Φ_m 不变，在降低频率 f 的同时，必须成比例地降低 U_1 或 E_1，只有这样才能使电动机正常工作。因此改变频率调速可采用以下3种方法：即保持$\frac{E_1}{f}$为常数，降低频率调速；保持$\frac{U_1}{f}$为常数，降低频率调速；保持 U_1 不变，升高频率调速。

1）保持$\frac{E_1}{f}$为常数，降低频率调速

降低频率调速，在保持$\frac{E_1}{f}$=常数时，磁通 Φ_m=常数，故属恒磁通调速。

分析表明，当保持$\frac{E_1}{f}$不变时，电动机机械特性的最大转矩 M_m 与该处的转速降落 Δn 及频率 f 无关，即说明在不同频率下各条曲线互相平行，而且其最大转矩 M_m 相等，其特性曲线如图6-26所示。

这种调速方法的机械特性与直流他励电动机降低电枢电压调速相似，故具有调速范围宽、稳定性好、特性硬等特点。由于频率可以连续调节，因此变频调速为无级调速。

2）保持$\frac{U_1}{f}$为常数，降低频率调速

在降低频率调速过程中，保持$\frac{U_1}{f}$为常数，也就保持磁通 Φ_m=常数。

当保持$\frac{U_1}{f}$为常数时，最大转矩 M_m 及转速降落 Δn 将随着频率 f 的降低而变化，即 M_m 和 Δn 不再是常数。当频率 f 较高时，电动机的感抗 $X_1+X'_2$ 远大于 r_1，则这时的最大转矩 M_m 及其转速降落 Δn 可近似认为不变。随着频率进一步降低，$X_1+X'_2$ 也减小，r_1 不能忽略，所以 M_m 将随之减小，其特性曲线如图6-27所示。显然这种特性不如$\frac{E_1}{f}$为常数时的特性。特别是当频率很低时 M_m 很小，可能会拖不动负载。

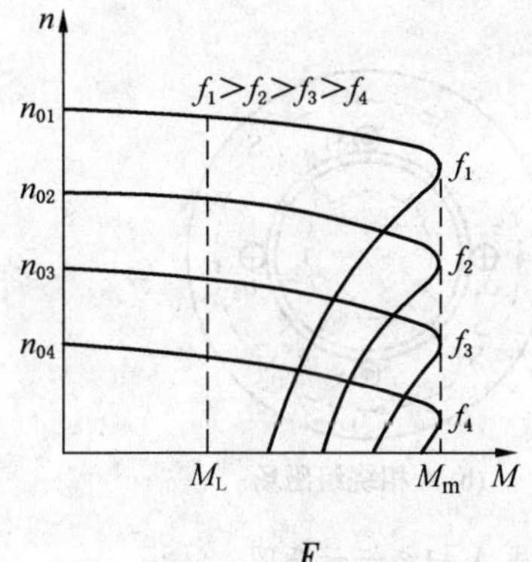

图 6-26　保持$\frac{E_1}{f}$为常数时变频调速的机械特性

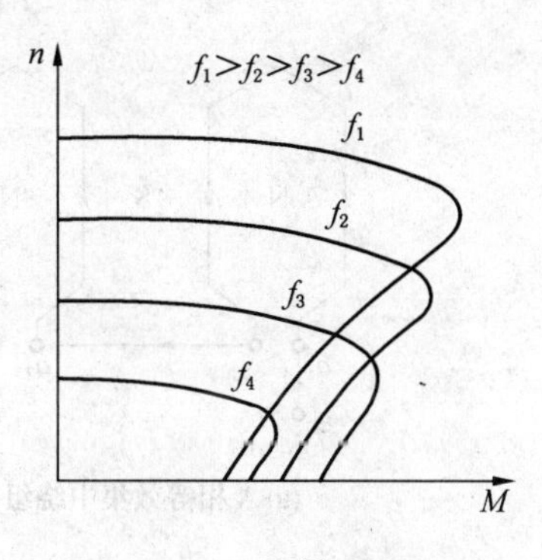

图 6-27　保持$\frac{U_1}{f}$为常数时变频调速的机械特性

3）保持 U_1 不变，升高频率调速

由于升高电源电压 U_1 受到电动机绝缘要求的限制，所以升高频率时只能保持电源电压不变。由式（6-30）、式（6-31）可知，升高频率时电动机转速要升高，磁通 Φ_m 要降低。故这是一种降低磁通升速的调速方法。

根据式（6-13）、式（6-14）可知，当频率 f 较高时，X_1+X_2'远大于 r_1，所以其最大转矩将随频率的升高而近似成平方规律减小，而转速降落 Δn 与 f 无关而不变，即特性的硬度不变。其特性曲线如图 6-28 所示。

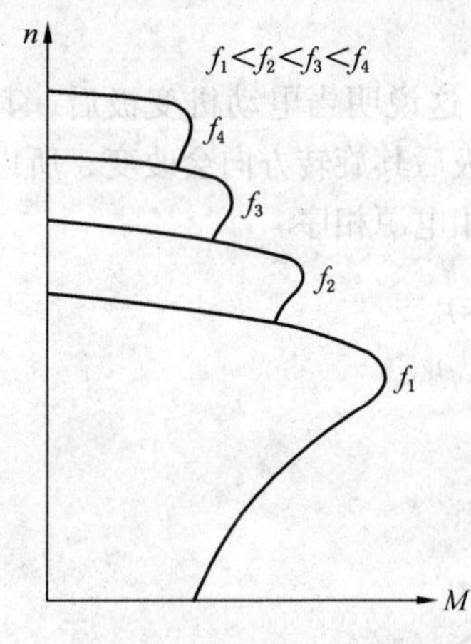

图 6-28　保持 U_1 不变升频调速的机械特性

由以上分析可见，变频调速具有调速范围大、转速稳定性好、转差率小（$\Delta n/n_0$）等优点。随着调压变频装置的发展，这种调速将被广泛应用于各种领域。

2. 变极调速

改变电动机磁极对数 p，由式（6-30）可知，可改变同步转速 n_0，从而实现转速调节。这种调速一般用于笼型异步电动机。

磁极对数的改变是通过改变定子绕组接线方式来实现的。图 6-29a 所示为四极三相异步电动机定子绕组一相（如 A 相）的接线，每相绕组由两个等效集中线圈正向串联。这种接线可产生 4 个磁场，即两对极电动机，如图 6-29b 所示。

若将每相绕组的两个线圈改为反向串联（图 6-30a），或反向并联（图 6-30b），这时线圈产生的磁场为二极，即形成一对极电动机，如图 6-30c 所示。

通过改变定子绕组接线方式，可使电动机极对数成倍变化，所以这是一种不连续调速的方法。

将四极磁场变为二极磁场时，根据定子绕组电流的方向，可画出三相 6 个绕组的磁势 F 按圆周分布的情况，如图 6-31 所示。

四极磁场的磁势沿圆周以顺时针方向的排列次序为 $F_{A1}\rightarrow F_{B2}\rightarrow F_{C1}\rightarrow F_{A2}\rightarrow F_{B1}\rightarrow F_{C2}$，

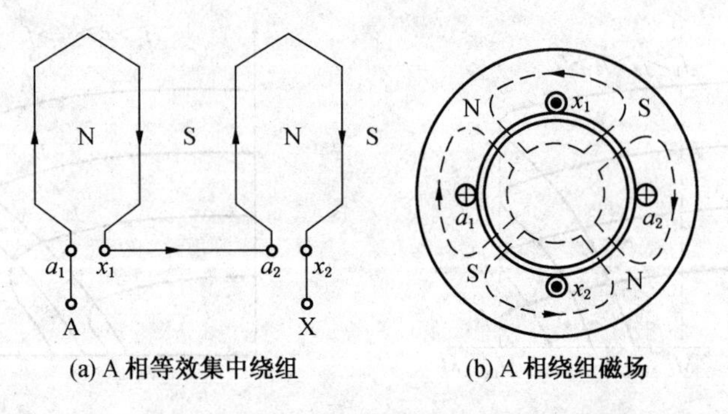

图 6-29 四极三相异步电动机 A 相绕组示意图

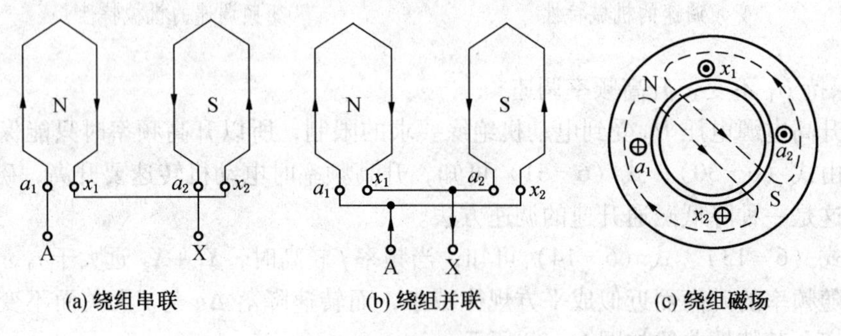

图 6-30 二极三相异步电动机 A 相绕组示意图

而二极磁场的磁势排列次序为 $F_A \to F_B \to F_C$（逆时针方向）。这说明当电动机变极后，其旋转磁场的方向将改变。对于极对数成倍变化的电动机，变极后其旋转方向会改变，所以当电动机变极后为了保证旋转方向不变，要随之调换任意两相电源相序。

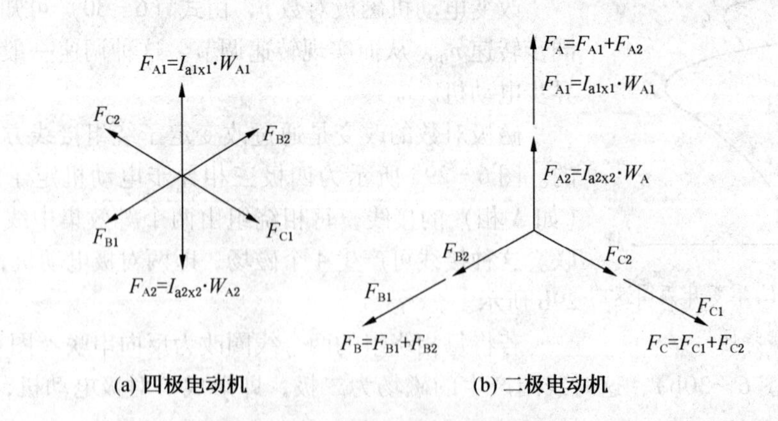

图 6-31 电动机变极时的磁势分布

变极调速方法具有设备简单、运行可靠、机械特性较硬等特点，被广泛用于各种生产机械的调速。在煤矿生产过程中，采用变极的双速电动机解决输送机启动难的问题。特别是变极调速与其他调速方法相结合，可以扩大电动机调速范围，改善低速运行性能，是一种较好的交流调速方法。

3. 定子调压调速

由电动机机械特性可知，当降低定子绕组电压时，其拖动转矩将按平方规律下降，如图6－32a所示。若电动机拖动恒负载转矩M_L，降低定子电压后，工作点将由A点移到B点。这种调速方法简单，但对于笼型异步电动机由于其特性较硬，所以其降压调速范围很小，实用价值不大，故多用于通风机类负载。对于绕线式异步电动机，若在转子回路串入适当的电阻，或采用高转差率异步电动机，即可改变其调速范围，如图6－32b所示。

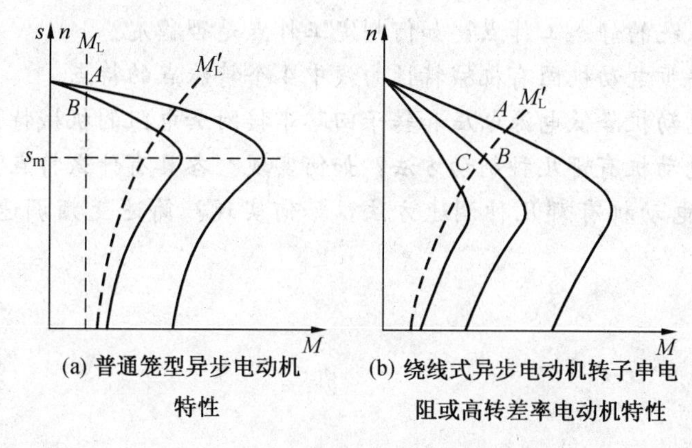

图6－32　三相异步电动机降压调速特性

绕线式异步电动机转子回路串电阻后，由于机械特性变软，电动机转速对负载波动很敏感，特别是当定子电压较低时，特性变得很软，负载微小的变动都会引起转速较大的变化。而且电动机在低速运行时功率因数低，电流大，这样会造成电动机严重发热，因此降压调速的电动机在转速较低时只能短时运行。

在实际应用中，降压调速常采用速度反馈的闭环调速系统控制来改善低速特性，扩大调速范围。这种调速方法适用于通风机、水泵一类的机械。

4. 转子回路串电阻调速

绕线式异步电动机拖动恒负载转矩时，改变转子回路所串电阻值的大小，即可使电动机运行在不同的特性曲线上，得到不同的转速，其机械特性曲线如图6－33所示。

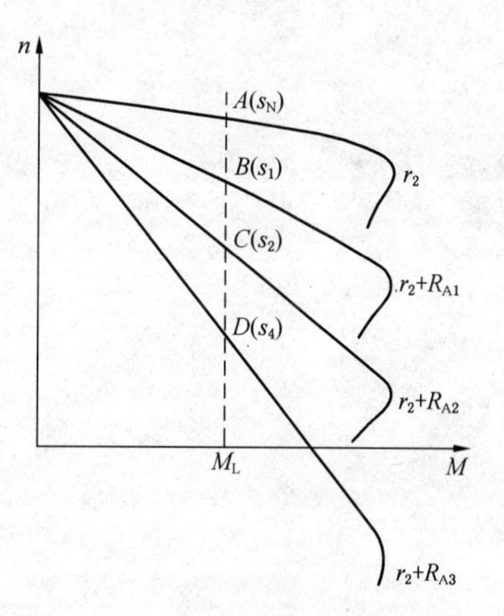

图6－33　绕线式异步电动机转子回路串电阻调速特性

绕线式异步电动机的调速电阻可兼作启动电阻，但应考虑启动电阻长时工作的允许电流值。

这种调速方法设备简单，调速范围大。但它是靠在转子电阻上消耗功率来实现调速，所以其效率较低。另外，由于分段串电阻，故属有级调速。串电阻后机械特性变软，低速时速度稳定性差。如果采用反馈闭环控制，可提高速度稳定性。

复习思考题

1. 电力拖动系统由哪几部分组成？各部分有何作用？
2. 拖动系统运动方程式表达了什么意义？试举例说明。
3. 电动机机械特性的硬度是指什么？机械特性硬度不同的电动机各具有什么特点？
4. 何谓电动机的固有机械特性和人为机械特性？
5. 常见生产机械的机械特性有哪几种？其主要特点是什么？
6. 何谓拖动系统的静态工作点？如何判定工作点是否稳定？
7. 简述交流异步电动机固有机械特性曲线中4个特殊点的特点。
8. 交流异步电动机降低电源电压和转子回路串接附加电阻的机械特性各有何特点？
9. 交流异步电动机有哪几种制动方法？如何实现？各具有什么特点？
10. 交流异步电动机有哪几种调速方法？如何实现？简述变频调速、变极调速的特点。

第七章　采区电气控制设备

采区生产机械多用笼型电动机拖动。由于笼型电动机较大的启动电流会使控制开关产生很大的火花，所以采区电动机的启动、运行、停止控制均采用隔爆型磁力启动器。本章主要介绍采区常用磁力启动器、煤电钻和照明综合保护装置、采掘机械的控制。

第一节　矿用隔爆型磁力启动器

矿用隔爆型磁力启动器是一种组合开关，主要由隔离开关、接触器、熔断器、保护装置、按钮等组成，并装在隔爆外壳中，用于对采掘进机械及采区水泵、中小型绞车、局部通风机等设备的控制和保护。

煤矿井下常用的磁力启动器有 QBZ 系列、QJZ 系列等，本节主要介绍几种常用的 QBZ、QJZ、QJR 系列真空磁力启动器。

一、QBZ 系列矿用隔爆型磁力启动器

QBZ 系列矿用隔爆型磁力启动器适用于有瓦斯、煤尘爆炸危险的矿井，具有控制方便、保护完善等特点。QBZ 系列矿用隔爆型磁力启动器的型号含义如下：

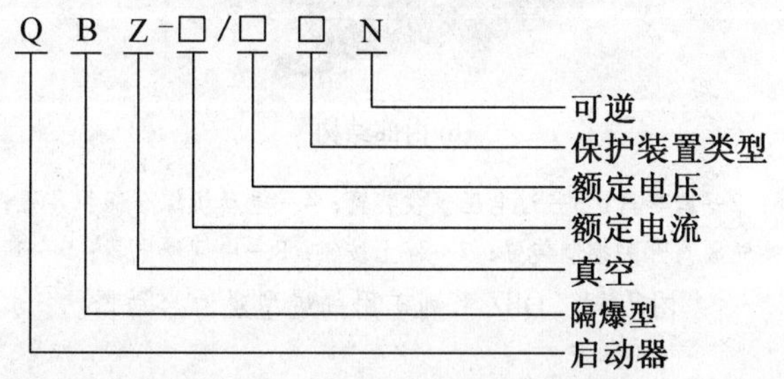

保护装置类型用字母表示的含义：D 表示电子保护装置，A 表示微机保护装置。

（一）QBZ－80、QBZ－120、QBZ－200 型磁力启动器

这 3 种型号的磁力启动器外形与内部结构基本相似，其外形结构有方形和圆形，圆形结构的 QBZ 系列矿用隔爆型磁力启动器如图 7－1 所示。

启动器中所有元件均装在一个鼓形的隔爆空腔内，空腔盖与隔爆外壳之间采用止口旋转式结构，所以空腔盖称为转盖。隔爆外壳焊接在便于移动的铁橇拖架上。外壳的顶部有一个隔爆接线盒。顶部接线盒有 3 个大喇叭接线口和 2 个小接线口。盒内有电源接线端子 L_1、L_2、L_3，负荷接线端子 U、V、W，以及控制电路接线端子 1、2、8、9、13 和接地端子 PE。3 个大喇叭接线口中的 2 个分别用于电源电缆进线和配出线，另 1 个用于负荷电缆接线；小接线口用于连接远方控制按钮和多台设备的连锁控制接线。

启动器内的所有电路元件都装在一块绝缘板上，无载换向隔离开关 QS 和控制变压器

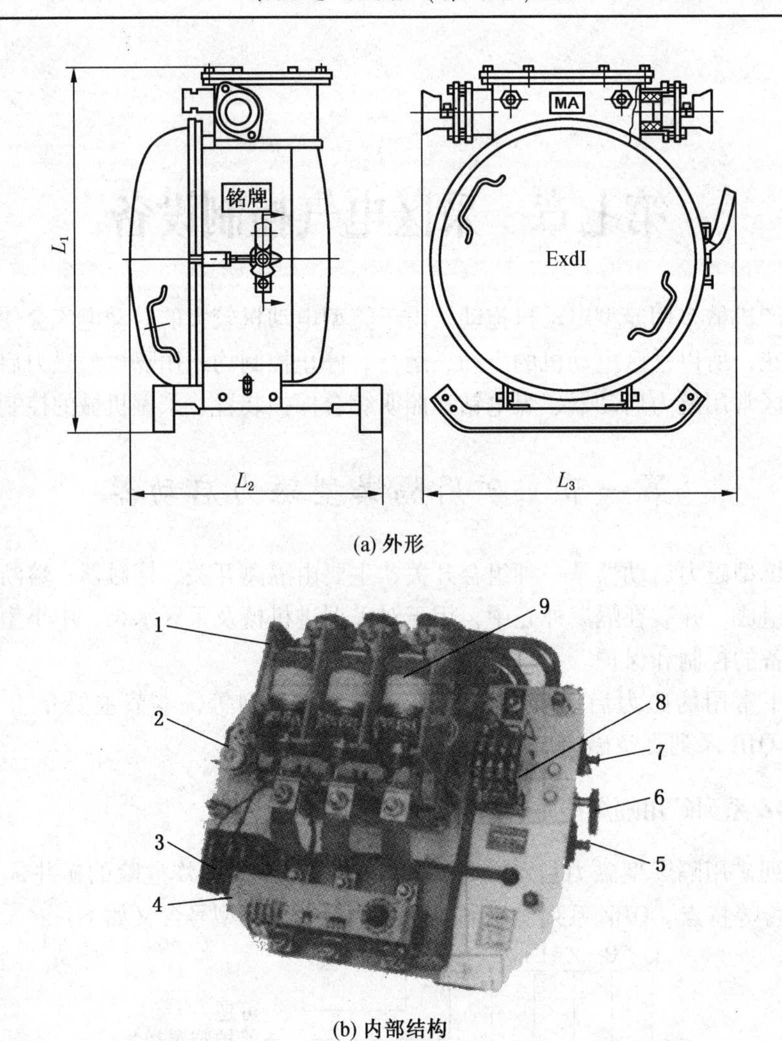

(a) 外形

(b) 内部结构

1—真空接触器；2—熔断器；3—过电压吸收装置；4—电动机综合保护装置；5—启动按钮；6—换向隔离开关控制装置；7—停止按钮；8—中间继电器；9—真空管

图7-1　QBZ系列矿用隔爆型磁力启动器

装在绝缘板的背面；真空接触器、中间继电器、电子综合保护装置、阻容过电压保护器、控制变压器一次侧熔断器装在绝缘板的前面，如图7-1b所示。

外壳的右侧设有一个启动按钮和一个停止按钮。按钮的正下方设有隔离开关操作手柄。隔离开关操作手柄与开关转盖和停止按钮之间设置机械闭锁，只有按下停止按钮才能扳动手柄，保证隔离开关不分断负荷电流；只有将手柄扳至中间位置才能打开转盖，保证绝缘板正面不带电。另外，拖架上还有专用的接地螺栓，用于保护接地。

根据生产实际需要，启动器有就地控制、远方控制和连锁控制等方式。就地控制是利用启动器本身的启动按钮和停止按钮进行控制；远方控制是在离启动器较远的地方另加一组启动按钮、停止按钮进行控制；连锁控制是多台工作机械联合运行时，各台机械按一定要求进行顺序控制。

如图7-2所示，当闭合换向隔离开关QS后，控制变压器TC有电，电子保护装置有电，

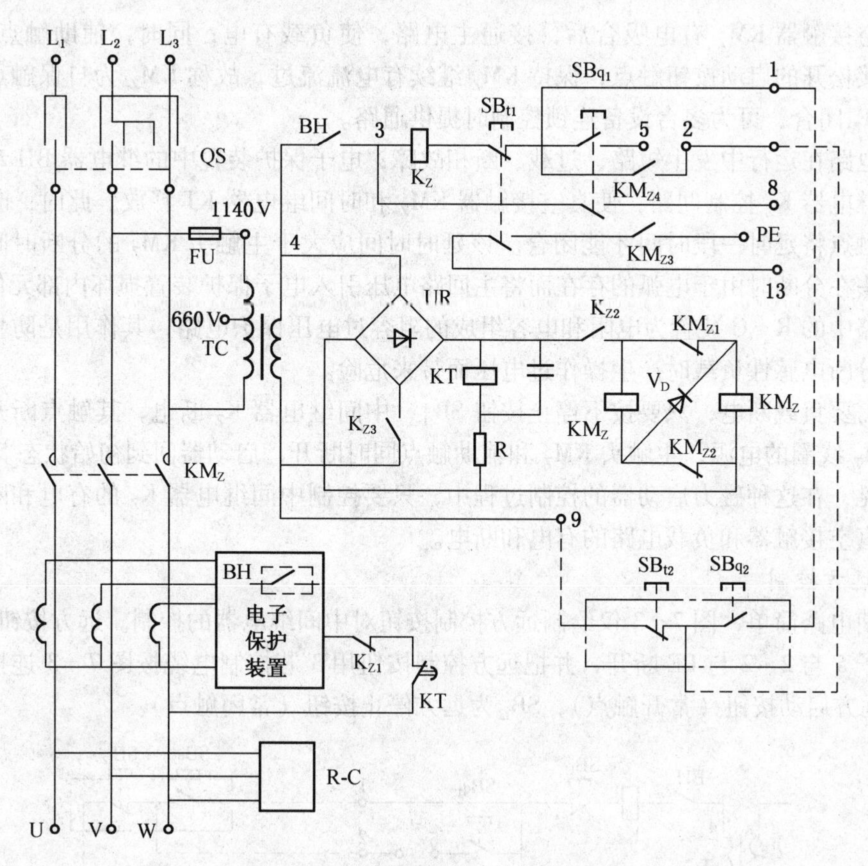

图7-2　QBZ系列矿用隔爆型磁力启动器电气工作原理

其漏电保护对电动机进行漏电检测。若被测电路绝缘水平达不到要求，保护装置内的继电器不能吸合，其常开触点BH打开，控制回路被闭锁；当电路绝缘水平合格时，保护装置内的继电器有电吸合，其触点BH闭合，为真空接触器KM_Z的投入做准备，以便进行各种方式的控制。

1. 就地控制

首先，将启动器接线盒中的端子9与PE、端子2与PE，启动器内绝缘板前面的端子5与2分别用导线接通；其次，将隔离开关手柄扳至合闸位置，则QS闭合，变压器TC一次侧有电，二次侧输出36 V电压。此时若电路绝缘水平合格，按下启动按钮SB_{q1}，即可接通以下回路：变压器TC二次侧的4端→闭合的触点BH→中间继电器K_Z→停止按钮SB_{t1}→按下的启动按钮SB_{q1}→5线→2线→接地端PE→变压器TC的9端。中间继电器K_Z有电吸合，其常闭触点K_{Z1}断开，使漏电检测回路与主回路分开；同时常开触点K_{Z2}和K_{Z3}闭合，整流桥UR输出直流并使时间继电器KT和真空接触器线圈KM_Z有电。这时，时间继电器常闭触点瞬时断开，保证主回路的高电压不会串入保护电路；真空接触器主触头KM_Z闭合，接通负载，电动机运行。

当真空接触器刚通电时，它的两个线圈经常闭触点KM_{Z1}、KM_{Z2}并联接在整流器输出端，故两个线圈中将流过较大的电流而使接触器可靠吸合。当真空接触器KM_Z吸合后，常闭触点KM_{Z1}、KM_{Z2}断开，两线圈经二极管V_D串联接在整流桥输出端，而以较小的电流维持真空接触器的吸合。

真空接触器 KM_Z 有电吸合后，接通主电路，使负载有电；同时，辅助触点 KM_{Z4} 闭合，短接松开的启动按钮触点，保持 KM_Z 继续有电流流过，故称 KM_{Z4} 为自保触点；辅助触点 KM_{Z3} 闭合，可为多台设备连锁控制时提供通路。

若电路在运行中发生短路、过载、断相故障，电子保护装置中的继电器 BH 动作，切断中间继电器 K_Z 控制回路，使真空接触器 KM_Z 和时间继电器 KT 释放。此时，时间继电器常闭触点将延时一段时间才能闭合。该延时时间应大于主触头 KM_Z 的分断时间，以避免主触头在分断时由于电弧的存在而将主回路电压引入电子保护装置损坏内部元件。

电路中的 R－C 装置为电阻和电容组成的阻容过电压保护电路，其作用是防止真空接触器在分断电感性负载时产生操作过电压而带来危险。

若需要负载断电，只要按下停止按钮 SB_{t1}，中间继电器 K_Z 断电，其触点断开真空接触器 KM_Z 线圈的电源，主触头 KM_Z 和辅助触点同时断开，启动器回到初始状态。

可见，在这种磁力启动器的控制过程中，只要控制中间继电器 K_Z 的有电和断电，就能控制真空接触器和负载电路的有电和断电。

2. 远方控制

为使电路简单，图 7－3 仅绘制远方控制按钮对中间继电器的控制。远方按钮控制时，先将端子 5 与 2、2 与 PE 断开，并把远方控制按钮用 3 芯控制电缆按图 7－3 连接。其中 SB_{q2} 为远方启动按钮（常开触点），SB_{t2} 为远方停止按钮（常闭触点）。

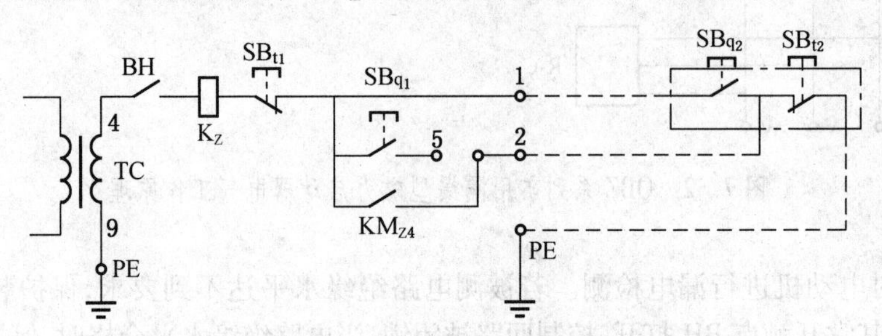

图 7－3　启动器远方控制接线

启动时，按下远方启动按钮，若电路绝缘水平合格，接通以下控制回路：TC 的 4 端→闭合的触点 BH→中间继电器 K_Z→停止按钮 SB_{t1}→1 线→按下的启动按钮 SB_{q2}→远方停止按钮 SB_{t2}→接地端 PE→变压器 TC 的 9 端。中间继电器 K_Z 有电吸合，通过真空接触器 KM_Z 使负载有电，同时辅助触点 KM_{Z4} 闭合，电路自保。

若需负载断电，按下 SB_{t2}（或 SB_{t1}），真空接触器线圈 KM_Z 通过中间继电器 K_Z 断电释放，启动器恢复到初始状态，为下次启动做准备。

3. 连锁控制

图 7－4 所示为启动器的连锁控制原理，图中主回路用单线绘制。启动器 1QB 控制局部通风机，启动器 2QB 控制掘进工作面电源。由图 7－4 可以看出，2QB 的启动受控于 1QB 接触器辅助触点 1 KM_{Z3}，即只有 1 KM_{Z3} 闭合后 2QB 才能启动。如果 1 KM_{Z3} 断开（此时局部通风机停车或因故障停车），工作面电源立即断开，两启动器间实现了连锁控制。

上述接线方式仅适用于无瓦斯、煤尘爆炸危险的矿井。根据《煤矿安全规程》的规定，橡套电缆的接地芯线除用作检测接地回路外，不得兼作他用，所以在有瓦斯、煤尘爆

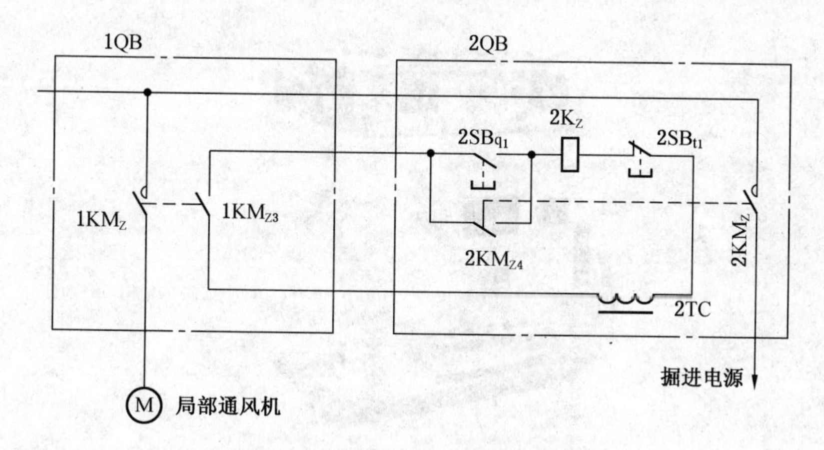

图7-4　启动器的连锁控制原理

炸危险的矿井中不允许接地芯线兼作控制芯线。这是因为当控制电缆被破坏时，若电缆内的1线（图7-3）碰到连接地线或设备外壳，将会产生电弧而可能引爆瓦斯、煤尘，并且还会引起控制设备自启动或不能停车等严重事故，因此，在有瓦斯、煤尘爆炸危险的矿井常采用图7-5所示的电路。

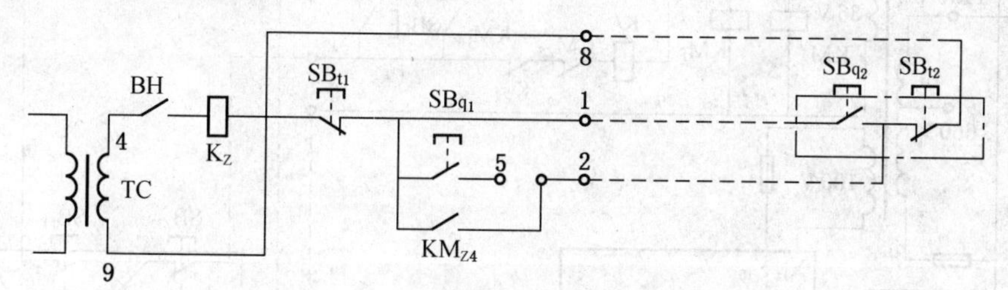

图7-5　有瓦斯、煤尘爆炸危险的矿井采用的电路

这种电路要求启动器内所有带电元件都不能接隔爆外壳（接地芯线），将连接在控制端子8与PE间的连线断开，把变压器二次侧的9线连接在端子8上即可。

QBZ-80、QBZ-120、QBZ-200型磁力启动器的主要技术数据见表7-1。

表7-1　QBZ-80、QBZ-120、QBZ-200型磁力启动器的技术数据

型　号	额定电压/V	额定电流/A	通断能力/A	极限通断能力/A	$\eta\cos\varphi=0.75$ 时的最大控制功率/kW		
					$U_N=380$ V	$U_N=660$ V	$U_N=1140$ V
QBZ-80	380、660、1140	80	800	2000	35	65	115
QBZ-120		120	1000	2000	55	100	170
QBZ-200		200	2000	4500	98	170	295

（二）QBZ-80AN、QBZ-120AN型可逆磁力启动器

这种启动器用来控制经常需要正转和反转的机械，如井下回柱绞车等。该启动器相当于将两台QBZ-80型磁力启动器的芯子组装在一个隔爆外壳内。其隔爆外壳有方形和圆形两种，方形外壳如图7-6a所示。

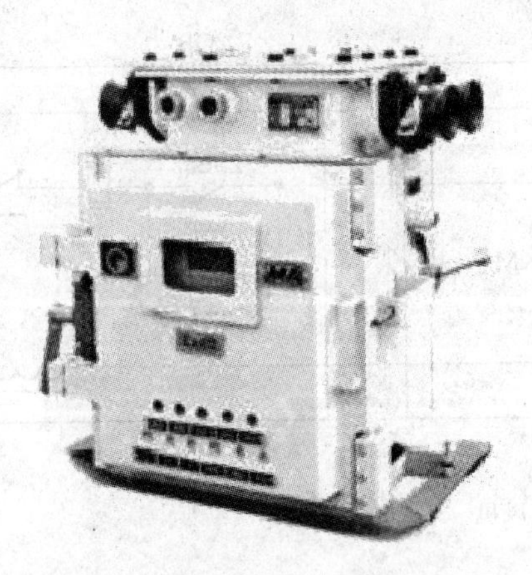

(a) 方形外壳

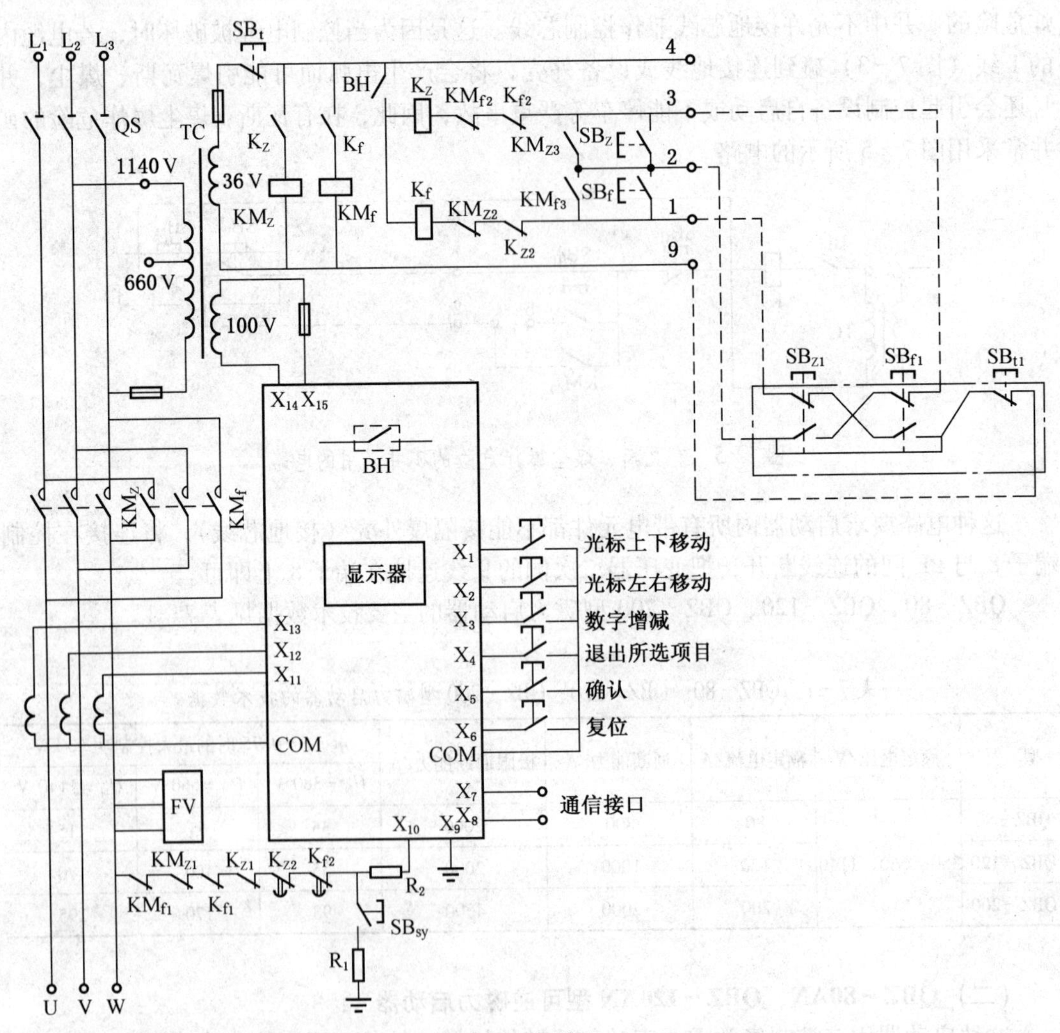

(b) 电气工作原理

图 7-6　QBZ-80AN、QBZ-120AN 型可逆磁力启动器

方形外壳的启动器前门为快开门结构，壳体上部为接线箱，用于引进电源电缆和引出负荷电缆及控制电缆。在外壳右侧有隔离开关操作手柄和停止按钮，两者设有机械连锁，只有按下停止按钮后，才能扳转隔离开关手柄并打开前门。

开关内所有元件都装在绝缘板上，其正面装有真空接触器、微机综合保护装置、继电器、熔断器、过电压吸收装置等，背面装有隔离开关、变压器及启动、停止按钮。

启动器可在外部通过控制电缆设置一个三联按钮，分别控制电动机的正转、反转和停车。为避免正转和反转接触器同时吸合而造成电源短路，启动器设有电气闭锁和机械闭锁。

QBZ－80AN、QBZ－120AN 型可逆磁力启动器电气工作原理如图 7－6b 所示。

当闭合换向隔离开关 QS 后，控制变压器 TC 有电，微机保护装置有电，其漏电保护对电动机进行漏电检测。若被测电路的绝缘水平达不到要求，保护装置内的继电器不能吸合，其常开触点 BH 打开，控制回路被闭锁；当电路绝缘水平合格时，保护装置内的继电器有电吸合，其触点 BH 闭合，为真空接触器 KM_Z、KM_f 的投入做准备，以便进行正反转控制。

电动机正转控制时，按下远方正转启动按钮 SB_{Z1}，接通以下回路：变压器 36 V 上端→开关停止按钮 SB_t→BH 触点→中间继电器 K_Z→触点 KM_{f2}→触点 K_{f2}→3 线→远方反转启动按钮 SB_{f1} 常闭触点→按下的正转启动按钮 SB_{Z1} 常开触点→远方停止按钮 SB_{t1}→9 线→变压器下端。

正转中间继电器有电吸合、正转接触器 KM_Z 有电吸合，其主触头 KM_Z 闭合，电动机正转；同时，辅助触点 KM_{Z3} 闭合，短接正转启动按钮 SB_{Z1} 和 SB_z 的常开触点，使电路自保；辅助常闭触点 KM_{Z2}、K_{Z2} 断开，闭锁反转继电器 K_f，保证 KM_Z 吸合期间 K_f、KM_f 不能送电。另外，由于以上通路中电流要流经远方反转启动按钮的常闭触点，所以在按动 SB_{Z1} 时不能按动 SB_{f1}，否则不会形成以上电流通路。这就是两启动按钮间的互锁作用。

停车时，只要按下远方停止按钮或启动器上的开关停止按钮 SB_t，都能使中间继电器 K_Z 和真空接触器 KM_Z 断电，其相应触头动作，并恢复到初始状态。

电动机反转控制时按下远方反转启动按钮 SB_f，使反转继电器 K_f、真空接触器 KM_f 相继有电吸合，其工作过程与正转控制相同。另外，启动器上的正反转启动按钮也可用于电动机的正反转控制。

这种启动器的微机保护装置具有系统自检、故障诊断巡检及记忆功能，能够实时检测并显示运行状态及故障，便于系统的使用、维护和故障判断处理；保护装置采用技术先进的智能化单片机，具有采样精度高、抗干扰能力强、动作性能灵敏可靠、参数设置灵活方便等特点。

在用户界面上，采用液晶汉化显示，菜单式操作，对重要操作可设置密码，通过标准通信接口可进行在线查询、修改技术参数及保存运行记录等操作。

这种保护装置具有过载、短路、漏电闭锁、断相、过电压、相不平衡等保护功能，并可通过菜单式操作完成过载电流、过载时间、短路电流倍数、欠压、过压、断相，漏电、漏电闭锁等参数的设置。

QBZ－80AN、QBZ－120AN 型可逆磁力启动器的主要技术数据见表 7－2。

表7-2 QBZ-80AN、QBZ-120AN型可逆磁力启动器的技术数据

型　号	额定电压/V	额定电流/A	通断能力/A	极限通断能力/A	$\eta\cos\varphi=0.75$ 时的最大控制功率/kW		
					$U_N=380$ V	$U_N=660$ V	$U_N=1140$ V
QBZ-80AN	380、660、1140	80	800	2000	40	65	110
QBZ-120AN		120	1000	2000	60	100	170

二、QJZ系列矿用隔爆型磁力启动器

QJZ系列矿用隔爆型磁力启动器适用于有瓦斯、煤尘爆炸危险的矿井，具有控制方便、保护完善等特点。QJZ系列矿用隔爆型磁力启动器的型号含义如下：

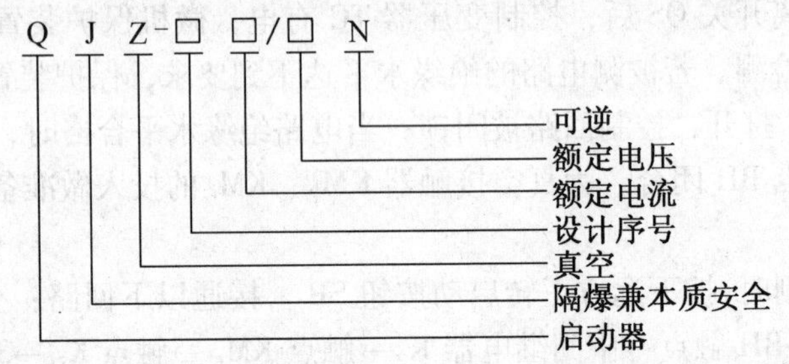

QJZ系列矿用隔爆型磁力启动器种类较多，不同厂家生产的磁力启动器各不相同，与QBZ系列矿用隔爆型磁力启动器相比，其控制环节除采用本质安全电路外，还采用了由CPU组成的综合保护装置。

保护装置通过对系统运行状态信号的采集、分析、计算，可完成对电路的各种控制和对系统的漏电、过载、短路、缺相等保护。保护装置还可通过液晶显示器实时显示系统电压、电流、绝缘电阻等数值；特别在故障发生时能自动给出过载、短路、缺相、漏电、欠压、过压等故障的汉字指示，以便缩短故障处理时间。

保护装置还留有甲烷检测接口和通信接口。当外接甲烷传感器时，可检测采掘工作面的甲烷浓度，若浓度超过规定，保护装置能自动切断电源；保护装置通过RS485通信接口可实现与集中监控系统交换信息。

这种启动器具有抗干扰能力强、工作可靠、操作方便、保护精度高、反应速度快等特点。

（一）QJZ-400(315）型磁力启动器

这种启动器额定电压为1140 V，额定电流为200～400 A，用于控制590 kW以下的笼型电动机；改变变压器抽头，也可用于660 V电网。

QJZ-400(315）型磁力启动器多采用方形隔爆外壳，其外形如图7-7所示。为了便于移动，隔爆外壳装在橇形底架上。启动器分上腔和下腔两部分，上腔为接线腔，下腔为主腔。启动器主腔门上设有启动按钮1SB、试验转换开关SA、显示器窗口及相应的操作按钮。

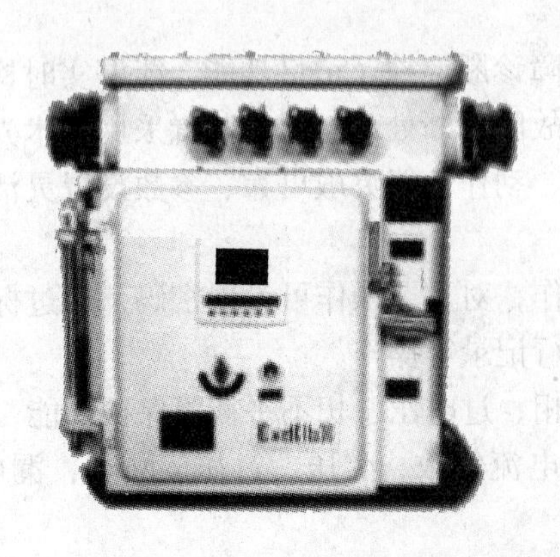

图7-7 QJZ-400(315)型磁力启动器外形

主腔门与隔离开关之间设有可靠的机械闭

锁，保证隔离开关在分闸位置才能打开前门。主腔门为平面止口式结构，开门时需先按下机壳右侧的停止按钮，转动隔离换向开关至停止位置，然后提起启动器左侧固定于铰链上的操作手把，将主腔门向上抬起约 30 mm 后即可打开；关门时，用手平提铰链上的操作手把，转动主腔门即可关闭。

QJZ－400(315）型磁力启动器电气工作原理如图 7－8 所示。电气部分由主回路、先导电路、控制电路、真空接触器合闸回路及综合保护装置等部分组成。

先导电路由直流继电器 1K、按钮 1SB、近控-远控转换开关 1S 和二极管 V_{D2}、V_{D3}、V_{D4}及控制变压器 TC_2 等相关元件组成，主要作用是形成本质安全型控制电路。图中 V_{D2}、R_2 作为直流继电器 1K 的续流元件，C_2、R_1 用于改善直流继电器性能（滤波），V_{D3}、V_{D4} 为继电器 1K 整流。

控制电路由直流继电器 2K、中间继电器 KV 及 24 V 交流电源和相关元件组成，主要作用是和先导电路配合实现单台控制或多台控制。其中，直流继电器 2K 用于控制中间继电器 KV，KV 控制真空接触器 KM 回路电源和漏电检测支路。

真空接触器合闸回路由 4 个接触器线圈和整流桥 UR_1 等元件组成,其供电交流电源为 220 V,电源的通断由中间继电器常开触点 KV_1 和停止按钮 2SB 控制。4 个接触器线圈的工作状态由其本身触点 KM_2 决定。开始合闸时,触点 KM_2 闭合,3KM 和 4KM 被短接,1KM 和 2KM 在大电流、高电压的作用下可靠吸合,触点 KM_2 随之断开串入 3KM 和 4KM,使接触器在小电流、低电压下维持吸合。电容器 C 可延迟 3KM、4KM 的吸合时间,并具有滤波作用。

综合保护装置的电流信号由电流互感器 TA_1～TA_3 提供,触点 KM_7、KM_8 和 KV_4 构成漏电检测控制支路,保护装置执行部分为两个物理触点 BJ、SJ。当主电路发生过载、短路、断相、漏电等故障时,物理触点 BJ 断开,通过中间继电器、真空接触器断开主回路。

1. 启动器单台就地控制

（1）将近控-远控转换开关 1S 打至近控位置，单台-联控开关 2S 打至单台位置。

（2）合上隔离开关 QS，控制回路有电，如果此时线路正常，则控制变压器 TC_2 回路中的综合保护装置物理触点 BJ 闭合，本质安全控制回路有电。

（3）按下启动器上的按钮 1SB,继电器 1K 有电吸合(电流回路为:TC_2 上端→1K→1S 上端近控→1SB→V_{D4}→TC_2 下端),引起 2K 有电吸合→KV 吸合→真空接触器吸合,完成启动过程(自保回路为:TC_2 上端→1K→V_{D3}→KM_3→1S 下端近控→V_{D4}→TC_2 下端)。

在 KV 和 KM 吸合时，其触点 KV_4、KM_7、KM_8 断开漏电检测回路，避免主电路高压串入综合保护电路。

（4）按下停止按钮 2SB，真空接触器直接断电实现快速停车。

当主电路发生过流、断相等故障时,综合保护装置使物理触点 BJ 断开,引起控制变压器断电,导致真空接触器 KM 跳闸而停车。故障消除后,只有重新按动启动按钮 1SB 才能启动。

2. 单台远方控制

将近控-远控转换开关 1S 打至远控位置，分别将远方控制按钮的 a、b、c 端接在启动器端子的 K_1、K_2、K_3。当按下远方启动按钮时，直流继电器 1K 有电吸合（电流回路为：TC_2 上端→1K→1S 上端远控→端子 K_1→远方启动按钮→停止按钮→V_{D7}→TC_2 下端），引起 2K 有电吸合→KV 吸合→真空接触器吸合，实现远方控制（自保回路为：TC_2 上端→1K→V_{D3}→KM_3→1S 下端远控→端子 K_2→远方停止按钮→V_{D7}→TC_2 下端）。

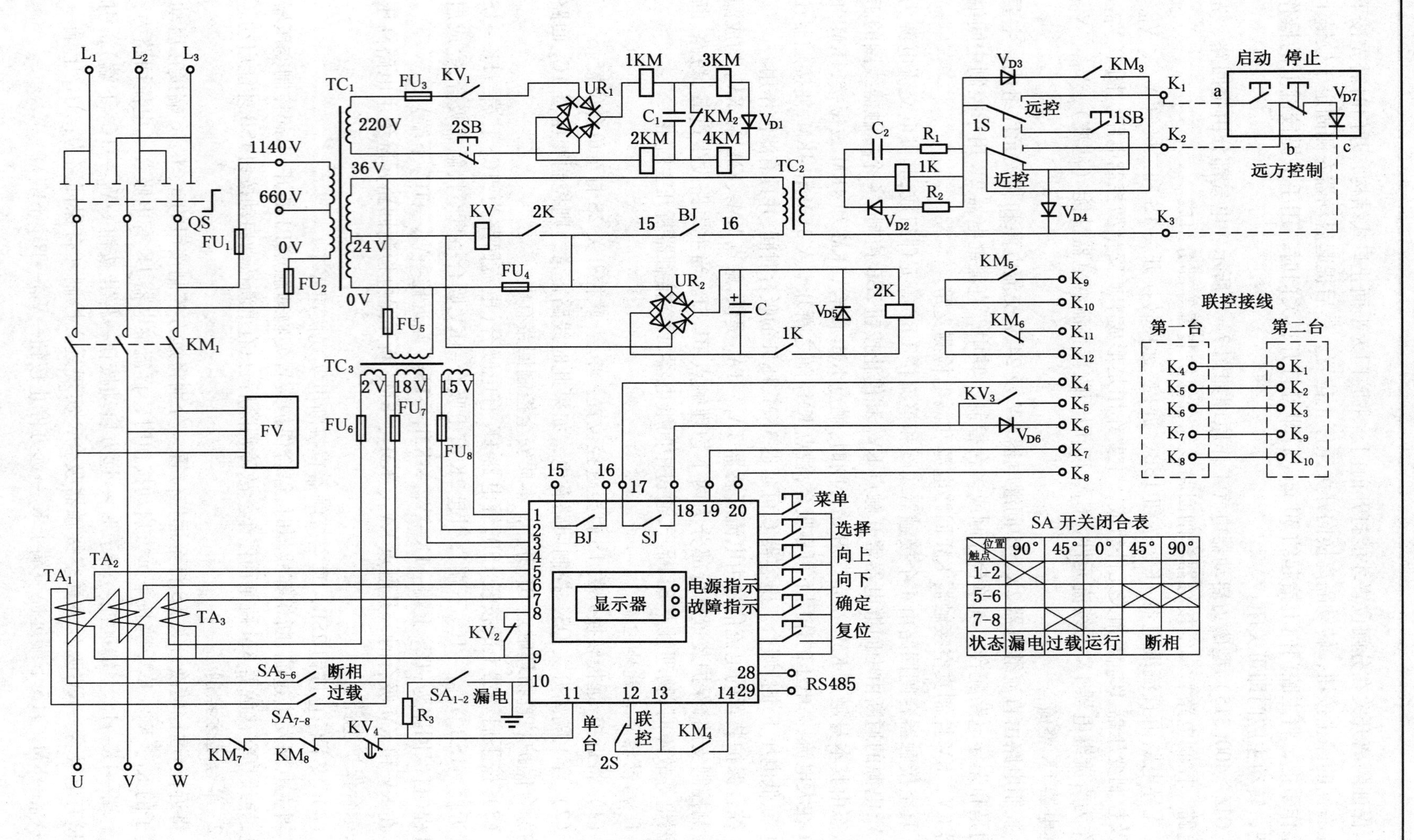

SA 开关闭合表

触点＼位置	90°	45°	0°	45°	90°
1-2	×				
5-6				×	×
7-8		×			
状态	漏电	过载	运行	断相	

图7-8　QJZ-400(315)型磁力启动器电气工作原理

远方控制按钮中的二极管 V_{D7} 可防止先导回路短路引起自启动，当先导回路控制电缆短路时，由于二极管也同时被短接，直流继电器 1K 流过交流电而无法吸合，防止了误启动或自启动。

3. 多台启动器程序控制

两台或多台启动器顺序启动可按图 7－8 中的联控接线，同时将所有启动器中的单台-联控转换开关 2S 打至联控位置；将近控-远控转换开关 1S 打至远控位置，并将最后一台启动器的端子 K_7、K_8 短接。

第一台启动后，触点 KM_4 将启动信号送入综合保护装置，经过 3～5 s 延时，保护器延时触点 SJ 闭合，通过端子 K_4、K_6 使下台开关启动；再经过 2 s 延时 SJ 释放，下一台开关通过前一台的触点 KV_3（端子 K_5、K_6）保持吸合。

下一台启动后其触点 KM_5（端子 K_9、K_{10}）闭合，该信号反馈至前一台综合保护装置（端子 K_7、K_8）；当前一台延时触点 SJ 释放 5～10 s 后，下一台开关因故障不能启动，则前一台开关的综合保护装置因没有得到其 KM_5 吸合的信号而跳闸。同理，当任意一台启动器因故障跳闸时，前一台启动器因失去其反馈信号（KM_5 闭合）而停机，后一台启动器因其触点 KV_3 断开也会停机，从而实现前后联动控制。

4. 漏电检测、试验

启动器上电后，综合保护装置将通过以下回路对系统进行绝缘电阻（漏电）检测：端子 11→触点 KV_4→KM_7→KM_8→主电路→主电路对地绝缘电阻→大地→端子 10。若系统绝缘电阻低于规定值时（发生漏电），保护装置的物理触点 BJ 不能闭合，启动器被闭锁，显示器显示相应故障，同时显示器旁边的故障信号灯燃亮；当系统绝缘电阻值上升到某一数值时，漏电闭锁自动解除。

检测支路中的两个接触器触点用于提高支路的电压等级；触点 KV_4 延时闭合可保证真空接触器熄弧后再接通漏电检测回路。

启动器的各种试验可用转换开关 SA 完成，也可通过综合保护装置中的模拟试验菜单完成。

当转换开关 SA 打至漏电位置时，触点 SA_{1-2} 闭合，电阻 R_3 作为系统绝缘电阻使保护装置动作；当 SA 打至过载位置，由（变压器 TC_3）2 V 绕组提供的短路电流经电流互感器 TA_1～TA_3 送入综合保护装置与设定值比较，完成过载试验；将 SA 打至断相位置，2 V 绕组提供的短路电流只经过 V 相和 W 相，为综合保护装置提供断相信号。

利用综合保护装置的 6 个按钮（菜单、选择、向上、向下、确定、复位）和中文显示器，分别选择模拟试验、电压电流值设定等子菜单，可进行模拟试验，具体方法视不同厂家、不同型号的综合保护装置而定。

5. 技术数据

QJZ－400(315) 型磁力启动器技术数据见表 7－3。

（二）具有水泵自动控制功能的 QJZ 型磁力启动器

这种启动器是根据《矿用防爆型低压交流真空电磁启动器》(MT 111—2011) 的标准设计制造的，其综合保护装置仍以高性能微型计算机为控制核心，通过对运行状态信号的采集、分析、计算实现对电动机的控制及保护，具有过载、断相、漏电闭锁、短路等保护功能，并能根据水位或时间设置实现对水泵的自动控制，同样具有相应的中文液晶显示。

表7-3 QJZ-400(315) 型磁力启动器技术数据

额定电流/A	$\eta\cos\varphi=0.75$ 时的最大控制功率/kW		引入电缆的外径/mm		极限分断能力/kA	外形尺寸/(mm×mm×mm)	质量/kg
	$U_N=1140$ V	$U_N=660$ V	电力线路	控制电路			
400	590	340	32~71	14.5~21	4.5	1000×580×840	380

这种启动器也采用方形隔爆外壳，其外形如图7-9所示。为了便于移动，隔爆外壳装在橇形底架上。启动器分上腔和下腔两部分，上腔为接线腔，下腔为主腔。启动器主腔门上设有启动按钮 SB_q、停止按钮 SB_{t1}、显示器窗口及相应的操作按钮。

主腔门与隔离开关之间设有可靠的机械闭锁，保证隔离开关在分闸位置才能打开前门。主腔门为平面止口式结构，开门时需先按下机壳右侧的停止按钮，转动隔离换向开关至停止位置，主腔门才能打开。

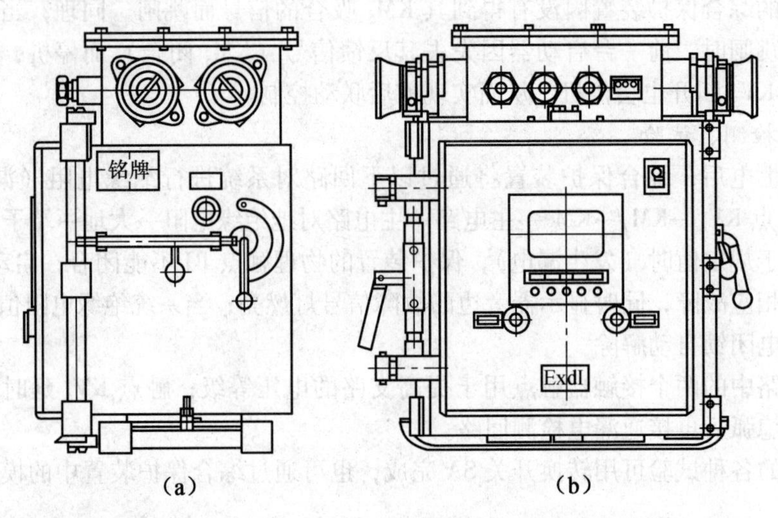

图7-9 具有水泵自动控制功能的QJZ型磁力启动器外形

具有水泵自动控制功能的QJZ型磁力启动器电气工作原理如图7-10所示。电气部分由主回路、先导电路、真空接触器控制电路及综合保护装置等部分组成。

先导电路由本质安全控制继电器JHK、停止按钮 SB_{t1} 和 SB_{t2}、近控-远控转换开关S、启动按钮 SB_q、二极管 V_{D1} 和 V_{D2}、相关元件组成。其中本质安全控制继电器是一种由电子元件和继电器组成的器件，在其1、2端输入交流电压后，a、b端输出本安电路，当a、b端构成回路时，继电器触点JHK动作。

真空接触器KM、中间继电器KV组成真空接触器控制电路，受控于本安继电器。

综合保护装置的电流信号由电流互感器TA提供；触点 KM_3、KV_2 和 KV_3 构成漏电检测控制支路；保护装置执行部分为4个物理触点BJ、SJ、WJ、DJ。当主电路发生过载、短路、断相、漏电等故障时，触点BJ断开，通过中间继电器、真空接触器断开主回路；SJ为延时触点，用于多台启动器的联控；WJ为网络启动触点，由通信接口输入指令可使触点WJ闭合；DJ为水泵控制触点，将高低水位信号分别接在保护装置的18、19端，触点DJ在高水位时闭合，低水位时断开。另外，在保护装置上还设有一个急停按钮SK。

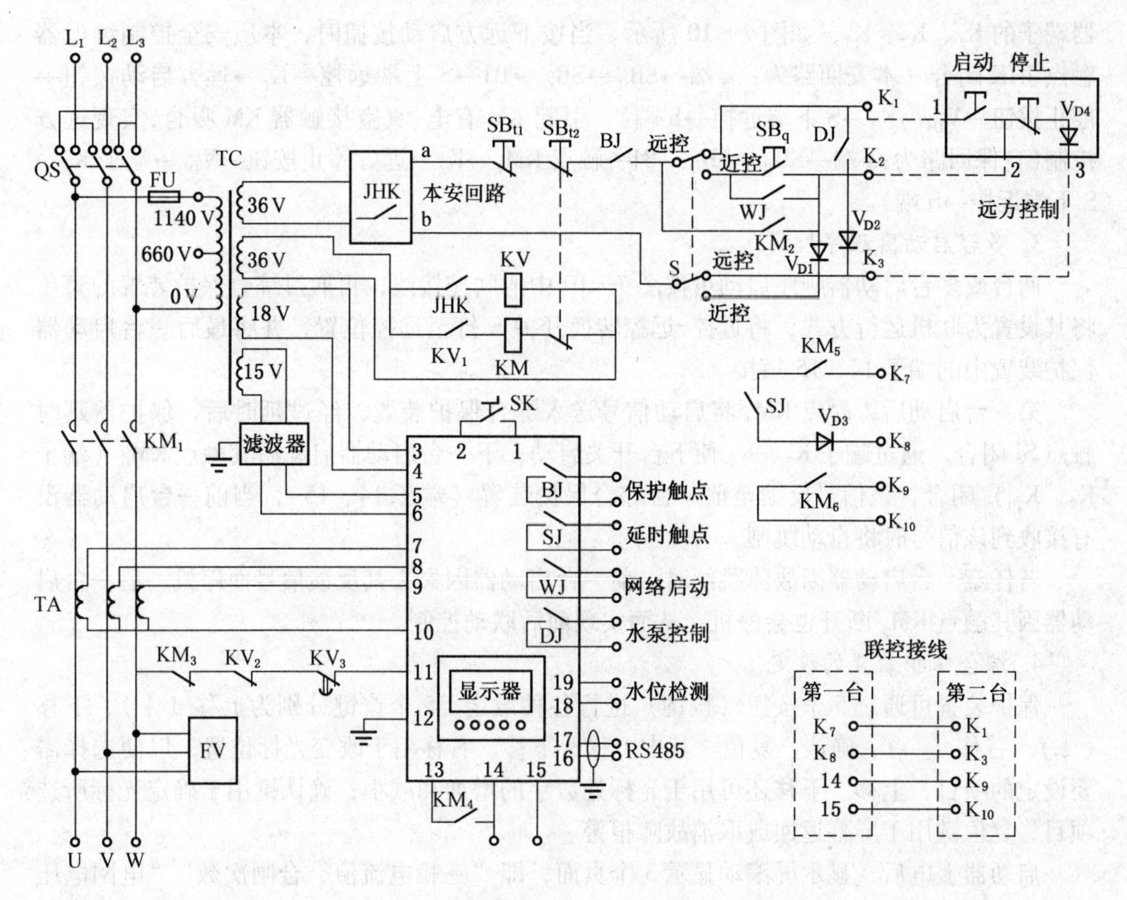

图7-10　具有水泵自动控制功能的QJZ型磁力启动器电气工作原理

1. 启动器单台就地控制

（1）将近控-远控转换开关S打至近控位置。

（2）合上隔离开关QS，本质安全控制回路有电，如果此时线路正常，则本质安全回路中的综合保护器触点BJ闭合。

（3）按下启动器上的按钮SB_q，本质安全控制继电器触点JHK闭合（本安回路为：a端→SB_{t1}→SB_{t2}→BJ→S上端近控→SB_q→V_{D1}→S下端近控→b端），引起KV有电、真空接触器KM吸合，完成启动过程（自保回路为：a端→SB_{t1}→SB_{t2}→BJ→触点KM_2→V_{D1}→S下端近控→b端）。

在KV和KM吸合时，其触点KM_3、KV_2、KV_3断开漏电检测回路，避免主电路高压串入综合保护电路。

（4）按下停止按钮SB_{t1}或SB_{t2}，本质安全回路断开，通过JHK、KV使真空接触器KM断电，实现停车。

当主电路发生过流、断相等故障时，综合保护装置使触点BJ断开，引起真空接触器KM跳闸而停车。故障消除后，只有按动按钮SB_q即可启动。

2. 单台远方控制

将近控-远控转换开关S打至远控位置，分别将远方控制按钮的1、2、3端接在启动

器端子的 K_1、K_2、K_3，如图 7－10 所示。当按下远方启动按钮时，本质安全控制继电器触点 JHK 闭合（本安回路为：a 端→SB_{t1}→SB_{t2}→BJ→S 上端远控→K_1→远方启动按钮→停止按钮→V_{D4}→K_3→S 下端远控→b 端），引起 KV 有电、真空接触器 KM 吸合，实现远方控制（自保回路为：a 端→SB_{t1}→SB_{t2}→BJ→触点 KM_2→K_2→远方停止按钮→V_{D4}→端子 K_3→S 下端近控→b 端）。

3. 多台启动器程序控制

两台或多台启动器顺序启动可按图 7－10 中的联控接线，再通过综合保护装置的菜单将其设置为联机运行方式；将近控-远控转换开关 S 打至远控位置，并将最后一台启动器保护装置中的端子 14、15 短接。

第一台启动后，触点 KM_4 将启动信号送入综合保护装置，经过延时后，保护器延时触点 SJ 闭合，通过端子 K_7、K_8 使下台开关启动；下一台启动器启动后其触点 KM_6（端子 K_9、K_{10}）闭合，该信号反馈至前一台综合保护装置（端子 14、15），当前一台启动器没有接收到该信号时将自动跳闸。

若任意一台启动器因故障跳闸时，前一台启动器因失去其反馈信号而停机，后一台启动器因其触点 KM_5 断开也会停机，从而实现前后联动控制。

4. 综合保护装置的设定

保护装置可通过 5 个按钮（按键）进行各种设定，5 个按键分别为上移（↑）、下移（↓）、右移（→）、确认、复位。其中上移、下移、右移用于改变光标位置，以便选择需要设定的项目，上移、下移还可用于光标处数字的增加和减小；确认键用于确定光标所选项目，复位键用于屏幕返回或取消故障报警。

启动器上电后，显示屏滚动显示 3 个页面，即“三相电流值，合闸次数”“电网电压值，对地绝缘电阻值，甲烷浓度，时间”“有功功率，无功功率，分合闸状态”等。按压确认键时，屏幕显示主菜单，主菜单一般包括以下内容：

（1）设定值的查询、设定。包括电流、电压、漏电电阻、运行状态（单台、联控）、各种延时时间、通信频率（波特率）、日期等项目的查询和设定。

（2）计算值清除。如合闸次数、运行小时数等。

（3）模拟试验。包括短路、过载、断相、漏电等试验。

（4）故障查询。用于对启动器发生过的故障进行查询。

（5）水泵设置。水泵控制有电阻（水位传感器）和定时两种方式，使用水位传感器方式时，应将转换开关 S 置于远控位置，但不能接入远方控制按钮。

5. 技术数据

这种启动器的控制电路若采用不同等级的隔离开关、控制变压器、真空接触器等，再配置相应的隔爆外壳即可构成不同额定电流的启动器，其主要技术数据见表 7－4。综合保护装置动作特性见表 7－5。

（三）QJZ－2×400/1140S 型矿用真空磁力启动器

QJZ－2×400/1140S 型矿用真空磁力启动器用于控制井下具有两种转速的大功率输送机。当输送机在重载下运行时，可实现低速启动、高速运行，解决了输送机启动困难的问题。启动器型号中的 S 表示双速。

这种启动器工作电压为 1140 V，可同时控制两台功率为 590 kW 以下的双速电动机。

其真空断路器的分断能力为10000A，但主电路短路时采用熔断器保护。

这种启动器采用微机控制，具有过流、过载、断相、相不平衡、漏电闭锁、过压、防止控制回路短路引起误启动等各种保护功能。

表7-4 具有水泵自动控制功能的QJZ型磁力启动器技术数据

额定电流/A	隔离开关型号	电流互感器型号	控制变压器型号	真空接触器型号	$\eta\cos\varphi=0.75$时的最大控制功率/kW		外形尺寸/(mm×mm×mm)	质量/kg
					1140 V	660 V		
30、60	GHK-200	YLS-100A/0.1A	CT-200	CKJ-80/1140	44 88	25 50	650×578×415	
80、120	GHK-200	YLS-160A/0.1A	CT-200	CKJ-160/1140	110 177	68 102	707×577×475	
200、300、400	GHK-400	LRG-0.66 400A/0.1A	CT-300	CKJ-400/1140	295 450 590	170 260 340	755×740×620	300

表7-5 综合保护装置动作特性

名　称	额定电流倍数	动作时间	起始状态	复位方式	复位时间
过载保护	1.05	长期不动作	冷态	自动	<2 min
	1.2	5~20 min	热态	自动	<2 min
	1.5	1~3 min	热态	自动	<2 min
	6	8~16 s	冷态	自动	<2 min
断相保护	任意两相1.05倍，第三相为0	<3 s	热态	自动	<2 min
短路保护	8~10	200~400 ms	冷态	手动	
漏电闭锁	工作电压为660 V时，一相对地绝缘电阻低于（22+20%）kΩ时拒绝启动				
	工作电压为1140 V时，一相对地绝缘电阻低于（40+20%）kΩ时拒绝启动				

1. 结构

启动器外壳为长方体框架结构，由20 mm厚的钢板焊接而成，箱体分为进线腔、主腔和出线腔3个独立的腔室。主腔门设在箱体前面，腔门为圆形平面铰链式防爆结构，需用专用钥匙开启。其外形如图7-11所示。

进线腔设在箱体右上侧，箱盖采用螺栓固定，腔内装有两组高压进线柱，用于1140 V的进线和配线；出线腔设在箱体左侧，腔门设有铰链式机构，腔内设有4组进线接线端子，分别用于机头高低速回路和机尾高低速回路的接线；腔内右侧为低压接线端子，分别接漏电闭锁回路、远方控制回路及闭锁设备。

主腔中的元件分装在4个电路板上，右侧电路板上装有用于电动机无载换向的隔离开关QS_1、QS_2和用于紧急停车的停止按钮。后部电路板上装有：①用于控制机头、机尾电动机高速、低速运行的真空接触器KM_1~KM_4；②用于向真空接触器和微机保护装置提供

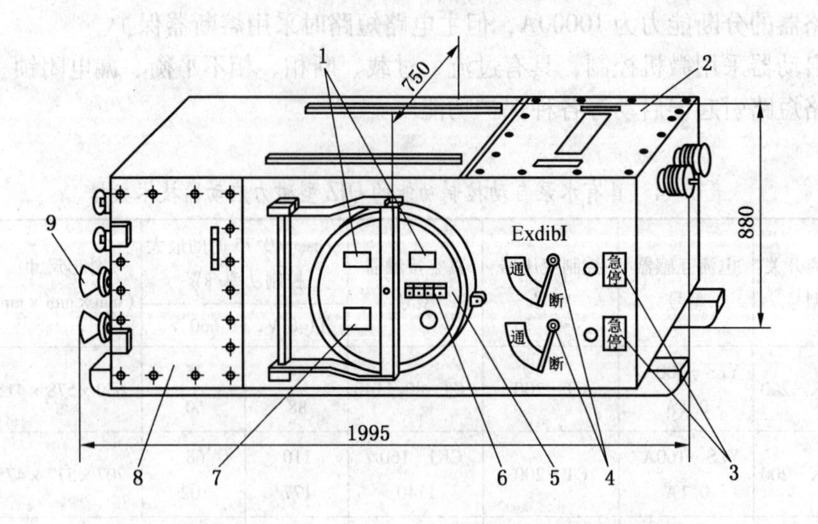

1—观察窗；2—进线腔；3—急停按钮；4—隔离开关操作手柄；
5—主腔门；6—按钮；7—铭牌；8—出线腔；9—接线嘴

图 7-11 QJZ-2×400/1140S 型矿用真空磁力启动器外形

电能的控制变压器 T_1、T_2 及相应的熔断器；③用于采集两台电动机电流信号的 8 个电流互感器。底部电路板上装有用于漏电检测转换的中间继电器 K_1、K_2 和向微机保护装置提供稳定直流电能的电源装置。

主控门电路板上装有：①用于提供本安电源的隔离变压器 T_3 及其熔断器；②用于高速启动、低速启动、停车及微机系统复位的按钮开关；③用于显示启动器负荷电流和运行状态的显示器；④用于双速电动机电流整定的 8 个指针式电位器和 2 个波段开关 SA_1、SA_2；⑤微机保护装置的各种电路插件。

2. 电气工作原理

这种启动器由主电路、微机系统、控制电源、负荷电流整定电路、接触器控制电路、显示电路及其他控制电路等部分组成，其电气工作原理如图 7-12 所示。

1）主电路

1140 V 电压经两台可换向的隔离开关分别控制设在输送机机头、机尾的两台双速电动机，主电路经隔离开关 QS_1 和 QS_2 后分为 4 路，其中两路通过真空接触器分别接在两台电动机的低速接线端子上，另两路通过真空接触器接在两台电动机的高速接线端子上。为防止真空断路器的操作过电压造成的危害，在每组主回路中都装有 1 组 RC 阻容吸收电路（FV_1 ~ FV_4）。电流互感器 TA_1 ~ TA_8 分别装在 4 组主电路的两相上，用于采集电流信号。

2）微机系统

微机系统由中央处理器、各类存储器、数字/模拟转换器、输入/输出接口电路、各种模拟开关、比较器、逻辑电路、预置电路、放大电路等部分组成。

各种电流信号、电压信号及控制信号经相应的接口电路输入到微机系统，其中模拟信号要经过模/数转换装置变为数字信号，这些信号再经中央处理器运算处理后发出相应的

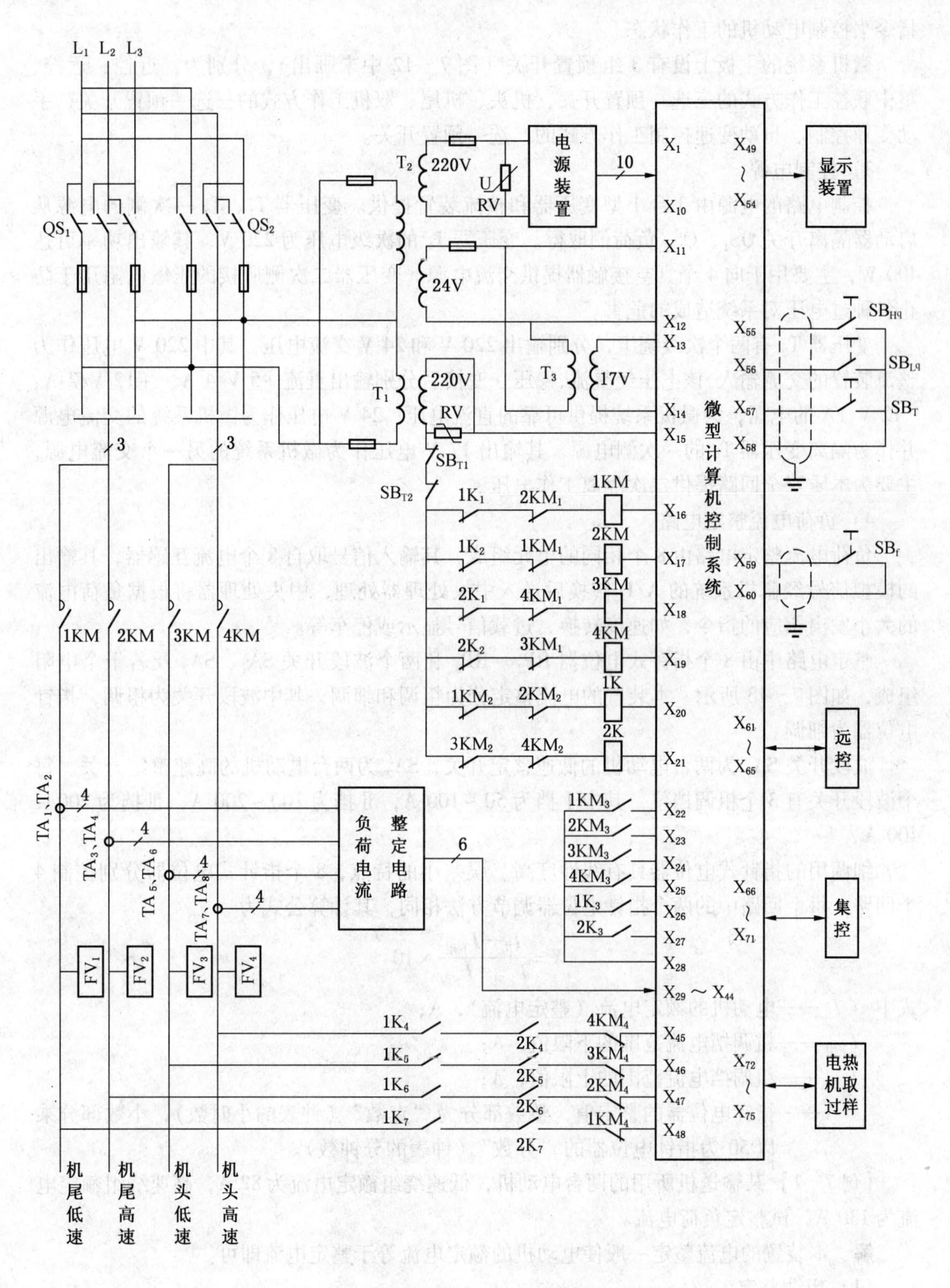

图7-12　QJZ-2×400/1140S型矿用真空磁力启动器电气工作原理

指令去控制电动机的工作状态。

微机系统的主板上设有3组预置开关（图7－12中未画出），分别为：近控、远控、集中联控工作方式的三选一预置开关，机头、机尾、双机工作方式的三选一预置开关，手动变速控制、自动变速控制工作方式的二选一预置开关。

3）控制电源

控制电路的电源由3台小型变压器和整流装置提供。变压器 T_1、T_2 一次侧的电源从启动器隔离开关 QS_1、QS_2 负荷侧取得。变压器 T_1 的次级电压为220 V，其输出功率可达400 W，主要用于向4个真空接触器提供交流电源。变压器二次侧所接的压敏电阻用于防止各种过电压对系统造成的危害。

变压器 T_2 有两个次级绕组，分别输出220 V和24 V交流电压，其中220 V电压作为整流装置的交流输入，该电压经整流、稳压、变换后分别输出直流＋5 V/4 A、＋12 V/2 A、－12 V/1A的电压，为微机系统提供可靠的直流电压；24 V电压作为微机系统的交流电源并作为隔离变压器 T_3 的一次侧电源，其输出17 V电压作为微机系统的另一个交流电源，主要为本质安全回路提供二次隔离工作电压。

4）负荷电流整定电路

负荷电流整定电路由8个相同的单元组成，其输入信号取自8个电流互感器，其输出的模拟信号经微机系统的A/D转换后送入中央处理器处理，中央处理器将根据负荷电流的大小发出相应的指令，如速度转换、过载信号显示或停车等。

整定电路中由8个指针式电位器 RP_1～RP_8 和两个波段开关 SA_1、SA_2 及若干个电阻组成，如图7－13所示。本装置的电流整定分为粗调和细调，其中波段开关为粗调，指针电位器为细调。

波段开关 SA_1 为两台电动机的低速整定开关，SA_2 为两台电动机的高速整定开关。每个波段开关有3个粗调挡位，其中Ⅰ挡为50～100 A，Ⅱ挡为100～200 A，Ⅲ挡为200～400 A。

细调用的指针式电位器具有线性度高、误差小的特点，8个指针式电位器分别控制4个回路，每个回路中的两个指针电位器调节方法相同，其计算公式为

$$X=\frac{I_{\mathrm{N}}-I_{下限}}{I_{上限}-I_{下限}}\times 10$$

式中　I_{N}——电动机的额定电流（整定电流），A；

$I_{下限}$——粗调挡电流范围的下限值，A；

$I_{上限}$——粗调挡电流范围的上限值，A；

X——指针电位器的整定值，整数部分为“点数”（钟表的小时数），小数部分乘以50为指针电位器的“分数”（钟表的分钟数）。

【例7－1】某输送机所用的两台电动机，低速绕组额定电流为82 A，高速绕组额定电流为130 A，试整定负荷电流。

解　本装置的电流整定一般使电动机的额定电流等于整定电流即可。

（1）粗调整定。

根据电动机的额定电流，将启动器低速绕组调节在 SA_1 的Ⅰ挡（50～100 A），高速绕组调节在 SA_2 的Ⅱ挡（100～200 A）。

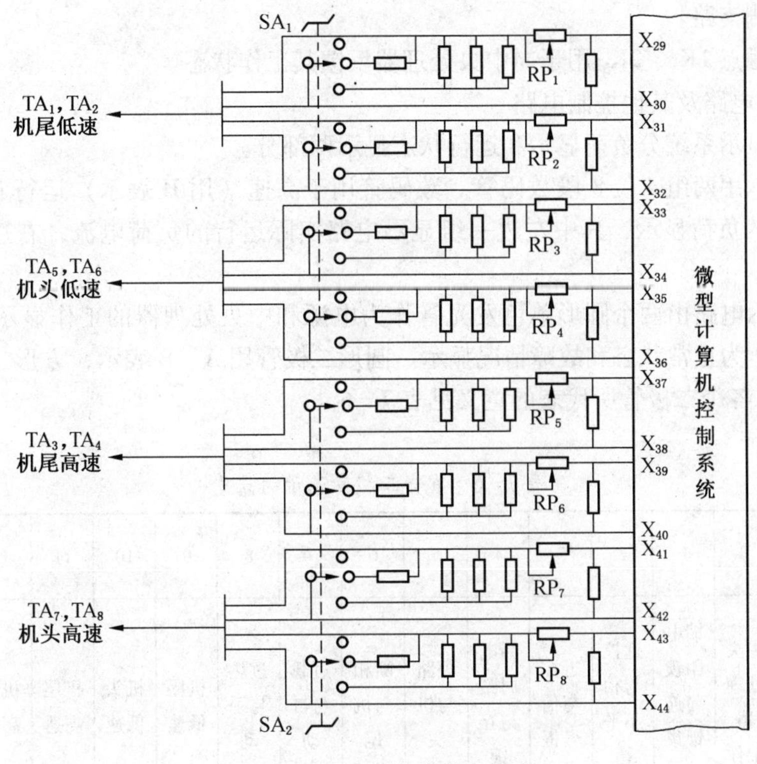

图7-13　负荷电流整定电路

（2）细调整定。

低速细调整定：

$$X=\frac{I_{\mathrm{N}}-I_{下限}}{I_{上限}-I_{下限}}\times 10=\frac{82-50}{100-50}\times 10=6.4$$

则指针电位器的“点数”为6，“分数”为0.4×50=20。

高速细调整定：

$$X=\frac{I_{N}-I_{下限}}{I_{上限}-I_{下限}}\times 10=\frac{130-100}{200-100}\times 10=3$$

则指针电位器的“点数”为3，“分数”为0.0×50=0。

5）接触器控制电路

控制主回路的4个真空接触器1KM～4KM由微机系统的输出指令控制（图7-12）。为防止电动机的高速回路和低速回路同时送电，在各自的接触器回路中串入与其相对应的常闭触点作为互锁。真空接触器的触点$1KM_3$～$4KM_3$用于向微机系统的中央处理器反馈接触器1KM～4KM的工作状态。

另外，真空接触器还受中间继电器1K、2K的控制。中间继电器作为两台电动机运行和漏电检测的转换装置，在电动机未启动之前，继电器1K、2K在中央处理器的指令下有电吸合，其触点$1K_4$～$1K_7$、$2K_4$～$2K_7$闭合，接通主回路的漏电检测支路，接收微机系统对电动机及线路的绝缘检测。此时，其触点$1K_1$、$1K_2$、$2K_1$、$2K_2$断开，防止真空接触器送电而将高压串入微机系统。同理，在电动机运行时，真空接触器的触点$1KM_4$～$4KM_4$

断开漏电检测支路。

继电器触点 $1K_3$、$2K_3$ 用于向中央处理器反馈其工作状态。

6）显示电路及其他控制电路

启动器显示系统分负荷显示和运行状态显示两部分。

负荷显示用两组4位8段数码管。数码管用于高速（用H表示）运行和低速（用L表示）运行的负荷显示，其中左边一组显示电路实际运行的负荷电流，右边一组显示额定电流。

状态显示电路由两个圆形单色发光管作为电源和中央处理器的工作显示，14个方形双色发光管作为正常状态和故障情况显示。圆形二极管用A、B表示，方形二极管用序号1～14表示，各个二极管所代表的意义见表7－6。

表7－6　发光二极管表示的意义

发光二极管	A	B	1	2	3	4	5	6	7	8	9	10	11	12	13	14
表示的意义	电源	中央处理器工作	馈电闭锁与连锁集控	远控与相不平衡	近控与信号板	漏电回路与互锁	短路与机头	断相与机尾	过载与自动	过热与手动	机尾低速	机头低速	机尾高速	机头高速	脱轨与A/D板	RAM板与漏电检测

发光二极管A、B燃亮表示正常，不亮表示故障。双色二极管为绿色时，表示该项目正常；为红色或绿色闪烁时，表示故障。

启动器有3个近控按钮 SB_{Hq}、SB_{Lq}、SB_T，分别为高速启动、低速启动和停止按钮。另外，还设有复位按钮 SB_f，当启动器和被控电动机发生故障并得到处理后，必须按下复位按钮，中央处理器会自动刷新并重新自检，然后启动器才能再次启动。

微机系统的 X_{61}～X_{71} 为本质安全电路输出端。其中 X_{61}～X_{65} 接远控接线盒；X_{66}～X_{69} 为串口通信端，用于联机集中控制；X_{70}、X_{71} 为外部关联闭锁端，当外部相关设备（如瓦斯检测装置）需要停机时，输入相应的信号可将启动器闭锁，只有相关设备解除闭锁后，启动器才能被正常控制。

微机系统的 X_{72}～X_{75} 为过热信号接线端，两台电动机可通过热敏电阻将温度信号经该接线端送入中央处理器进行处理。

3. *启动器的控制*

1）电动机的启动控制

电动机启动之前要对微机系统上的3组开关进行预置，设开关预置为近控、双机低速、手动工作方式。

闭合启动器隔离开关 QS_1、QS_2，控制回路有电，微机系统首先自检并使中间继电器1K、2K吸合，以便对电动机回路进行漏电检测；同时显示器显示相应的信息。

当系统正常时，按下低速启动按钮 SB_{Lq}，中央处理器发出指令使中间继电器1K、2K

断电，其常开触点 $1K_4 \sim 1K_7$、$2K_4 \sim 2K_7$ 断开，停止漏电检测；同时常闭触点 $1K_1$、$1K_2$、$2K_1$、$2K_2$ 闭合，为真空接触器通电做准备；随后真空接触器 1KM、3KM 被接通，主触头闭合，机头、机尾的电动机低速运行。另外，当辅助触点闭合时，将接触器 1KM～4KM 和中间继电器 1K、2K 的工作状态反馈到 CPU，使显示器显示相应的信息。

电动机在近控、双机高速、手动工作方式下的控制过程与以上过程相同。

电动机在近控、双机低速转高速、手动工作方式下的控制过程也与以上过程基本相同。当手动低速启动后某时（由人工决定）再按下高速启动按钮 SB_{Hq}，使电动机由低速转为高速运行。

当电动机在双机低速转高速、自动工作方式下启动时，按下低速启动按钮 SB_{Lq}，电动机低速启动；当电动机的电流降至额定电流的 1.1 倍时，CPU 发出指令使真空接触器 1KM、3KM 断电，2KM、4KM 有电，电动机由低速自动转为高速运行。

当按下停止按钮时，CPU 发出指令，真空接触器断电，电动机停车；中间继电器吸合，重新开始漏电检测。

当电动机进行联机集中控制时，CPU 将通过相应的接口与联机设备交换信号，电动机的启动、运行方式与以上控制过程相同。

2）远方控制

当电动机进行远控操作控制时，CPU 将通过相应的接口和远方接线盒连接，远方控制按钮的接线如图 7－14 所示，图中与常开按钮串联的常闭触点用于高速启动与低速之间的互锁。电动机的启动、运行方式与以上控制过程相同。

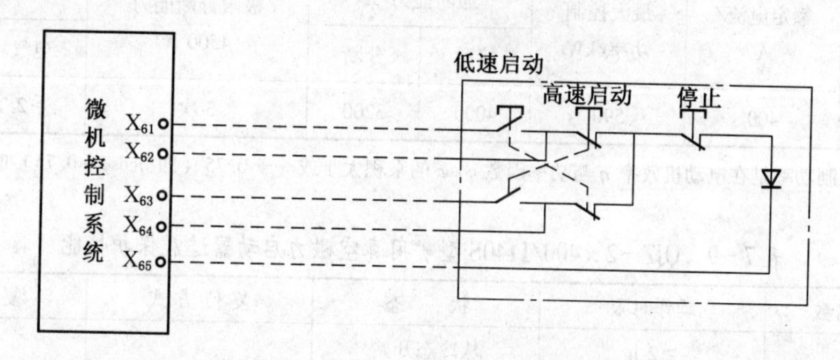

图 7－14　远方控制按钮的接线

3）急停控制

当启动器所保护的电路发生故障且停止按钮失去作用时，按下控制变压器 T_1 二次侧的两个按钮 SB_{T1}、SB_{T2}，切断 220 V 控制电源即可紧急停车。停车后要断开换向隔离开关 QS_1、QS_2，及时处理相应的故障。

4）闭锁控制

启动器设置的闭锁装置，主要用于接受外部关联设备的控制。当启动器未启动时，若被外部关联设备闭锁，则启动器不能启动；若启动器在运行过程中突然接到关联设备的闭锁信号，启动器将立即断电停车，只有外部关联设备解除闭锁，启动器才能正常运行。

5）延时调整操作

本装置在双机、自动控制方式中，为了增大输送机启动时的驱动力，设置了延时启动功能，当输送机低速启动时，机尾电动机启动 0~1 s 后（拉紧输送机底链），再启动机头电动机。然后 CPU 根据负荷电流的大小自动转为双机高速运行。

机头电动机启动的延时时间可在 A/D 板上调整：改变电位器 RP_1 的电阻值，用万用表观察 A/D 板的集成电路 0816 芯片第四脚对地电压，不同的电压对应不同的延时时间，见表 7－7。

表 7－7　电位器 RP_1 电阻值、相应电压与延时时间的对应关系

RP_1 电阻/kΩ	0	1	2	…	10
管脚对地电压/V	0	0.5	1	…	5
延时时间/s	0	0.1	0.2	…	1

4. 主要技术数据

QJZ－2×400/1140S 型矿用真空磁力启动器的主要技术数据与保护参数见表 7－8～表 7－10。

表 7－8　QJZ－2×400/1140S 型矿用真空磁力启动器技术数据

额定电压/V	额定电流/A	最大控制功率/kW	通断能力/A		极限分断能力（4500 A）	寿命/万次	
			接通	分断		电气	机械
1140	400	590	4000	3200	3 次	>2	150

注：表中最大控制功率是在电动机效率 η 与功率因数 $\cos\varphi$ 的乘积大于或等于 0.75（即 $\eta\cos\varphi \geqslant 0.75$）时的参数值。

表 7－9　QJZ－2×400/1140S 型矿用真空磁力启动器过载保护性能

电流过载倍数	动作时限	状　态	复位方式	复位时间
1.05	>2 h	从冷态开始		
1.20	7～10 min	从热态开始	自动或手动	≥3 min
1.50	2～3 min		自动或手动	≥3 min
6.0	8～16 s	从冷态开始	自动或手动	≥3 min

表 7－10　QJZ－2×400/1140S 型矿用真空磁力启动器相不平衡保护特性

相电流与整定电流的比值		动作时间	初始状态
任意两相	第三相		
1.0	0.9	不动作	冷态
1.9	0.6	15～29 s	热态
1.15	0（断相）	7～10 s	热态

三、QJR系列矿用隔爆型软启动器

QJR系列矿用隔爆型软启动器用于有瓦斯、煤尘爆炸危险的矿井，主要用于控制功率较大、启动困难的设备，如大功率输送机、空压机、水泵等设备。这种启动器具有控制方便、保护完善等特点。QJR系列矿用隔爆型软启动器的型号含义如下：

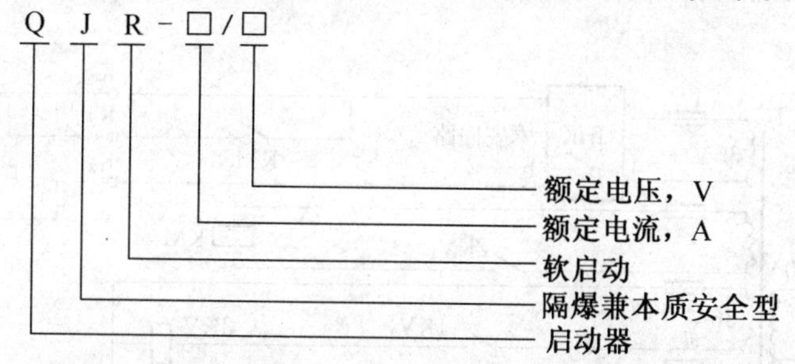

所谓软启动，是指所控制电动机在启动过程中其速度和电流的变化比较缓慢，从而可避免电动机启动时启动转矩、启动电流对设备和电网的冲击。

软启动器的主电路由真空接触器KM与三组反并联的大功率可控硅组U并联构成，其中可控硅组作为软启动部分。软启动的实质是改变电动机的电源频率，利用变频调速的方法实现软启动。

软启动器的控制核心是CPU组成的智能监控芯片。在电动机的启动过程中，监控芯片控制三组反并联的大功率可控硅组U按照用户的要求，向负载提供连续变化的电压和电流（变频技术），保证电动机平滑可靠地实现软启动；当电动机启动过程完成后，由监控芯片控制交流接触器KM吸合，短接三组反并联的大功率可控硅组U，使电动机直接投入电网全压运行。

1. 软启动器结构与电气工作原理

QJR－400型软启动器采用方形隔爆外壳，其外形如图7－15所示。为了便于移动，隔爆外壳装在橇形底架上。启动器分上腔和下腔两部分，上腔为接线腔，下腔为主腔。启动器主腔门上设有启动按钮SB_q、停止按钮SB_{t2}、显示器窗口及相应的操作按钮。

主腔门与隔离开关之间设有可靠的机械闭锁，保证隔离开关在分闸位置才能打开前门。主腔门为平面止口式结构，开门时需先按下机壳右侧的停止按钮，转动隔离换向开关至停止位置，主腔门才能打开。

图7－15 QJR－400型软启动器外形

QJR－400型软启动器电气工作原理如图7－16所示。电气部分由主回路、远方控制电路、真空接触器控制电路、漏电检测电路及软启动控制电路等部分组成。

远方控制电路由本安继电器JHK与自保触点KM_2组成。当按下启动按钮时，本安继电器动作，其触点闭合并自保；按下停止按钮时，本安继电器触点断开。

真空接触器KM由中间继电器触点$2KV_1$控制，根据接触器控制功率的大小，接触器供电电源可选择不同数值的电压（如36 V或220 V等）。

漏电检测电路是一种专用芯片LJ，当检测到系统绝缘水平低于规定值时，其出口继电器动作，触点 LJ_1、LJ_2 断开，通过控制电路起到闭锁和保护作用。

软启动控制电路由控制芯片（装置）及相应的控制部分组成。控制芯片（装置）能根据负载电流的大小输出不同的触发脉冲，以改变主电路可控硅的导通角，从而使启动电流满足用户设定值的要求。控制部分由中间继电器 1KV、2KV、3KV 及近控-远控转换开关 S、软启动-直接启动转换开关 SA、远方故障控制触点 K 和相应按钮等元件构成。

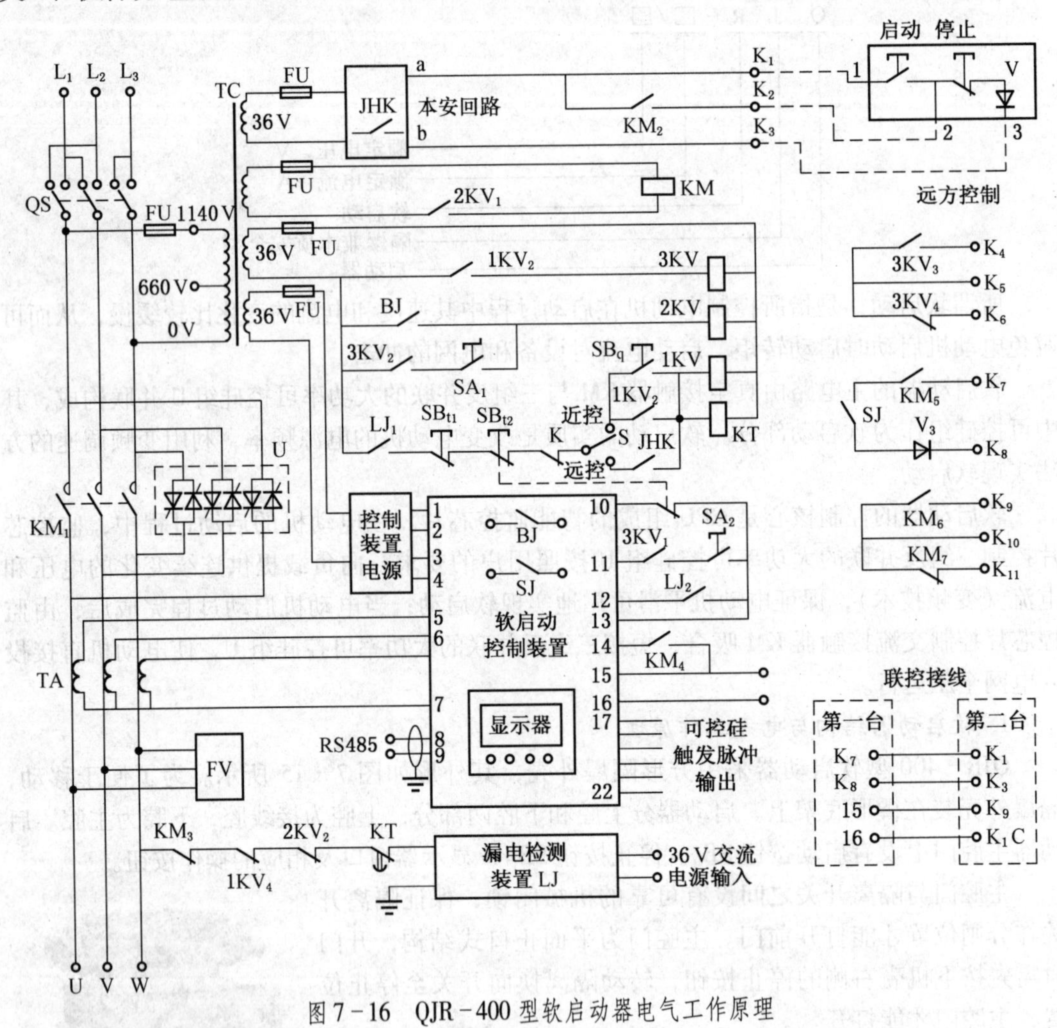

图 7-16　QJR-400 型软启动器电气工作原理

2. 软启动器的操作

软启动器的操作分近控、远控、软启动、直接启动、单台、联控等几种方式。

近控软启动时，将转换开关 S 打至近控，转换开关 SA 的触点 SA_1 断开、SA_2 闭合，启动器上电后若电网绝缘正常，漏电检测触点 LJ_1、LJ_2 闭合；按下启动按钮 SB_q，中间继电器 1KV 吸合并自保→3KV 吸合，触点 $3KV_1$ 闭合→软启动控制装置向可控硅组 U 输出相应触发脉冲，使软启动器为电动机提供缓慢变化的电压，以便保证电动机的电流或速度按设定要求变化而实现软启动。

当电动机的电流或速度达到规定值时，触点 BJ 闭合→中间继电器 2KV 吸合→真空接触器 KM 吸合，短接可控硅组 U，电动机全压运行。

直接启动时，转换开关 SA 的触点 SA_1 闭合、SA_2 断开，当按下启动按钮 SB_q 时，中间继电器 1KV 吸合并自保→3KV 吸合，触点 $3KV_2$ 闭合→中间继电器 2KV 吸合→真空接触器 KM 吸合，电动机直接启动。由于触点 SA_2 断开，软启动控制装置得不到触点 3 KV_1 闭合的信号而不会输出触发脉冲。

远方软启动时，将转换开关 S 打至远控，其控制过程与近控相同，仅是中间继电器 1 KV 由本安继电器 JHK 控制。

软启动器的其他操作方式及保护功能设置与 QJZ－2×400/1140S 型矿用真空磁力启动器类似。图 7－16 中的触点 $3KV_3$、$3KV_4$ 反映中间继电器 3KV 的状态，当软启动器用于大型带式输送机控制时，可作为抱闸信号。

停车时按下停止按钮，电动机的供电由真空接触器切换到软启动器的可控硅组输出，软启动器的输出电压由全压开始逐渐减小，使电动机转速平稳降低，以避免机械震荡，直到电动机停止运行。这种软停机方式可减少和消除水泵类负载的喘振。

停车也可设置为自由停机方式，此时按下停止按钮，真空接触器断电，软启动控制装置禁止可控硅组输出电压，电动机依负载惯性逐渐停车。

3. 软启动器的启动性能

利用软启动器控制面板上的设置、确认、△、▽键可进行各种启动设置。软启动器常见的启动性能有以下几种。

1）限电流启动性能

当软启动器设置项为某值时（如 $FB=0$），电动机电流随时间的变化如图 7－17 所示。图中 I_N 为电动机额定电流、I_S 为最大电流设定值［一般为（1～5）I_N］，电机启动时，随着输出电压增加，电动机电流迅速增大，当达到设定值 I_S 时保持电流不再增加，然后随着输出电压的逐渐升高，电动机逐渐加速，当电动机达到额定转速时，真空接触器吸合完成启动过程。这种性能可避免笼型电动机 $7I_N$ 启动电流对电网的冲击。这种启动性能一般用于对启动电流有严格要求的场合。

2）斜坡电压启动性能

当软启动器设置项为某值时（如 $FB=1$），电动机电压随时间的变化如图 7－18 所示。图中 U_N 为电动机额定电压、U_S 为初始电压设定值［一般为（0.3～0.7）U_N］，电动机启动时，在电动机电流不超过 $4I_N$ 的范围内，软启动器的输出电压迅速上升至 U_S，然后输出电压按所设定的时间 t_S（一般为 2～60 s）逐渐上升，电动机随着电压的变化不断平稳加速，当电压达到额定电压 U_N 时，电动机达到额定转速，真空接触器吸合，启动过程完成。这种启动性能适用于对启动电流要求不高而对启动平稳性要求较高的场合。

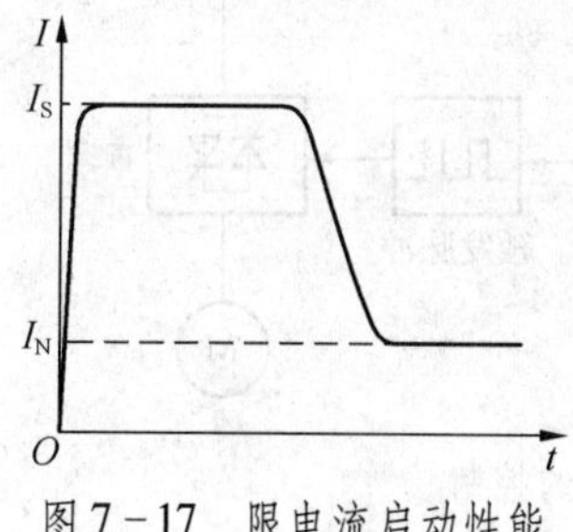

图 7－17　限电流启动性能

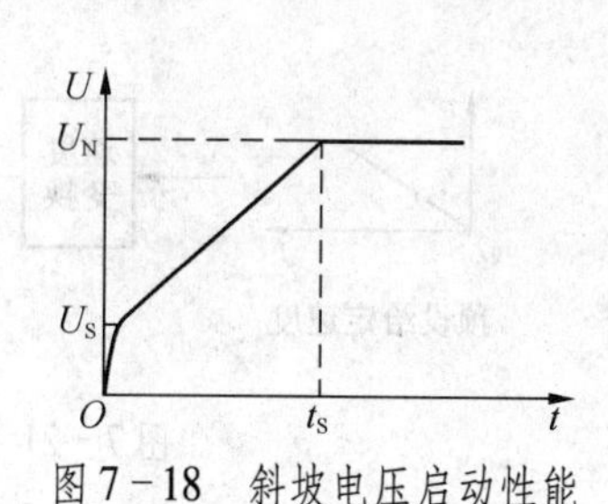

图 7－18　斜坡电压启动性能

3）突变启动性能

当软启动器设置项为某值时（如 $FB=2$、$FB=3$），电动机电压（电流）随时间的变化如图 7-19 所示。在某些重载场合下，由于机械静摩擦力的影响，电动机不能正常启动时，可选用这种启动模式。在启动时，先对电动机施加一个较高的设定电压 U_S，并持续有限的一段时间（100 ms），以克服电动机负载的静摩擦力使电动机转动，然后按限电流性能（图 7-19a）或斜坡电压性能（图 7-19b）的方式启动。显然，这种启动用于静摩擦阻力较大的场合。

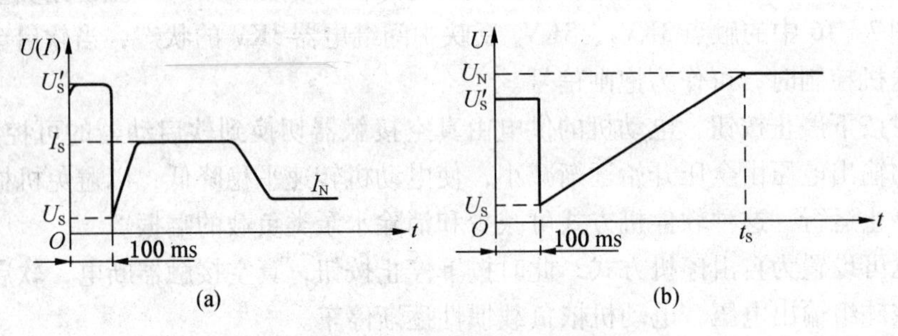

图 7-19　突变启动性能

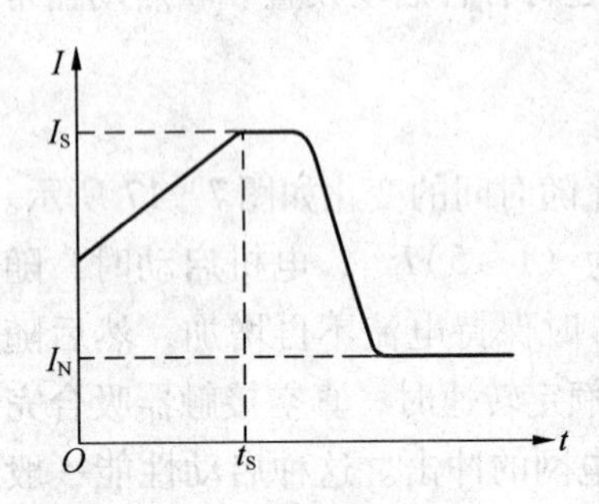

图 7-20　电流斜坡启动性能

4）电流斜坡启动性能

当软启动器设置项为某值时（如 $FB=4$），电动机电流随时间的变化如图 7-20 所示。电动机启动时，要求启动电流在设定时间 t_S 内达到最大电流设定值 I_S，这种启动特性在限制电流的条件下有较强的加速能力，且在一定范围内可缩短启动时间。

5）闭环启动性能

当软启动器设置项为某值时（如 $FB=5$），要求电动机转速按给定值变化，所以启动过程平稳且电流不大，其控制如图 7-21 所示。软启动控制装置将预设速度信号转换为电流信号，并与电动机实际电流（通过电流调节装置）进行比较，当电动机实际电流大于给定信号时，触发脉冲将使可控硅组 U 输出电压降低，以减小电动机电流，反之增大电动机电流，从而使电动机按给定速度变化。

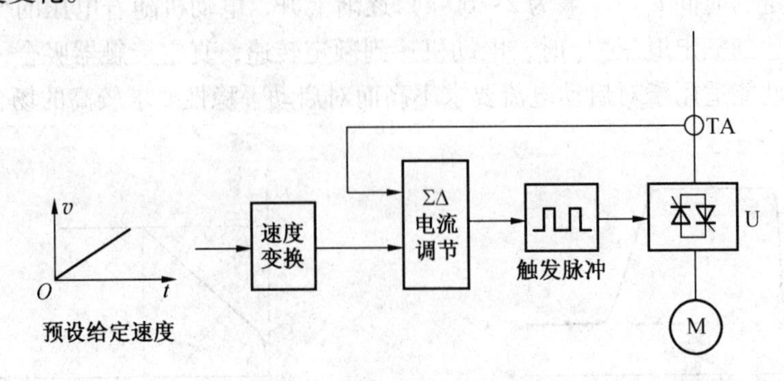

图 7-21　闭环启动性能的控制

不同厂家生产的软启动器设置方法各不相同，实际应用时可根据软启动器的设置方法按负载要求设置相应的启动方式。

4. 主要技术数据

QJR 系列矿用隔爆型软启动器主要技术数据见表 7-11。

表 7-11　QJR 系列矿用隔爆型软启动器主要技术数据

产品型号	额定电压/V	额定电流/A	控制电动机最大功率/kW			引入电缆外径/mm		质量/kg
			380 V	660 V	1140 V	主电路	控制电路	
QJR-200	1140、660、380	200	100	165	200	42~78	9~23	400
QJR-315		315	155	260	315			
QJR-400		400	200	330	400			

注：软启动器控制的电动机最大功率是在 $\eta\cos\varphi=0.75$ 的条件下，使用温度为 -5~40 ℃。

第二节　煤电钻和照明综合保护装置

《煤矿安全规程》规定，煤矿井下所用的煤电钻及井下的照明信号，必须使用具有漏电、短路、过负荷等功能的综合保护装置。综合保护装置的产品种类较多、型号各异，但都是将干式变压器及其一二次控制开关、保护电路组合在一起的设备。

一、ZZ8L 型煤电钻综合保护装置

本装置适用于有瓦斯和煤尘爆炸危险的矿井，可对 127 V 手持式煤电钻进行供电控制和保护。

（一）性能和结构

ZZ8L 型煤电钻综合保护装置除具有过载、漏电、短路等保护外，还具有以下性能：

（1）采用先导电路进行远方开停煤电钻，保证煤电钻不启动时电缆不带电。

（2）短路保护采用载频检测与熔断器双重保护，在煤电钻不工作时就发生短路的情况下可实行闭锁，并保证短路故障不排除不能送电。

（3）漏电检测采用经三相电阻降压、二极管整流后对 127 V 电网绝缘电阻直接检测的方式，以简化电路。

（4）电路过载采用热继电器保护，使保护装置简单可靠，调整方便。

（5）保护装置集各种控制开关、主变压器、保护电路、信号显示电路为一体，故具有体积小、质量小、结构简单、使用维护方便等特点。

综合保护装置的隔爆外壳为圆筒形，具有凸出的底和盖。壳盖与壳身采用转盖止口结构。外壳上部为接线盒，用于进出电缆的连接。外壳右侧装有隔离开关的操作手柄和试验按钮。转盖和隔离开关之间有可靠的机械闭锁，保证隔离开关在分闸位置时才能打开转盖。

主变压器固定在装置后部，各种接触器、继电器等保护电路和元件固定在前部的芯架上。芯架下面设有滑道，检修时可方便地拉出。

（二）电气工作原理

ZZ8L 型煤电钻综合保护装置的电气线路主要由主回路、控制电路、短路保护、漏电保护等部分组成，其电气工作原理如图 7－22 所示。

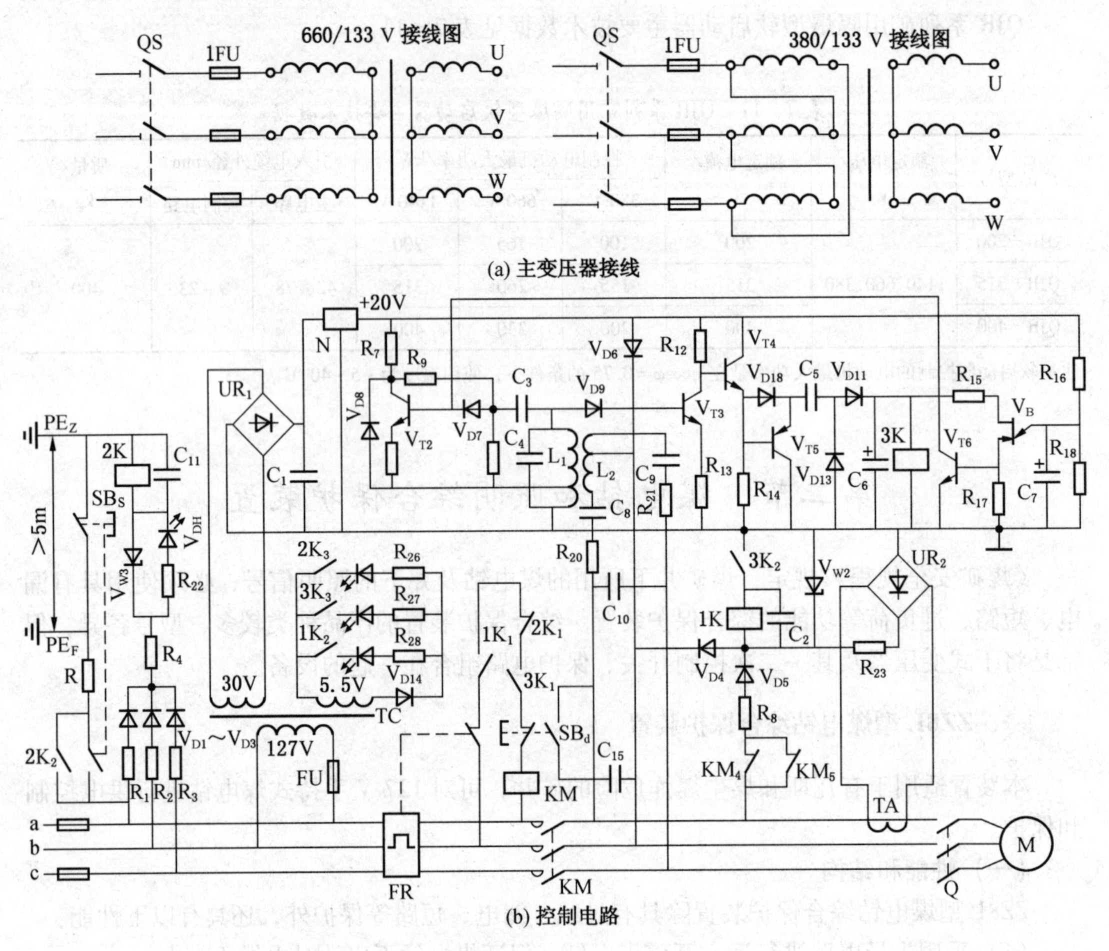

图 7－22　ZZ8L 型煤电钻综合保护装置电气工作原理

1. 主电路

主电路由主变压器及其一次隔离开关 QS、熔断器 1FU（图 7－22a）和二次熔断器 2FU、热继电器 FR、交流接触器主触头 KM 组成。主变压器一次侧为星形连接时其额定电压为 660 V/133 V，三角形连接时其额定电压为 380/133 V。

隔离开关闭合后，主变压器、综合保护电路有电。控制煤电钻手柄开关 Q 闭合、断开，即可通过控制线路使接触器主触头 KM 相应动作，实现煤电钻的运行或停转。

2. 控制电路

控制电路由先导电路、执行电路、维持电路等部分组成。

1）先导电路与执行电路

先导电路由 20 V 直流电源、二极管 V_{D6}、电阻 R_8、二极管 V_{D5}、继电器 1K 和电容 C_2 等组成，通过煤电钻手柄开关 Q 进行远距离控制；执行电路由接触器 KM、按钮 SB_d 及有关触点构成。

20 V 直流电源是由控制变压器 TC 降压，经整流桥 UR_1 和 C_1 整流、滤波后，由三端稳压器 N 稳压后提供。

当煤电钻启动时，按下煤电钻手柄开关 Q，接通以下先导电路：直流电源 +20 V→V_{D6}→V 相→Q→电动机绕组→U 相→接触器触点 KM_4（或 KM_5）→R_8→V_{D5}→继电器 1K 线圈→触点 $3K_2$→直流电源 0 V。此时继电器 1K 有电吸合，其触点 $1K_1$ 闭合，接通如下执行电路：127 V 电网 U 相→接触器 KM 线圈→按钮 SB_d→$3K_1$→$2K_1$→$1K_1$→FR→127 V 电网 V 相。接触器 KM 有电吸合，主触头 KM 闭合，煤电钻启动。触点 1 K_2 闭合，信号灯亮表示先导电路接通。

2）维持电路

当接触器吸合后，其触点 KM_4（或 KM_5）断开，为了维持继电器 1K 的电流，电路设置了由电流互感器 TA、整流桥 UR_2 及电阻 R_{23}、稳压管 V_{W2} 等元件组成的维持电路。

主电路接通后，电流互感器二次侧将有感应电流输出，该电流通过 UR_2 整流及 R_{23}、V_{W2} 稳压后向继电器 1K 提供稳定的电压，以保证主电路不断电。

煤电钻停止时，松开手柄开关 Q，切断主回路电流，则电流互感器副边无电流输出，使继电器 1K 断电，其触点 $1K_2$ 断开，绿色信号灯熄灭，触点 $1K_1$ 使接触器 KM 线圈回路断电；接触器主触头 KM 打开，以保证煤电钻不工作时电缆不带电，同时闭合其辅助触头 KM_4 和 KM_5，以备下次启动。

上述先导电路、执行电路中的常开触点 $3K_1$ 和 $3K_2$ 是短路保护继电器的触点，电路无短路故障时触点闭合。

电路中的二极管 V_{D6} 和 V_{D4} 分别用于直流 20 V 电源和继电器 1K 的维持电源与 127 V 交流电网的隔离。

3. 短路保护

短路保护除采用熔断器外，还采用载频检测保护方式。其基本原理是：不论煤电钻是否运行，由振荡电路及相关元件组成的信号源输出一个频率为 20 kHz 左右的电压信号，分别送至检测电路和三相电网上；利用电网相间短路时振荡电路因负荷增大而停振的原理，使检测电路做出鉴别，并驱动执行电路和闭锁电路，实现短路保护。

由三极管 V_{T2}、电感元件 L_1 及相关电阻、电容组成电感三点式自激振荡电路，产生 20 kHz 的载频信号，经两路输出：一路经 L_2、C_8、C_9、R_{20}、R_{21} 等元件与 127 V 三相电网耦合；另一路经 V_{D9} 送至由 V_{T3} ~ V_{T6} 及单结晶体管 V_B 等元件组成的检测闭锁电路。

当电网绝缘正常时，网路阻抗很大，振荡电路负载很小，振荡槽路两端（C_4 两端）输出电压较高，该电压经 V_{T3} 和 V_{T4} 放大后，使继电器 3K 获得足够高的电压而吸合，其常开触点 $3K_1$、$3K_2$ 闭合并分别接通执行电路和先导电路，允许煤电钻启动；同时，较高的继电器吸合电压也加在单结晶体管 V_B 的基极上，使电容 C_7 上的电压达不到 V_B 的峰点电压而使 V_B 截止，由 V_{T5} 和 V_{T6} 组成的闭锁电路不起作用。

为使继电器 3K 在电路正常时可靠吸合，三极管 V_{T5}、二极管 V_{D13} 和电容 C_5 组成间歇低阻放电回路，以使被放大的振荡电压能连续给电容 C_6 充电。振荡信号在正半周时，V_{T3} 和 V_{T4} 饱和导通，C_5 和 C_6 充电；负半周时，V_{T3} 和 V_{T4} 截止，V_{T5} 导通，C_5 经 V_{T5} 和 V_{D13} 快速放电；下一个正半周时，C_5、C_6又充电，从而保证了继电器3K的用电。

当127 V电网发生短路时，电阻R_{20}和R_{21}成为振荡器负载，由于其阻值较小，故使振荡器负载增大而停振，槽路输出电压为零，V_{T3}和V_{T4}截止；继电器3K断电释放，触点$3K_1$和$3K_2$断开，切断先导回路和接触器回路，达到短路保护的目的。

另外，随着C_6电压的降低，单结晶体管的峰点电压也降低。当该电压低于C_7上的电压时，V_B导通，并导致V_{T6}饱和，短接了V_{T2}的基极，保证振荡器处于停振状态。这时，即使短路故障排除，振荡器也不会自行起振，从而起到短路闭锁作用。重新启动时，要断开控制电源1次，使V_B关断解除闭锁，然后才能送电。

继电器3K的工作状态可通过触点$3K_3$支路的信号灯显示，灯亮时表示电网正常。

按钮SB_d用于短路试验，按下SB_d时，利用电容C_{15}对高频信号相当于短路的原理短接127 V电网，导致振荡器停振。

4. 漏电保护

漏电保护采用对127 V电网电压直接检测的方式，其检测回路为：127 V电网→R_1 ~ R_3→V_{D1} ~ V_{D3}→R_4→R_{22}→V_{DH}→继电器2K→大地→电网绝缘电阻→127 V电网。当127 V电网对地绝缘水平较高时，流过继电器2K的电流较小，不会使其动作。当电网对地绝缘电阻低于整定值时，上述回路电流增大而使2K吸合，其触点$2K_1$断开，切断KM回路；$2K_2$闭合，使继电器2K经试验电阻R自锁（自保）。漏电故障排除后，需断开隔离开关QS一次，解除自锁后才能重新工作。

继电器触点$2K_3$支路的信号灯用于指示电网是否漏电。

电路中的稳压管V_{W3}和发光二极管V_{DH}组成电缆绝缘监视电路，当绝缘电阻降低到某一定值以下时V_{DH}逐渐发亮，其亮度随绝缘电阻的降低而增大。也可将此监视电路换成相应的电流表来监视绝缘电阻的变化。

本电路的按钮SB_S用于漏电试验，按下SB_S时，主接地极PE_Z与辅助接地极PE_F断开，同时将127 V电源经电阻R接辅助接地极PE_F。若漏电检测电路正常，继电器2K吸合，相应指示灯燃亮。

（三）技术数据

ZZ8L型煤电钻综合保护装置主要技术数据见表7-12。

表7-12 ZZ8L型煤电钻综合保护装置主要技术数据

主变压器			煤电钻功率/kW	漏电电阻动作值/kΩ	漏电动作时间/s
接线方式	额定电流/A	额定电压/V			
Y，y	2.19、10.85	660、133	1.2	1.3~3（可调）	<0.25
D，y	3.79、10.85	380、133			

二、ZBZ-4.0型照明综合保护装置

ZBZ-4.0型照明综合保护本装置用于煤矿井下硐室、巷道127 V照明、信号的电源设备，具有短路保护、漏电保护、漏电闭锁、电缆绝缘监视及工作状态指示等功能。

（一）结构

该装置采用由钢板焊接成的圆柱形隔爆外壳。壳盖和壳身隔爆配合为转盖止口结构。接线箱设在外壳上部，箱上有供电源进出线、负荷出线及辅助接地引线用的引线口。外壳右侧装有隔爆开关操作手柄和检验短路、漏电保护系统是否有效的试验按钮，且开关操作手柄与壳盖之间设有机械闭锁装置，保证断电后方能打开壳盖。壳盖上方设有观察窗，可以从外面观察状态指示灯。机芯与机壳连接采用滑道结构，控制电路中的电子线路板采用插接方式，以方便检修。

（二）电气工作原理

ZBZ－4.0型照明综合保护装置电气工作原理如图7－23所示。本装置由主电路、控制电路和保护电路等部分组成。

1. 主电路

主电路由隔离开关QS、一次熔断器1FU和2FU、主变压器T、二次熔断器3FU和4FU、接触器主触头KM、电流互感器TA等部件组成。

2. 控制电路

控制电路由接触器KM及相应的触点组成，用于127 V电网的接通和断开。中间继电器常闭触点K_1为保护电路执行元件，当电网发生短路、漏电等故障时，该触点断开，通过接触器KM切断127 V电网电源；常开触点KM_1用于接触器自保；试验按钮常闭触点$2SB_1$用于漏电试验时断开接触器电源；启动按钮常开触点$1SB_1$用于127 V电网电源的启动。

3. 保护电路

保护电路是由集成块和相应元件构成的电子线路插件。该插件包括直流稳压电路、中间继电器控制电路、故障信号采集电路及故障指示电路等。

直流稳压电路由控制变压器TC输出的20 V交流电经整流桥UR整流后通过由C_1、R_1、C_2组成的Π型滤波器滤波、三端稳压器N稳压后，输出15 V直流电压向保护电路供电。

中间继电器K由工作在开关状态的三极管V控制，当三极管基极为高电位时，管子截止，无电流流过中间继电器；当三极管基极为低电位时，管子饱和导通，中间继电器有电吸合，其触点K_1断开，通过接触器KM断开127 V电网电源。

三极管基极电位由集成块N_1、N_2元件构成的电路控制，每个集成块内置两个比较运算放大器（共14个管脚），其中管脚3、12分别接电源正负极，管脚1、2、4、5、6、7用于其中一个运算放大器，管脚8、9、10、11、13、14用于另一个运算放大器；管脚5、11分别为两运算放大器同向输入端，管脚6、8为反向输入端，管脚2、13为输出端。

利用集成块内的两个运算放大器与外接元件组成电压比较电路，即当反向输入端电压大于同向输入端电压时，相应输出端输出低电位；反之输出高电位。

当集成块的管脚2或13输出低电位时，分别通过二极管V_{D2}、V_{D5}、V_{D7}使三极管V饱和导通，同时接通相应的LED发光二极管指示灯。

1）照明线路的短路保护

由集成块N_1的其中一个运算放大器（其管脚为8、9、10、11、13、14）与所接的元件组成。

当照明线路任意两相发生短路故障时，在电流互感器TA中将产生较大的电流，该电流经插件端口18、19→V_{D14}、V_{D15}→R_{11}→R_{10}→直流电源负极→V_{D13}→插件端口16→$1SB_2$形

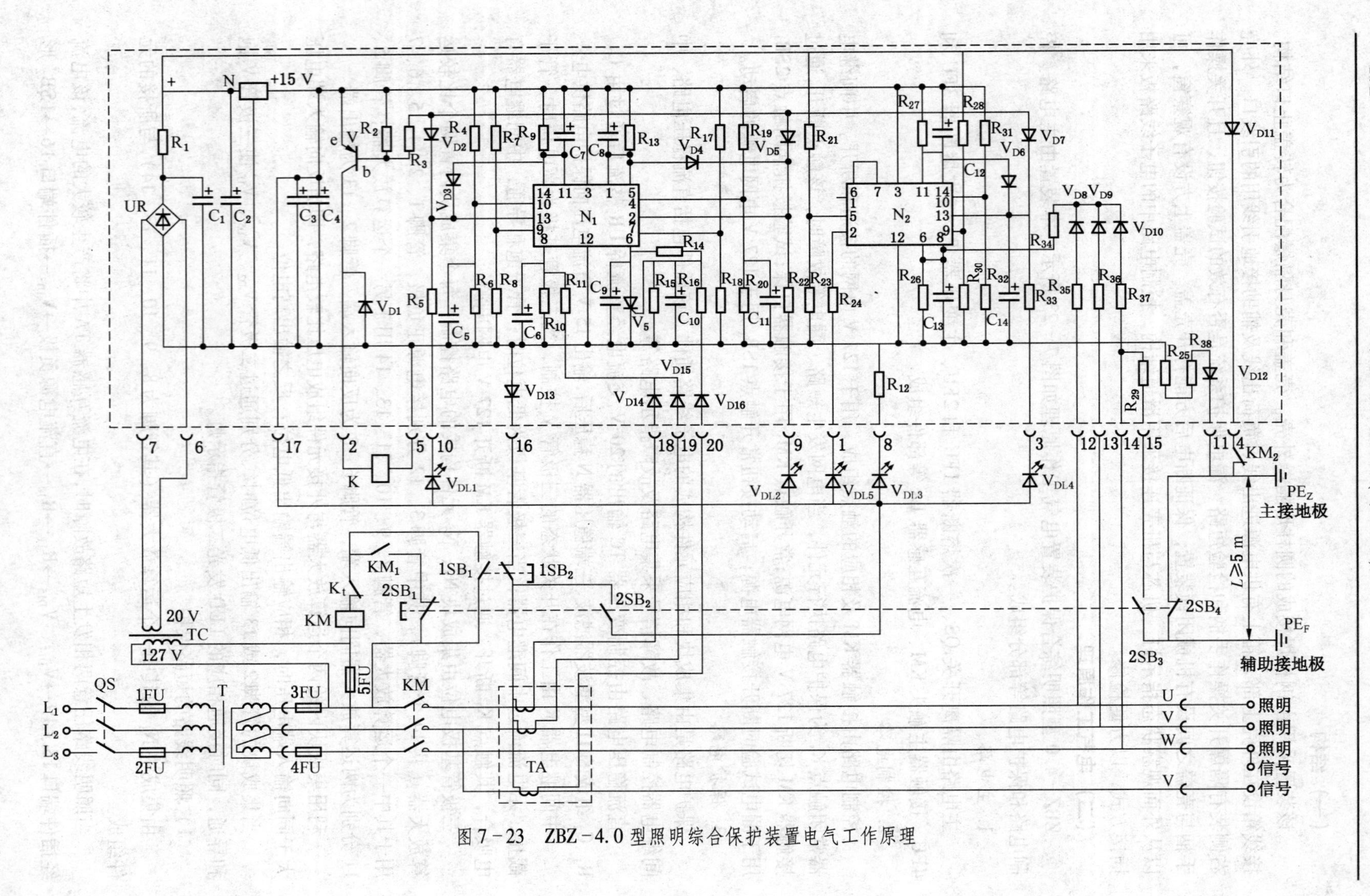

图7-23 ZBZ-4.0型照明综合保护装置电气工作原理

成回路。较大的电流在 R_{10}上产生的电压信号加在运算放大器的反向输入端 8，使放大器输出端 13 由高电位降为低电位。通过三极管 V、中间继电器 K 使接触器 KM 断电，切断 127 V 照明电源。与此同时，发光二极管 V_{DL1} 导通发出红光，给出故障指示信号。

该运算放大器输出低电位时，二极管 V_{D3} 导通将同向输入端钳制为低电位，可实现自锁，只有解除故障后将电源开关 QS 分断停电，然后重新送电方可解除自锁。

照明电路未发生短路时，电流互感器在 R_{10} 产生的电压小于运算放大器同向输入端电压而输出高电位。

2）信号线路的短路保护

由集成块 N_1 的另一个运算放大器（其管脚 1、2、4、5、6、7）与所接半导体元件组成。

当信号电路发生短路故障时，在电流互感器 TA 产生的较大电流，经插件端口 20→V_{D16}→R_{15}→直流电源负极→V_{D13}→插件端口 16→$1SB_2$ 形成回路，较大的电流在 R_{15}上产生的电压信号加在运算放大器的反向输入端 6，使放大器输出端 2 由高电位降为低电位。通过三极管 V、中间继电器 K 使接触器 KM 断电，切断 127 V 电网电源。与此同时，发光二极管 V_{DL2} 导通发出黄光，给出故障指示信号。

该运算放大器输出低电位时，二极管 V_{D4} 导通将同向输入端钳制为低电位，可实现自锁，只有排除故障后将电源开关 QS 分断停电，重新送电方可解除自锁。

信号电路未发生短路时，电流互感器在 R_{15} 产生的电压小于运算放大器同向输入端电压而输出高电位。

由于《煤矿安全规程》规定打点信号必须声、光具备，而发光信号用的是白炽灯，当灯丝由冷态变为热态时，其电阻相差很大。所以在信号启动瞬间，电流很大而接近于短路电流，为了防止打点瞬间短路保护产生误动作，在电路中设置了由晶闸管 V_S 及 R_{14}、C_9 组成的“充电延时、放电加速”电路。

在信号打点瞬间，电流互感器 TA 的电流在 R_{15} 两端产生的压降大于电容 C_9 两端的电压，即晶闸管的控制极电位高于阳极电位，故 V_S 处于截止状态，则 C_9 通过 R_{14} 充电，实现充电延时；在打点与打点的停顿之间，电流互感器的电流降低使 R_{15} 两端压降低于 C_9 两端电压，即 V_S 的阳极电位高于控制极电位而导通，电容 C_9 通过 V_S 很快放电，实现放电加速。从而防止连续打点形成电容 C_9 的电荷累积，而使保护电路误动作。

3）漏电保护电路

漏电保护由集成块 N_2 的其中一个运算放大器（其管脚为 8、9、10、11、13、14）及其所接的半导体元件组成。

本装置的漏电检测回路为：直流电源正极→V_{D11}→插件端口 4→触点 KM_2→主接地极 PE_Z→故障点→127 V 电网→插件端口 12 ~ 14→R_{35} ~ R_{37}→V_{D8} ~ V_{D10}→R_{34}→R_{26}→直流电源负极。127 V 电网未送电状态下通过检测回路可实现漏电闭锁。当电网存在漏电故障，直流检测电流在 R_{26} 上的信号电压被加在运算放大器的反向输入端 8，使放大器输出端 13 由高电位变为低电位，通过三极管 V 使中间继电器 K 有电吸合，触点 K_1 断开，阻止接触器 KM 送电吸合。同时发光二极管 V_{DL4} 发出红光信号指示。

127 V 电网在送电状态下，若发生漏电故障，通过以上检测回路，由触点 K_1 断开接触器 KM 电源，实现跳闸保护。同时发光二极管 V_{DL4} 燃亮，发出红光信号指示。

由于电路具有自锁功能，当排除故障后断开电源开关QS，再重新送电方可正常工作。集成块 N_2 的另一个运算放大器与相关元件构成绝缘监视电路。

当电缆绝缘电阻降到（10±2）kΩ 时，通过以上漏电检测回路，同时将 R_{26} 的压降信号加在另一个运算放大器的反向输入端6，使该放大器输出端2由高电位变为低电位，导致发光二极管 V_{DL5} 燃亮，发出黄色指示信号；当绝缘故障排除后电缆电阻值大于危险值时，V_{DL5} 熄灭，解除危险指示信号。

（三）电路试验

1. 短路试验

按下按钮2SB，接通如下试验回路：稳压电源 +15 V→插件端口17→$2SB_2$→电流互感器TA→插件端口18～20→V_{D14}、V_{D15} 和 V_{D16}→R_{11}、R_{10}（R_{16}、R_{15}）→稳压电源负极。电阻 R_{10}、R_{15} 上的信号电压使两个运算放大器 N_1 的输出端同时由高电位变为低电位，通过三极管V使中间继电器K动作，同时相应的指示灯燃亮，说明短路保护正常。

2. 漏电试验

仍然按下按钮2SB，接通以下试验回路：直流电源正极→V_{D11}→插件端口4→KM_2→主接地极→大地→辅助接地极→$2SB_3$→插件端口15→R_{29}→R_{37}→V_{D10}→R_{34}→R_{26}→直流电源负极。电阻 R_{26} 上的信号电压使 N_2 中的一个运算放大器输出端13由高电平变为低电平，继电器K动作，同时给出指示信号。

（四）技术数据

ZBZ－4.0 型照明综合保护装置主要技术数据见表7－13。

表7－13 ZBZ－4.0 型照明综合保护装置主要技术数据

主变压器			额定容量/（kV·A）	电缆截面/mm^2	电流整定/A	短路电流保护距离/m	
接线方式	额定电压/V	额定电流/A				照明线路	信号线路
Y(D)，d	1140（660）/133	1.27（2.49）/10.85	2.5	6	照明11	1100	1800
		2.49（3.79）/10.85		4	信号4.5	650	1500
Y(D)，d	660（380）/133	2.02（3.49）/17.36	4	6	照明18	700	1800
		3.49（5.80）/17.36		4	信号5.5	450	1400

第三节 掘进机的控制

掘进机主要由截割部、运输部、行走部等部分组成。根据截割部主轴方向的不同，掘进机分纵向（EBZ）和横向（EBH）两类，其型号含义如下：

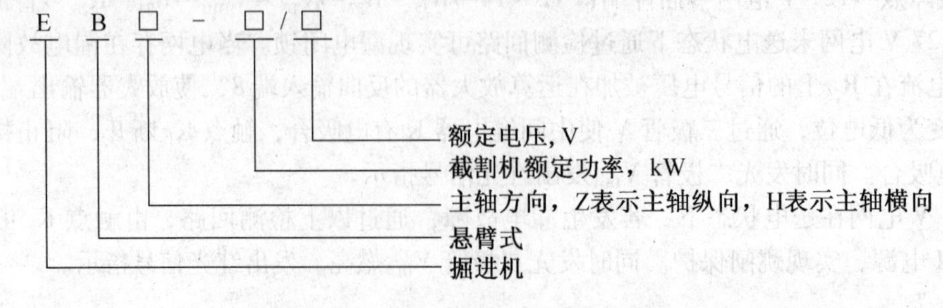

尽管两类掘进机结构不同，但工作原理及控制方法却大致相同，本节介绍 EBZ 型掘进机基本结构及控制原理。

一、EBZ 型掘进机的基本结构

EBZ 型掘进机由截割部、铲板部、运输部、行走部、本体部、支撑部等部分组成，其结构如图 7－24 所示。

截割部由截割头、伸缩部、截割减速机、截割电动机等组成。截割头为圆锥台形，在其圆锥表面分布着镐形截齿；伸缩部位于截割头和截割减速机中间，通过伸缩油缸使截割头具有一定的伸缩行程。截割部工作时，在截割电动机的驱动下，截割头通过伸缩部内的花键套和减速器输出主轴一起旋转，实现截割煤岩的目的。截割部多采用双速水冷式电动机驱动，控制电动机可在截割煤层时高速运转，截割岩层时低速运转。

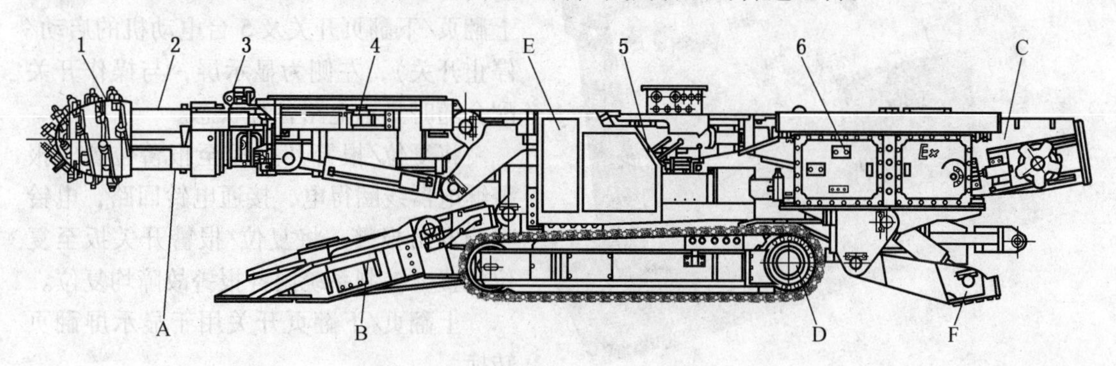

A—截割部；B—铲板部；C—第一运输部；D—行走部；E—本体部；F—支撑部；
1—截割头；2—伸缩部；3—截割减速机；4—截割电动机；5—操作台；6—电控箱

图 7－24　EBZ 型掘进机结构

铲板部由铲板本体、侧铲板、铲板驱动装置等组成。通过两个液压马达驱动把截割下来的煤岩装到第一输送机内。铲板在液压油缸作用下可上下移动，以便装载煤岩。

运输部分由第一输送机和第二输送机组成。第一输送机位于机体中部，是边双链（或中双链）刮板输送机。输送机通过两个液压马达同时驱动链轮转动，实现运输作业。第二输送机多采用带式转载机（图中未画出），由电动机通过减速装置驱动转载机运行。

行走部为履带式结构，由两台液压马达驱动，通过减速器、驱动链轮及履带实现行走。行走部采用液压式弹簧制动装置，行走时，高压油进入制动装置压缩弹簧解除制动；停止时，弹簧因无高压油压缩而回位实现制动。

本体部位于机体中部，主要由回转台、回转支承、本体架、销轴、套、连接螺栓等组成。各部件之间多为焊接结构，本体部的作用是将其他组成部分连接起来起到骨架作用。

后支撑部用来减轻掘进机截割时机体的振动，并防止机体横向滑动。后支撑部两边分别装有升降支撑油缸，后支撑部支架用高强度螺栓、键与本体部相连。

掘进机液压系统的泵站由电动机驱动，通过油箱、油泵将压力油分别送到截割部、铲板部、第一输送机、行走部、后支撑部各液压马达和油缸，通过操作台上的液压控制手柄分别实现掘进机的各种操作控制。

二、掘进机操作台

掘进机的操作控制台上设有电气开关和液压操作手柄，分别控制电气系统和液压系统。电气系统由电控箱及各电气回路组成，液压系统由液压泵站、液压马达、液压回路及液压操作系统组成。电气开关与液压操作手柄共同组成对掘进机的各种控制。

1. 电气开关

掘进机的电气控制系统主要由隔离开关、真空接触器、中间继电器、电气操作盘及各种保护装置等部分组成。电气操作盘面板如图7－25所示，电气操作盘设在操作台的上方。

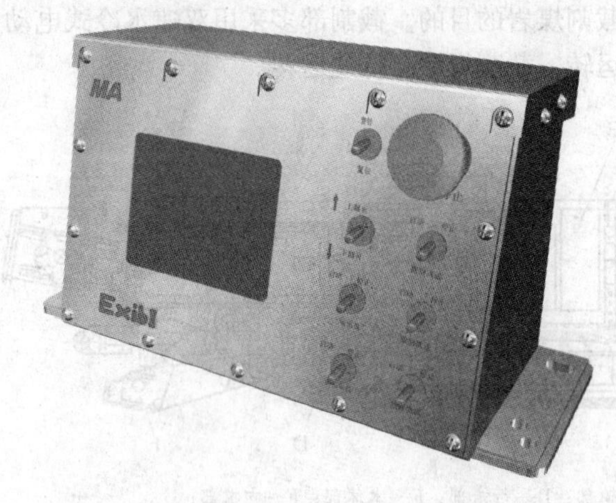

图7－25　掘进机电气操作盘面板

电气操作盘上装有一个紧急停止按钮和7个操作开关（分别为复位/报警开关、上翻页/下翻页开关及5台电动机的启动/停止开关），左侧为显示屏，与操作开关配合随时显示电路各种状态。

将复位/报警开关扳至报警位置，报警继电器线圈得电，接通电铃回路，电铃鸣响发出报警；将复位/报警开关扳至复位位置，控制系统内各报警故障均复位。

上翻页/下翻页开关用于显示屏翻页转换。

其他5个开关分别用于油泵电动机、高速截割电动机、低速截割电动机、二运（第二输送机）电动机、锚杆电动机的启动和停止。

2. 液压操作手柄

液压系统由油泵电动机提供动力，通过主泵产生高压油源，在液压阀操作手柄的控制下完成各油缸的伸缩和马达的转动。液压阀操作手柄设在操作台面上，操作手柄的布置如图7－26所示。

图7－26中从左向右第1、第2手柄用于控制行走部的左右马达运转；第3手柄控制铲板部的升降；第4手柄控制后支撑部的升降；第5手柄控制截割头的伸缩；第6手柄控制第一输送机的正反转运行；第7手柄控制铲板马达的正反转运行；右下方为截割头控制手柄，其4个位置可实现截割机头的上下左右移动。不同型号的掘进机，控制手柄的位置可能不同。

掘进机工作时，首先启动油泵电动机，打开喷雾（喷水）装置，启动第一、第二输送机与铲板部；将截割部调至水平位置并处于掘进机的中心；启动截割电动机，然后调整铲板部和后支撑部的升降手柄将掘进机固定平稳；缓慢推动第5手柄，使截割头逐渐插入煤岩层；操作截割头控制手柄，可使截割部左右横扫或上下截割。

三、掘进机的电气控制系统

掘进机的电气控制系统主要由电控箱、隔爆电铃、隔爆型照明灯、甲烷传感器等组

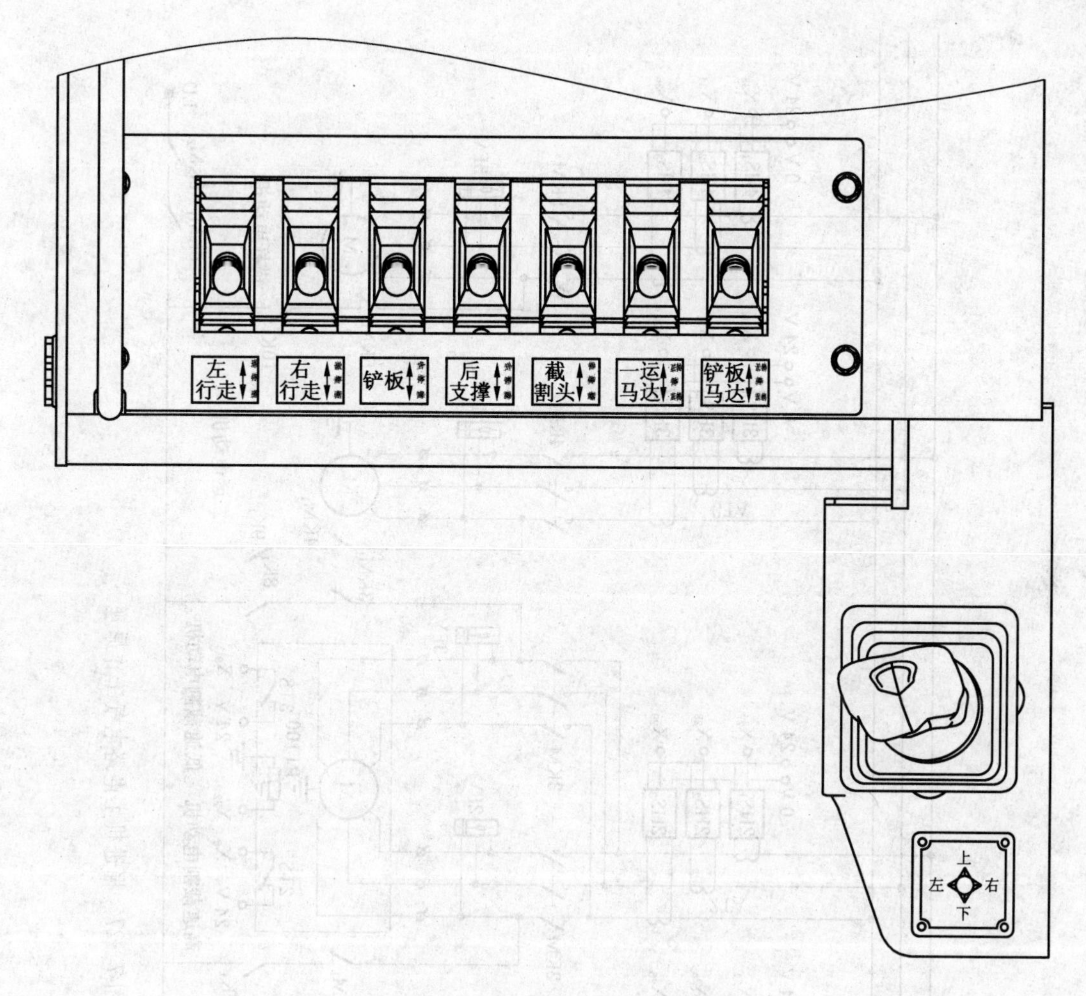

图7-26　掘进机的液压阀操作手柄

成，与液压控制系统配合，可实现高低速截割电动机、油泵电动机、二运电动机、锚杆电动机的各种生产作业，并对其工况及回路绝缘情况进行监控和保护。

电控箱是用钢板焊制而成的隔爆外壳，设有两个通过接线端子相互连接的独立腔体，上部为接线腔，下部为主腔。主腔内装有断路器、控制变压器、本安电源、可编程控制器及装有真空接触器、阻容吸收装置、中间继电器、电流电压传感器等组件的主配电板。

电控箱采用快开式双门结构，箱体右侧装有隔离开关操作手把，并设有机械电气连锁机构，保证必须先切断电源再开门，关门后才可上电。

掘进机的电气控制系统由主电路、接触器控制电路、控制电路等部分组成。

1. 主电路

掘进机主电路电气工作原理如图7-27所示，1140 V（或660 V）电压经隔离开关QS、熔断器分别向油泵电动机、高低速截割电动机、二运电动机、锚杆电动机供电，各台电动机分别受相应的真空接触器KM控制。

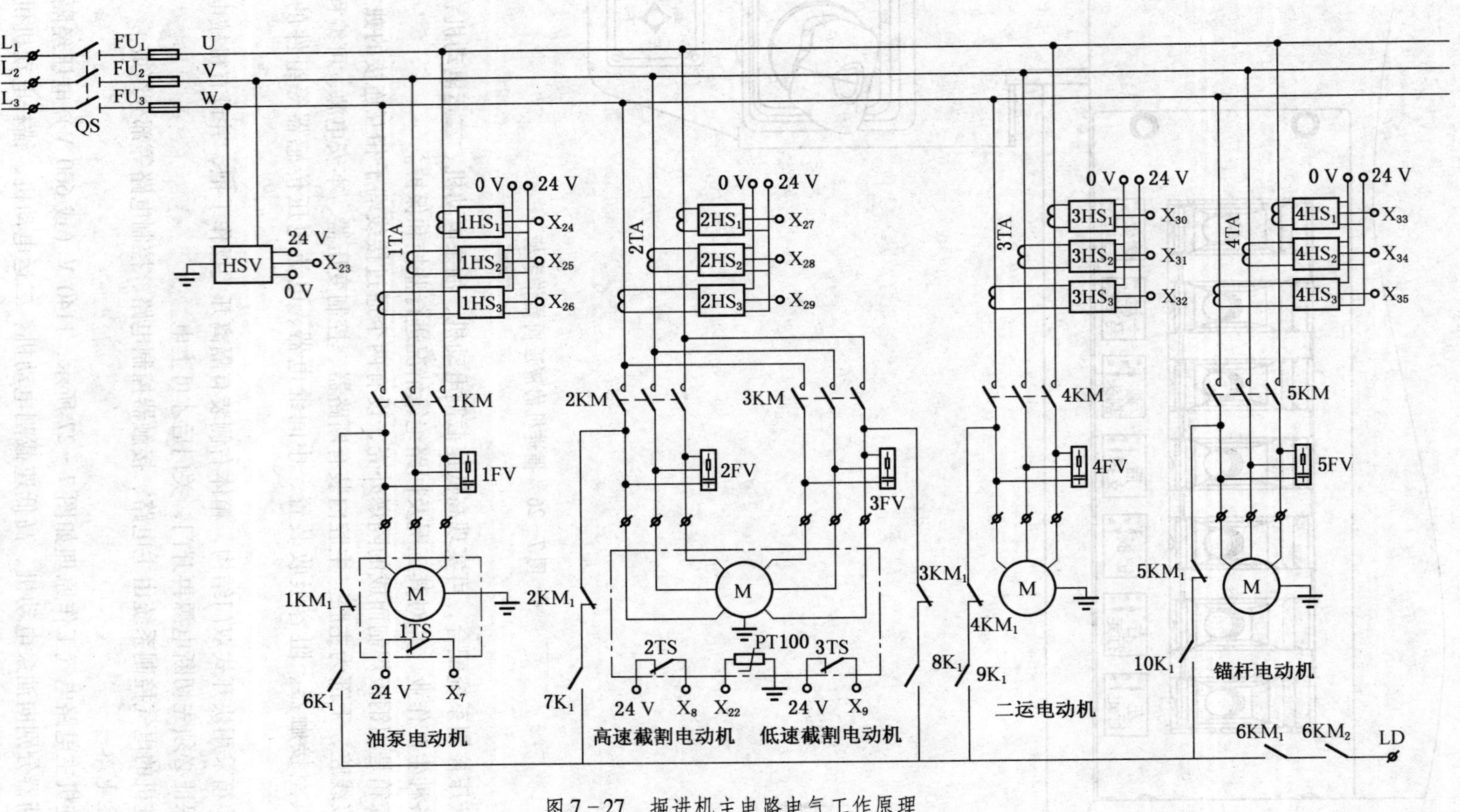

图 7-27　掘进机主电路电气工作原理

电路中的电流互感器 1TA ~ 4TA 和霍尔电流传感器 1HS ~ 4HS 用于向控制电路提供电流信号；阻容吸收电路 1FV ~ 5FV 可防止相应真空接触器断开时产生的过电压；在油泵电动机、截割电动机内部均设有温度继电器（1TS ~ 3TS），当电动机内部温度超过规定值时，通过控制电路切断电动机电源起到保护作用。另外，在截割电动机内部还设有 PT100 铂热电阻，用于监测和显示截割电动机的实时温度。

电路中每台电动机引出的触点支路（$1KM_1$ ~ $5KM_1$、$6K_1$ ~ $10K_1$ 以及 $6KM_1$、$6KM_2$ 等）用于漏电闭锁，当电动机绝缘电阻低于规定值时，通过控制电路闭锁电动机；主电路上的霍尔电压传感器 HSV 用于向控制电路提供系统的电压信号，以便进行电压保护。

2. 接触器控制电路

接触器控制电路如图 7－28 所示。电路的电源由变压器 TC 提供，其二次侧输出交流 220 V、36 V、24 V 电压，分别向交流接触器（1KM ~ 6KM）、直流开关电源、电铃 HBL、照明灯（1HL ~ 3HL）供电。其中直流开关电源向控制电路提供稳定、优质的 24 V 直流电压。

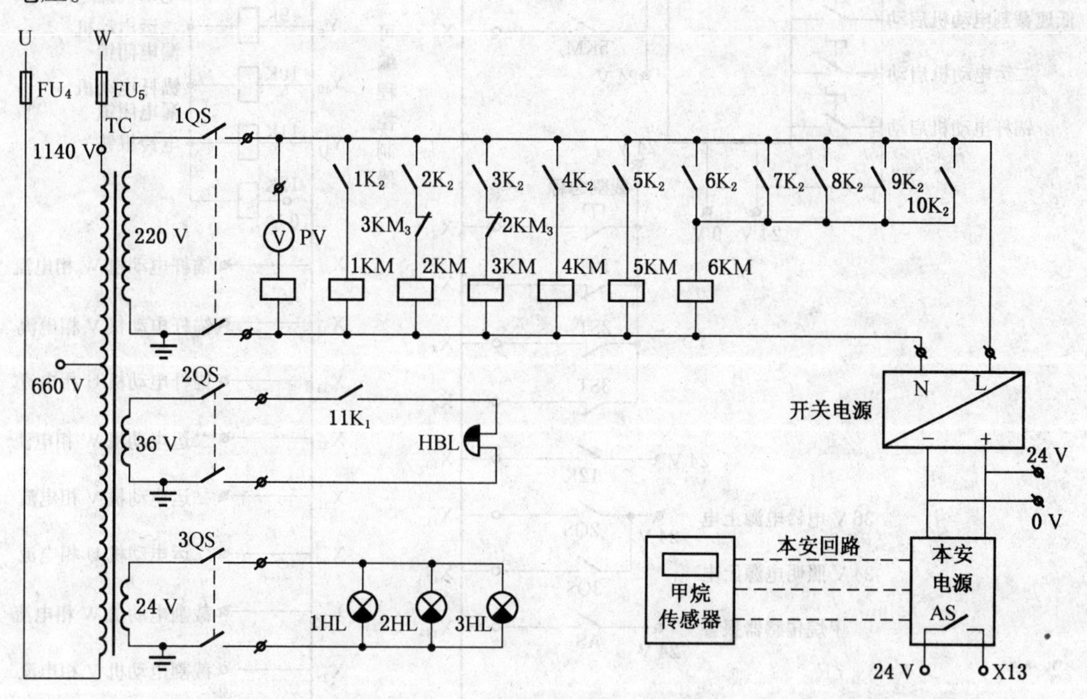

图 7－28 接触器控制电路

电路中的交流接触器（1KM ~ 6KM）受相应的中间继电器（$1K_2$ ~ $10K_2$）控制，其中触点 $2KM_3$、$3KM_3$ 用于高低速截割电动机的互锁，接触器 6 KM 用于接通电动机的漏电检测支路。

甲烷传感器通过本安回路传递信号，当瓦斯浓度超过规定值时，触点 AS 动作，通过控制装置切断电源。

3. 掘进机控制电路

掘进机控制电路由接触器控制电路（图 7－28）和各种控制装置组成。各种控制装置组成的电路原理如图 7－29 所示。

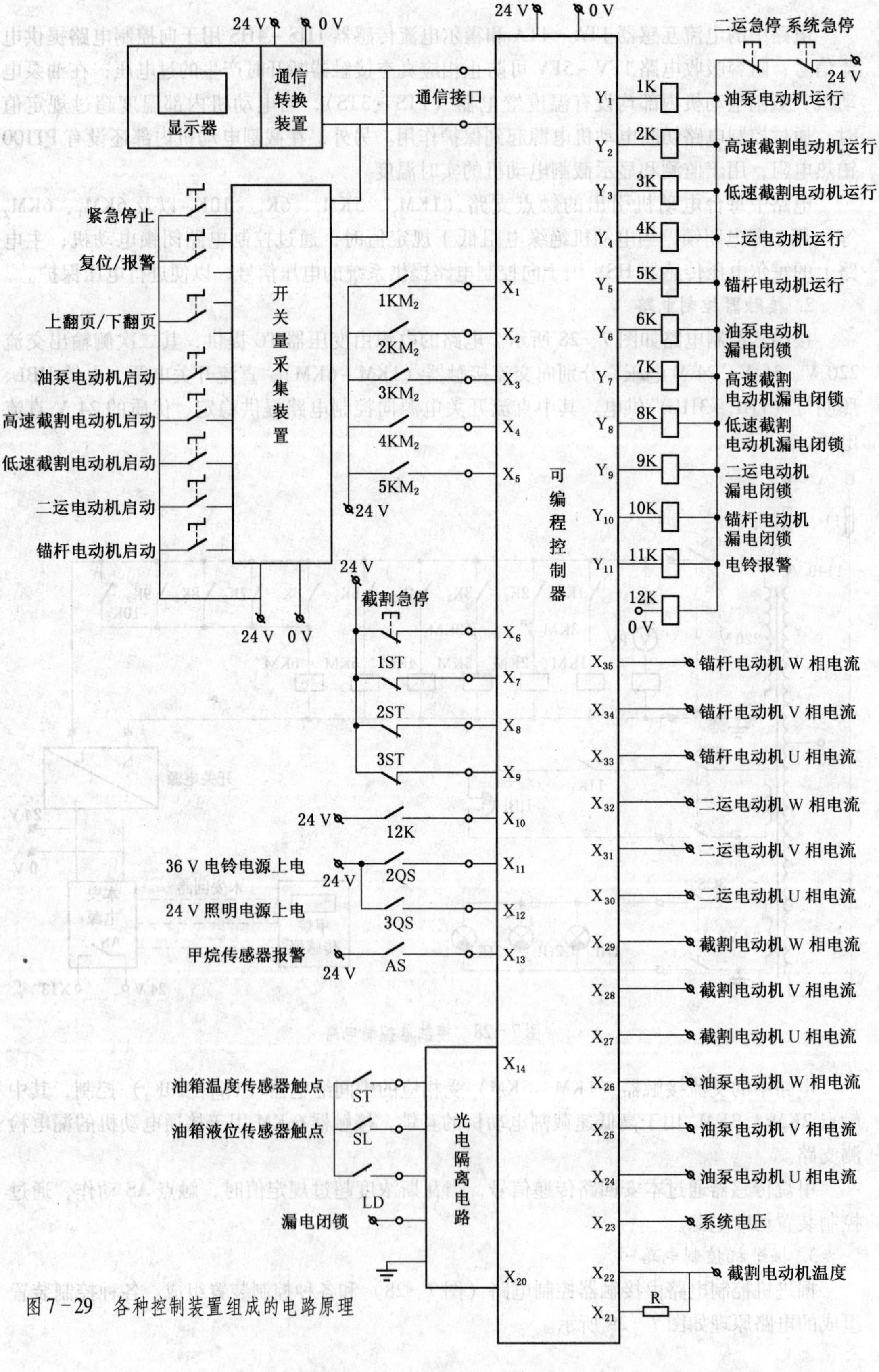

显示器
通信转换装置
通信接口
24 V
0 V
紧急停止
复位/报警
上翻页/下翻页
油泵电动机启动
高速截割电动机启动
低速截割电动机启动
二运电动机启动
锚杆电动机启动
开关量采集装置
$1KM_2$ X_1
$2KM_2$ X_2
$3KM_2$ X_3
X_4
$4KM_2$
$5KM_2$ X_5
截割急停 X_6
1ST X_7
2ST X_8
3ST X_9
24 V 12K X_{10}
36 V 电铃电源上电 2QS X_{11}
24 V 照明电源上电 3QS X_{12}
甲烷传感器报警 AS X_{13}
可编程控制器
光电隔离电路
X_{14}
油箱温度传感器触点 ST
油箱液位传感器触点 SL
漏电闭锁 LD
X_{20}
二运急停 系统急停
Y_1 1K 油泵电动机运行
Y_2 2K 高速截割电动机运行
Y_3 3K 低速截割电动机运行
Y_4 4K 二运电动机运行
Y_5 5K 锚杆电动机运行
Y_6 6K 油泵电动机漏电闭锁
Y_7 7K 高速截割电动机漏电闭锁
Y_8 8K 低速截割电动机漏电闭锁
Y_9 9K 二运电动机漏电闭锁
Y_{10} 10K 锚杆电动机漏电闭锁
Y_{11} 11K 电铃报警
12K 0 V
X_{35} 锚杆电动机 W 相电流
X_{34} 锚杆电动机 V 相电流
X_{33} 锚杆电动机 U 相电流
X_{32} 二运电动机 W 相电流
X_{31} 二运电动机 V 相电流
X_{30} 二运电动机 U 相电流
X_{29} 截割电动机 W 相电流
X_{28} 截割电动机 V 相电流
X_{27} 截割电动机 U 相电流
X_{26} 油泵电动机 W 相电流
X_{25} 油泵电动机 V 相电流
X_{24} 油泵电动机 U 相电流
X_{23} 系统电压
X_{22} 截割电动机温度
X_{21} R

图 7－29　各种控制装置组成的电路原理

图7－29中的可编程控制器（PLC）是一种专用的计算机，由中央处理器、各类存储器及输入输出接口电路组成。其工作过程是根据用户所编的程序，实现输出端与输入端之间的逻辑关系，即输入端对输出端的控制。

可编程控制器的实质是用程序语言代替控制电路中的中间继电器、时间继电器、计数器及其无限多个触点所组成的、具有各种功能的控制电路，即用软件代替物理继电器所组成的控制电路。因此，可编程控制器具有控制功能强大、使用灵活、控制准确、抗干扰能力强、可靠性高等特点。

可编程控制器的输入端为图7－29中的$X_1 \sim X_{35}$，其输入信号可以是各类控制开关或继电器触点的状态；输出端为$Y_1 \sim Y_{11}$，其实质是一对继电器触点（或电位状态），即当输入信号满足一定要求（逻辑关系）时，输出端触点闭合（高电位或低电位），使相应的继电器动作。

由于井下空气潮湿、环境恶劣，掘进机上多采用性能优良的可编程控制器，如EPEC通用可编程控制器。这种可编程控制器可在高温、严寒、多振动、湿度大等恶劣环境下长期工作，而且还具有以下特点：

（1）输出电流大（0～3 A），可驱动功率较大的负载（继电器、信号灯等）。

（2）内部采用16位高性能微处理器和超大容量的内存，具有强大的数字处理能力。

（3）不仅有开关量输入、输出端，还有模拟量输入、输出端及脉冲调制输出端等。

（4）具有通信总线接口，采用相应的通信协议可以与其他装置实现信息交换。

（5）采用专用插头连接，拆装方便，不易出错。

图7－29中的显示器通过通信转换装置可以接收PLC由通信接口传输的信号；开关量采集装置可将开关信号转换为相应的总线信号，以便PLC接收与识别。

图7－29中的光电隔离电路用于将检测回路与可编程控制器安全地隔离，并能可靠地监测电动机回路的漏电情况，从而提高系统的可靠性和安全性。接触器触点$1KM_2 \sim 5KM_2$用于向可编程控制器反馈各台电动机的工作状态。

三个急停按钮分别设在操作台上、机体油箱前侧和二运电动机附近，按下其中任意一个按钮，机器将立即停止运行。在操作台前侧还设有一个截割紧急停止按钮，用于停止截割头工作。停止按钮有自动复位式和自锁式两种，根据需要可设置相应的停止按钮。

四、操作与保护

1. 掘进机的操作

由于掘进机由电气部分和液压部分组成，所以一般情况下其步骤操作（参看图7－26～图7－29）如下：

（1）闭合隔离开关QS、1QS～3QS，掘进机上电，前后照明灯同时燃亮；控制电路中的继电器6K～10K、接触器6KM有电吸合，控制装置通过漏电闭锁支路LD对4台电动机进行漏电检测，若线路绝缘水平低于规定值，电动机被闭锁，需进行漏电处理；若绝缘水平正常，可进行下一步操作。在此过程中显示器作相应显示。

（2）将复位/报警开关扳至报警位置，控制装置通过继电器11K接通电铃回路发出开机信号。并观察工作现场，确认不会发生机械和人身事故后将开关扳回中间位置。

（3）将油泵电动机开关扳至启动位置，由 PLC 控制继电器 11K 吸合，电铃鸣响，5 s 后 11K 断开，随后继电器 1K、接触器 1KM 相继吸合，油泵电动机启动运转，此时显示器显示时间、该电动机三相电流值及累计运行时间（将开关扳回停止位置时，电动机停转）。

（4）将二运电动机开关扳至启动位置，继电器 4K、接触器 4KM 相继吸合，二运电动机启动运转（将开关扳回停止位置时，电动机停转）。

（5）打开喷雾装置，操作液压阀手柄启动第一输送机、铲板部，并将截割部处于水平和机器中心位置。

（6）将高速截割电动机开关扳至启动位置，由 PLC 控制使继电器 11K 吸合，电铃鸣响，5 s 后 11K 断开，随后继电器 3K、接触器 3KM 相继吸合，截割电动机启动运转，此时显示器显示时间、该电动机三相电流值及累计运行时间（将开关扳回停止位置时，电动机停转）；启动低速截割电动机时，其控制过程同高速截割电动机（高低速电动机为互锁关系）。

（7）操作铲板部升降手柄和后支撑部升降手柄，使掘进机机身平稳。

（8）缓慢操作截割头伸缩手柄使截割头插入煤层一定深度。

（9）操作截割头控制手柄，使截割头按要求左右横扫或上下截割，即可完成一定形状的断面截割。

2. 锚杆电动机的操作

该电动机作为锚杆液压装置的主泵动力，液压装置通过手动阀为液压锚杆钻机提供油源，从而驱动锚杆钻机工作。

锚杆电动机启动时，首先应将掘进机油泵电动机停止（两电动机互锁），然后将锚杆电动机开关扳至启动位置，由 PLC 控制使继电器 11K 吸合，电铃鸣响，5 s 后 11K 断开，随后继电器 5K、接触器 5KM 相继吸合，锚杆电动机启动运转，此时显示器显示时间、该电动机三相电流值及累计运行时间（将开关扳回停止位置时，电动机停转）。

掘进机控制系统有 3 处电气连锁：一是只有当油泵电动机启动后高速或低速截割电动机、二运电动机才能启动，油泵电动机停车后运行中的高速或低速截割电动机、二运电动机也随之停止；二是高低速截割电动机互锁；三是掘进机油泵电动机与锚杆电动机互锁。

3. 电路的保护

当各台电动机发生过流、过载、断相等故障时，主电路电流互感器 1TA～4TA 和霍尔电流传感器 1HS～4HS 提供的电流信号经输入端 X_{24}～X_{35} 送入可编程控制器，通过内部程序控制，使相应的中间继电器、真空接触器失电，切断电动机回路电源，起到保护作用。

当油泵电动机或截割电动机因长时间工作或某种故障引起绕组温度超过规定值时，埋设在电动机绕组中的温度继电器触点 1TS 或 2TS(3TS) 动作，该信号经输入端（X_7～X_9）送入可编程控制器，通过内部程序控制，使相应的中间继电器、真空接触器失电，切断电动机回路电源，起到温度保护作用。

当系统电压过高、过低时，主电路电压传感器 HSV 提供的电压信号经输入端 X_{23} 送入可编程控制器，通过内部程序控制，使运行中的所有电动机停车，实现过电压保护。

当液压系统油箱内温度过高或油位过低时，相应的继电器触点（ST、SL）动作，该信号经光电隔离电路送入可编程控制器，通过内部程序控制，使相应的中间继电器、真空接触器失电，切断油泵电动机、截割电动机电源，起到保护作用。

当掘进机周围瓦斯含量超标时，瓦斯传感器触点（AS）动作，报警信号经输入端 X_{13} 送入可编程控制器，经过程序处理，使运行中的所有电动机立刻停车断电。

系统发生以上各种故障时，显示器同时显示相应的故障信息，故障处理完毕要通过复位/报警开关复位，以便再次启动。

五、电动机配置

不同型号的掘进机配置的电气元件不同，电动机功率的配置见表 7－14。

表 7－14　不同型号掘进机的电动机功率配置

掘进机型号	额定电压/V	油泵电动机功率/kW	高速截割电动机功率/kW	低速截割电动机功率/kW	二运电动机功率/kW	锚杆电动机功率/kW
EBZ100	1140、660	55	100	—	7.5～11	15
EBZ120		75	120	—	7.5～11	15
EBZ132		55～75	132	75	7.5～11	15
EBZ160		75～90	160	100	11	15
EBZ200	1140	110～132	200	110～150	11～15	15～40

第四节　电牵引采煤机的控制

电牵引采煤机多采用双电动机截割、双电动机牵引的工作方式。截割电动机的单机功率在 250 kW 左右，牵引电动机的单机功率在 40 kW 左右。所谓电牵引，是指采煤机的牵引速度是直接通过改变电动机转速实现的，而不是通过调节液压系统的参量（压力或流量）来改变。

电牵引采煤机中电动机速度的改变多用变频调速的方法，也可用晶闸管可控整流-直流电动机系统调速。

一、采煤机的结构特点

双滚筒电牵引采煤机外形结构如图 7－30 所示，由滚筒、摇臂、牵引部、泵站箱、高压箱、主控箱、主机架等部分组成。

1. 滚筒、摇臂

采煤机的两个截割滚筒和摇臂分别安装在机身两端。若采用 1800 mm 直径的滚筒，采煤高度可达 3.5 m。滚筒的截割动力通过摇臂减速装置传递。摇臂与主机架采用铰接方式连接，取消了回转轴承和齿轮啮合环节。为了提高采煤机的效能，增大摇臂功率，截割电动机分别装在左右摇臂的尾部。摇臂的升降由液压系统控制调高油缸的行程来实现。

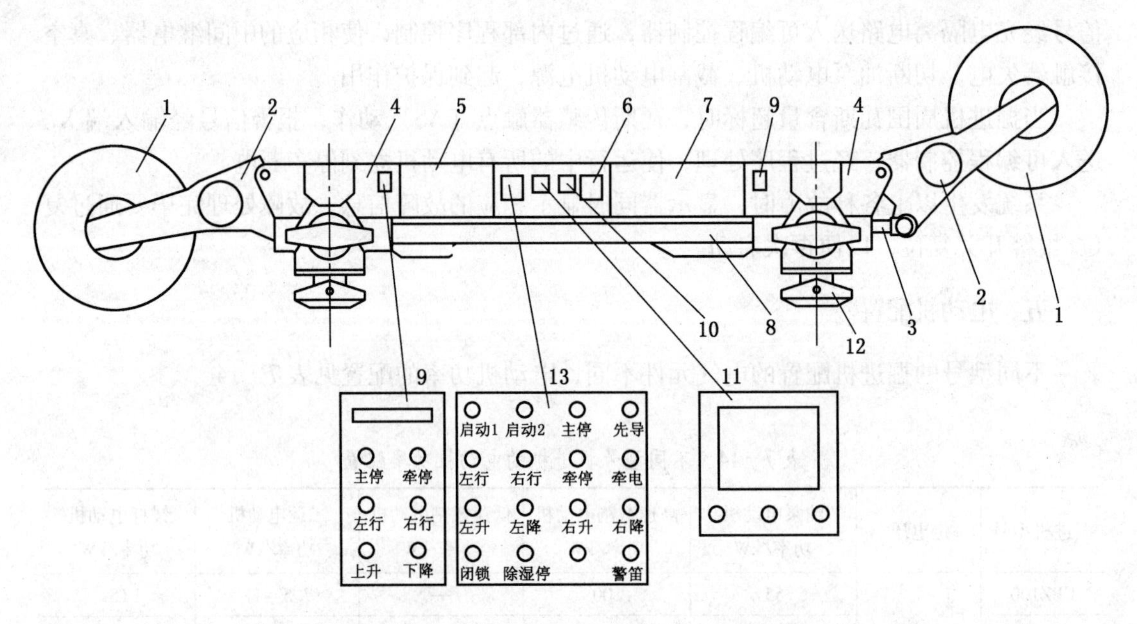

1—截割滚筒；2—摇臂；3—调高油缸；4—牵引部；5—泵站箱；6—主控箱；
7—高压箱；8—主机架；9—端头控制器；10—功能指示器；
11—显示屏；12—滑靴；13—控制按钮板

图7-30 双滚筒电牵引采煤机外形结构

2. 牵引部

采煤机的两个牵引部装在机身的左右端头，并与主机架连成一体。牵引电动机通过减速装置带动链轮转动。链轮与刮板输送机上的销轨啮合，驱使采煤机在输送机上运行；为了防止采煤机在停机时发生打滑，在牵引传动箱上设置了由液压系统控制的制动器；左右牵引部箱体的前侧各设有一个端头控制器，以便能在采煤机左右端头控制采煤机。

3. 泵站箱

泵站箱设在主控箱左侧，由电动机和液压系统组成，其主要作用是为采煤机滚筒调高提供液压动力，同时为制动器提供控制油路。液压系统各部分动力的调节由电磁阀控制。

4. 高压箱

高压箱设在主控箱右侧，其内部设有高压开关、牵引变压器、控制变压器、电流互感器等电气元件，主要用于采煤机电源的引入和分配。另外，为了给高压箱内的设备提供循环风流，可设置1台40 W左右的冷却通风机。

5. 主控箱

主控箱设在中部，箱内设有变频装置、监测控制装置及各类辅助变压器和控制开关等，是采煤机的控制中心，主要作用是将采煤机的各种信号进行变换、分析、运算后对采煤机进行整机控制。主控箱前侧设有功能指示器和显示屏，用于显示采煤机的各种工作状态和运行参数。

6. 主机架

主机架为分段组合式框架结构。主机架共有5个腔，分别放置左右牵引传动箱、泵站、主控箱和高压箱（与主机架之间用螺栓固定）。采煤机上的截割反力、牵引力、调高油缸支承力和采煤机的限位、导向作用力均由主机架承受。主机架具有结构简单、拆装方便、刚性好、各部件之间没有动力传递等优点。

二、采煤机的电气控制

双滚筒电牵引采煤机的整机功率都在 500～600 kW 以上，所以采用 1140 V 双电缆供电，并采用可编程控制器进行控制，故具有供电系统简单、工作可靠安全等特点。

双滚筒电牵引采煤机电气工作原理如图 7－31 所示。除主回路外，由变频装置、监控装置、控制电源等部分组成。

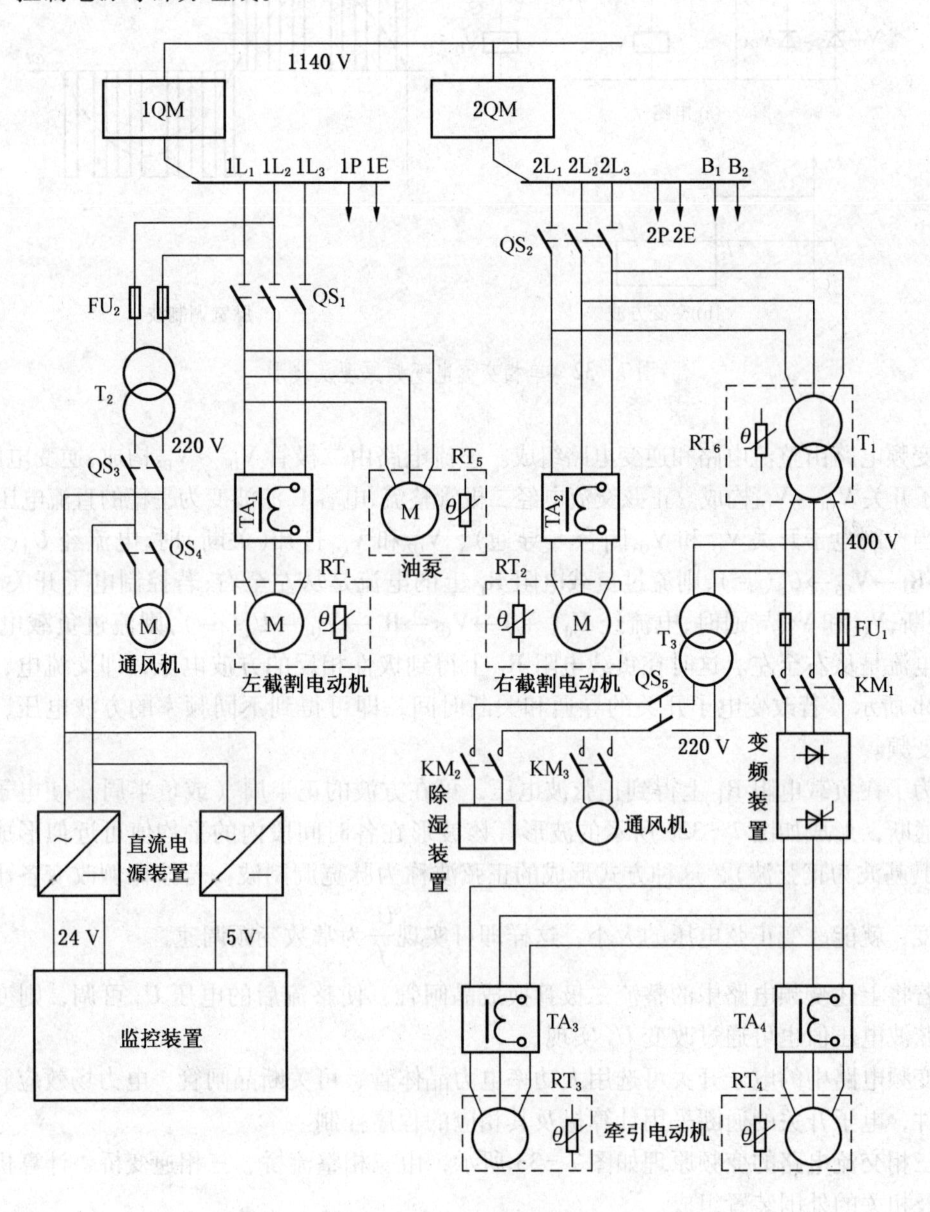

图 7－31　双滚筒电牵引采煤机电气工作原理

1. 变频装置

变频装置由牵引变压器 T_1 输出的 400 V、50 Hz 电压供电，经变频装置后输出 3 ~ 60 Hz 的正弦电压，用于牵引电动机的调速。

变频装置采用交-直-交的方式变换频率，即先将交流电变为平稳的直流电，然后再利用逆变原理将直流电变为交流电。其单相交流电变频原理及波形如图 7 - 32 所示。

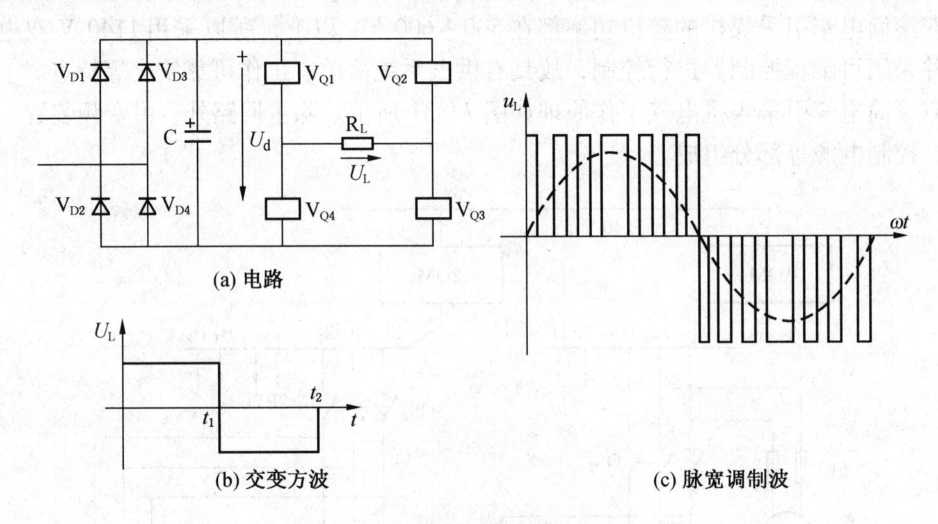

图 7 - 32　单相交流电变频原理及波形

变频电路由整流电路和逆变电路组成。整流电路由二极管 V_{D1} ~ V_{D4} 构成，逆变电路由 4 只电子开关 V_{Q1} ~ V_{Q4} 构成。正弦交流电经二极管整流、电容 C 滤波变为平稳的直流电压 U_d。

当控制电子开关 V_{Q1} 和 V_{Q3} 闭合（导通）、V_{Q2} 和 V_{Q4} 打开（关断）时，电流经 $U_d(+) \rightarrow V_{Q1} \rightarrow R_L \rightarrow V_{Q3} \rightarrow U_d(-)$，则流过负载电阻 R_L 上的电流是从左至右；若控制电子开关 V_{Q1} 和 V_{Q3} 关断，V_{Q2} 和 V_{Q4} 导通时，电流经 $U_d(+) \rightarrow V_{Q2} \rightarrow R_L \rightarrow V_{Q4} \rightarrow U_d(-)$，则流过负载电阻 R_L 上的电流是从右至左。这时在负载电阻 R_L 上得到极性相反的方波电压，即交流电，如图 7 - 32b 所示。若改变电子开关的导通和关断时间，即可得到不同频率的方波电压，从而实现变频。

为了在负载电阻 R_L 上得到正弦波电压，可在方波的正半周（或负半周）使电子开关多次通断，形成如图 7 - 32c 所示的波形。该波形在各时间段内的平均值可近似形成正弦波（其基波为正弦波），这种方式形成的正弦波称为脉宽调制波。若按比例改变各小矩形的宽度，就能改变正弦电压的大小，这样即可实现$\frac{U_1}{f}$为常数变频调速。

若将上述变频电路中的整流二极管换成晶闸管，使整流后的电压 U_d 可调，则变频后的正弦波电压值也可通过改变 U_d 实现。

变频电路中的电子开关可选用大功率电力晶体管、可关断晶闸管、电力场效应管等电子元件，电子开关的通断采用计算机及其相应的程序控制。

三相交流电路的变频原理如图 7 - 33 所示，由三相整流桥、三相逆变桥、计算机控制电路及相关的外围装置组成。

根据电动机变频调速原理，当电动机电源频率改变时，为了保证磁通不变，必须同时

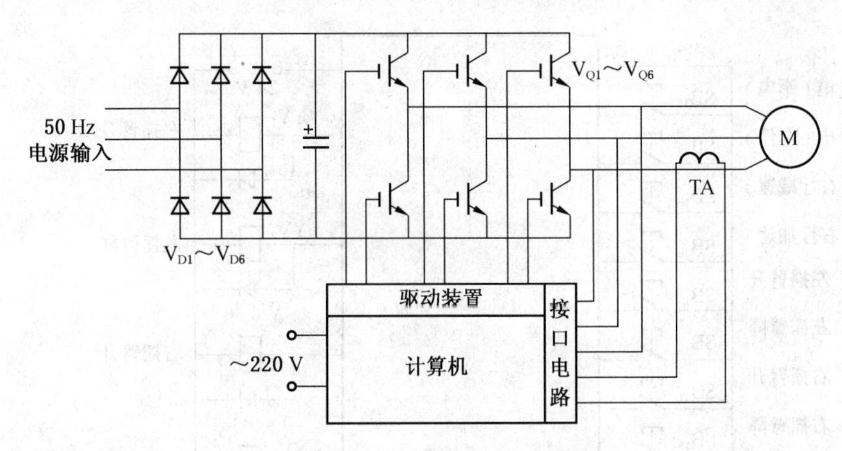

图 7-33 三相交流电路的变频原理

改变电源电压的数值。即当电动机减速时，变频装置输出的电源频率降低，同时电源电压也要成比例地降低。电压和频率成比例的变化是由计算机根据指令和程序通过驱动电路去控制各开关元件实现的。

2. 监控装置及其输入信号

监控装置由工业控制机（计算机及可编程控制器）及外围设备、辅助设备等部分组成，其原理框图如图 7-34 所示。

监控装置主要包括中央处理器、各种存储器、各类接口电路、驱动电路、信号转换电路、数据总线及显示屏、输出触点等，其主要作用是将采煤机的各种操作信号、运行信号等进行处理、变换，并通过计算机对各种输入信号进行运算、分析后，将采煤机调整在最佳工作状态。监控装置的主要输入信号有：

（1）各种按钮信号。作为监控装置的指令信号，该信号与其他信号一起通过计算机分析运算后对采煤机进行各种操作和显示。

（2）牵引电动机电流信号。该信号从电流互感器 TA_3、TA_4 取得（图 7-31），用于对牵引电动机的电流保护，并对变频装置输出的电压、频率进行调节，以便使采煤机获得较高的牵引力矩和平稳的牵引速度。

（3）截割电动机的电流信号。该信号从电流互感器 TA_1、TA_2 取得。计算机将该信号和电动机额定负载比较后，使牵引速度能自动跟踪截割电动机的负载变化，以便使采煤机实现恒功率调节。

（4）温度信号。取自各电动机和牵引变压器，通过热敏电阻将温度信号送入监控装置，以便对采煤机相应设备进行温度调节和保护。

（5）左右端头站输入、输出信号。取自端头控制站的按钮信号。该信号经监控装置变换、处理后去控制采煤机执行相应指令，同时将采煤机的工作状态传回端头控制站，以进行状态显示。

（6）液压系统检测信号。监测装置根据该信号判断液压系统工作是否正常，同时发出相应信号或停机。

（7）瓦斯检测信号。该信号通过监测装置可对采煤机周围的瓦斯进行不间断监测，当瓦斯浓度超限时，发出警报并自动停车断电。

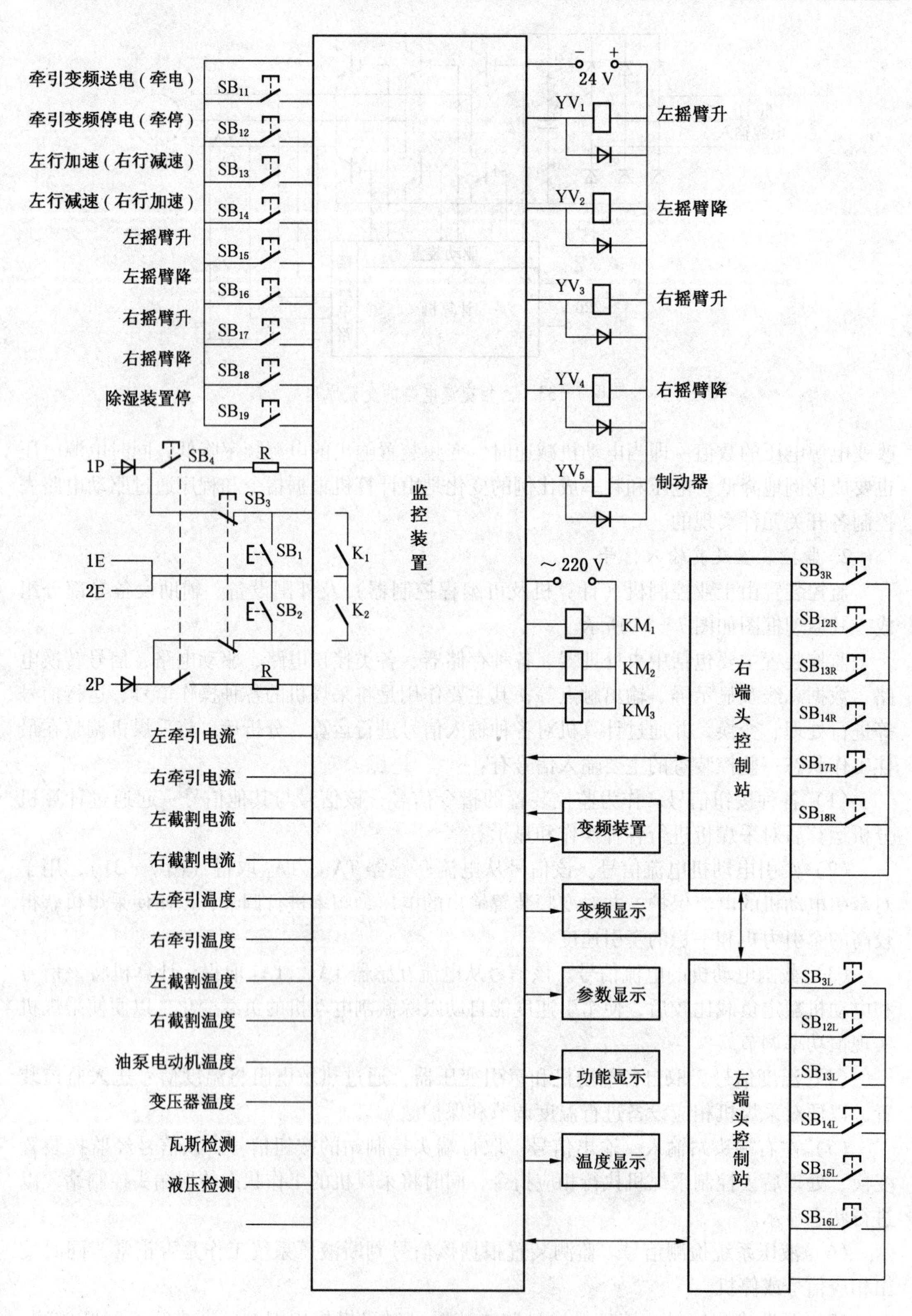

图7-34　监控装置原理框图

（8）变频装置信号。变频装置的各种信号（如电路保护信号、电子开关控制信号、左牵引右牵引及增速、减速信号等）将与计算机的各种处理信号进行相互传递，以保证牵引系统工作在最优状态，并及时对变频装置的故障发出警报或停机。

3. 监控装置输出信号

监控装置的输出信号如图7－34所示，主要包括：

（1）输出触点 K_1、K_2 作为先导回路的自保触点。另外，当采煤机在运行过程中出现故障时，监控装置发出停车信号，并通过该触点使采煤机断电。

（2）采煤机左右滚筒（摇臂）升降电磁阀 $YV_1 \sim YV_4$。监控系统根据端头控制站或主控箱发出的指令信号，分别使内部触点闭合，通过相应的电磁阀控制左右滚筒的升降。

（3）制动电磁阀 YV_5。当监控装置接到制动指令或采煤机发生故障停车时，通过内部触点使 YV_5 断电，制动器制动。

（4）牵引装置电源控制接触器 KM_1。监控装置根据输入指令和采煤机运行情况，通过内部触点的通断，控制变频装置的工作状态。

（5）接触器 KM_2、KM_3。主控箱设有恒温控制环节，当箱内温度过高时，控制系统自动发出指令使接触器 KM_3 吸合，启动冷却通风机降温；当采煤机在运行过程中箱内产生潮气、凝露时，控制系统发出指令使接触器 KM_2 吸合，启动除湿装置，为主控箱除湿。

（6）液晶图像显示器。监控装置根据采煤机运行过程中的各种状态、参数以文字、图像、曲线的形式通过显示器显示出来。

（7）功能显示器。以发光二极管的状态反映采煤机的工作情况，例如左右摇臂升降时，绿灯亮表示操作，红灯亮表示执行；左右端头控制站工作时，红色指示灯闪烁；牵引增速、减速时，绿灯亮表示操作，红灯亮表示执行。

4. 端头控制器

两个端头控制器分别设在采煤机左右两侧，左端头控制器或右端头控制器只能控制本端摇臂的升降，但它们都能对采煤机进行主停、牵引停、左行、右行的控制。

端头控制器由微型计算机（单片机）构成，采用并行输入和串行输出的工作方式和主控系统进行信号传递。

5. 各种电源装置

电源装置如图7－31所示。变压器 T_1 作为电牵引控制系统的电源变压器，将1140 V电压变为400 V向变频装置供电。另外，T_1 还向辅助变压器 T_3 供电。T_3 为单相变压器，将400 V电压变为220 V，向主控箱的冷却通风机和除湿装置供电，并作为接触器 $KM_1 \sim KM_3$ 的电源。

变压器 T_2 将1140 V电压变为220 V向高压箱冷却通风机供电，同时向直流电源装置提供交流电能。两个直流电源装置分别输出24 V和5 V的电压向监控装置和有关电路供电。直流电源装置由相应的控制变压器、整流电路、滤波电路、三端稳压器等部分组成。

三、采煤机的操作

由于采煤机采用双电缆供电，所以图7－31中的 $1L_1 \sim 1L_3$、1P、1E和 $2L_1 \sim 2L_3$、2P、2E及 B_1、B_2 分别引至设置在工作面配电点的真空磁力启动器1QM、2QM上。其中 $1L_1 \sim 1L_3$、$2L_1 \sim 2L_3$ 为1140 V主电路；1P、1E及2P、2E分别为两台磁力启动器的先导控制回路；B_1、B_2 为工作面输送机的闭锁回路。

1. 采煤机启动和停车

首先闭合隔离开关 $QS_1 \sim QS_5$，按下启动按钮 SB_1，磁力启动器 1QM 有电吸合，左截割电动机、油泵电动机及控制电路有电，并通过监控系统内部触点 K_1 自保；按下启动按钮 SB_2，磁力启动器 2QM 有电吸合，右截割电动机、牵引变压器有电，并通过内部触点 K_2 和 K_1 自保。3 台电动机分两次启动，可避免较大的启动电流对电网的冲击。

采煤机启动时，为了使液压系统及时建立液压动力，一般情况下应先启动油泵电动机，因此将 1QM 作为主启动器首先启动。在 1QM 未启动时，由于触点 K_1 未闭合，启动器 2QM 不能自保。若 1QM 启动，则 2QM 能顺序延时自动启动，故可由一个启动按钮顺序完成启动过程。

采煤机停车时，可按动主控箱上的停止按钮或左右端头控制器上的停止按钮。在故障状态下，监控系统可通过内部自保触点 K_1、K_2 停车。

2. 先导回路试验及输送机闭锁

当按下按钮 SB_4 时，可检测先导回路 1P、1E 和 2P、2E 是否正常。当功能显示器上相应的绿色指示灯亮时，说明先导回路正常，采煤机可以启动；否则，采煤机送不上电。当按下采煤机上的输送机闭锁按钮 SB_5（图 7－34 中未画）时，刮板输送机停车并被闭锁。

3. 摇臂升降

摇臂的升降可分别用主控箱和左右端头控制器上相应的按钮进行操作。当按下按钮时，摇臂开始做相应的升降运动；松开按钮时，摇臂在此时的高度工作。

4. 采煤机的牵引

当采煤机送电后按下牵电按钮 SB_{11}，监控系统使接触器 KM_1 吸合，变频装置有电。牵引操作时，可通过主控箱或左右端头控制器上相应的按钮进行。

左牵引操作时按下左行按钮不放，采煤机开始左牵引并加速；当松开左行按钮时，采煤机在此速度下左行。若需要采煤机减速时，可按下右行按钮，采煤机开始减速，松开右行按钮时，减速停止。若按住右行按钮不放，左牵引速度将降为零。

当采煤机需要改变牵引方向时，必须先按下牵停按钮，然后再按方向按钮，采煤机才能改变牵引方向。

当变频装置需要断电时，应先按下牵停按钮 SB_{12} 不放，再按下牵电按钮 SB_{11}，此时接触器 KM_1 断电释放，变频装置失电。

5. 除湿系统操作

当采煤机长时停机使其内部产生潮气时，可采用手动方式除湿，即先按下牵停按钮 SB_{12} 不放，再按下除湿停止按钮 SB_{19}，除湿装置启动；然后要先放开除湿停止按钮，再放开牵停按钮。除湿系统断电时，只需按下除湿停止按钮即可。

6. 采煤机的显示

采煤机主控箱上的液晶显示屏下端有 3 个操作按键，分别用于显示屏上光标的移动和菜单命令的执行。三键配合，可实现监控系统的人机对话。

1）屏幕显示

采煤机送电后，液晶显示屏的左右两侧各有一排自上而下的发光块，左边表示操作信号，右边表示执行信号。如操作左摇臂上升时，按下左升按钮，屏幕左边相应的发光块闪烁，说明左升操作成功，监控系统已接收到信号；此后右边对应的发光块也亮，表示控制信号已发出。如果系统正常，采煤机左摇臂上升。

在显示屏中部，可设置显示采煤机型号、当前时间、采煤机累计运行时间及制造厂家名称。在显示屏的下面是返回功能操作块，用于显示其他内容。

2）内容显示

用光标移动按键将光标移到返回功能块上，按下执行键，屏幕上出现选屏菜单。菜单内容有截割电动机运行参数、牵引电动机运行参数、油泵电动机运行参数、瓦斯检测参数、牵引系统运行参数、曲线显示、故障内容显示、保护参数设置、极限参数设置、运行参数设置等。

如果想查看截割电动机运行参数，先将光标移到截割电动机运行参数块上，然后按下执行键，屏幕显示左右截割电动机的电流数值、电动机绕组温度等内容。

3）曲线显示

在选屏菜单状态下将光标移到曲线显示块上，按执行键，屏幕上出现曲线显示菜单；再将光标移到所要显示的内容名称上，按执行键即可显示相应的曲线。例如，查看左截割电动机运行曲线，先将光标移到左截割电动机曲线菜单上，然后按执行键，屏幕上出现左截割电动机的电流曲线、电压运行曲线、温度曲线等选项块；再将光标移到相应的选项块上，按执行键即可显示相应的曲线。

4）故障内容显示

在选屏菜单状态下将光标移到故障内容显示块上，按下执行键，屏幕上出现故障内容选项块；若有故障，相应的故障选项块闪烁，再将光标移到此块上，按执行键即显示具体故障内容。

5）参数设置

在选屏菜单状态下将光标移到相应的参数设置块上，按执行键，屏幕显示参数设置菜单，然后再选相应的参数。例如，设置左截割电动机的电流极限值，先将光标移到极限设置块上，按执行键，屏幕出现各种参数的极限；然后将光标移到电流极限块上，按执行键，则屏幕上参数值开始闪烁；再分别按两个光标移动键，可改变参数值的大小。当参数调整到所需值时，按执行键确认，即将这一数值作为记录保存在计算机中，以备运行中监控使用。

监控系统的终端显示还可显示采煤机前若干小时（不同机型该时间不同）的运行参数和数据，以便为采煤机检修和故障处理提供信息。

复习思考题

1. 画出 QBZ－80、QBZ－120 型磁力启动器的电气工作原理图。说明远距离和近距离操作方法及工作原理。

2. 说明 QBZ－80AN、QBZ－120AN 型可逆磁力启动器的作用与电气工作原理。说明如何实现正反转的电气连锁。

3. QJZ－400(315) 型磁力启动器电气控制由哪几部分组成？简述其电气工作原理。

4. 分析 QJZ－400(315) 型磁力启动器单台就地控制、单台远方控制的工作原理，并说明该控制回路中二极管的作用。

5. 画出 3 台 QJZ－400(315) 型磁力启动器联控运行接线图，并分析其电气工作原理。

6. 分析具有水泵自动控制功能的 QJZ 型磁力启动器如何实现水泵自动控制？

7. 简述 QJZ－2×400/1140S 型矿用真空磁力启动器的电气工作原理。

8. 某输送机所用的两台电动机，选用 QJZ－2×400/1140S 型矿用真空磁力启动器控制，其低速绕组额定电流为 125 A，高速绕组额定电流为 335 A，试整定负荷电流。

9. QJR－400 型软启动器有哪几种启动方式？根据电气原理图说明软启动、直接启动和联动控制的过程。

10. 软启动器有哪几种启动性能？简述其特点及使用场合。

11. 说明 ZZ8L 型煤电钻综合保护装置有哪些保护？试分析其工作原理。

12. 试分析 ZBZ－4.0 型照明综合保护装置的工作原理及特点。

13. EBZ 型掘进机由哪几部分组成？各部分有何作用？

14. 简述掘进机的操作步骤。开始截割时为什么要将截割部调至水平和机器中心的位置？

15. 双滚筒电牵引采煤机由哪几部分组成？简述各部分的作用。

16. 电牵引采煤机监控装置原理框图中各输入信号及各部分有何作用？

图书在版编目（CIP）数据

采区电气设备/中国煤炭教育协会职业教育教材编审委员会编. --2版. --北京：煤炭工业出版社，2016

煤炭技工学校通用规划教材

ISBN 978-7-5020-5027-6

Ⅰ.①采… Ⅱ.①中… Ⅲ.①煤矿开采—采区—矿用电气设备—技工学校—教材 Ⅳ.①TD61

中国版本图书馆 CIP 数据核字（2015）第 269995 号

采区电气设备　第二版（煤炭技工学校通用规划教材）

编　　者　中国煤炭教育协会职业教育教材编审委员会
责任编辑　罗秀全　袁　筠　肖　力
编　　辑　郭玉娟
责任校对　邢蕾严
封面设计　于春颖

出版发行　煤炭工业出版社（北京市朝阳区芍药居 35 号　100029）
电　　话　010-84657898（总编室）
　　　　　　010-64018321（发行部）　010-84657880（读者服务部）
电子信箱　cciph612@126.com
网　　址　www.cciph.com.cn
印　　刷　北京玥实印刷有限公司
经　　销　全国新华书店

开　　本　787mm×1092mm 1/16　**印张**　12 3/4　**插页**　1　**字数**　300 千字
版　　次　2016 年 1 月第 2 版　2016 年 1 月第 1 次印刷
社内编号　7873　　　　**定价**　28.00 元